材料新技术书库

负载型铑基催化剂的开发及应用

俞俊　邵霞　沙云菲　费婷　毛东森　著

U0242166

中国纺织出版社有限公司

内 容 提 要

本书系统介绍了负载型铑基催化剂的开发与表征、不同元素掺杂对铑基催化剂性能的影响及其在催化 CO 加氢合成 C$_2$ 含氧化合物中的应用，并采用多种方式对合成的铑基催化剂形成形貌和性能的表征。

本书可供催化剂的制备及应用等相关行业的工程技术人员和科研人员参考阅读。

图书在版编目（CIP）数据

负载型铑基催化剂的开发及应用／俞俊等著.
北京 ：中国纺织出版社有限公司，2025. 1. --（材料新技术书库）. -- ISBN 978-7-5229-2112-9

Ⅰ. TG146. 3
中国国家版本馆 CIP 数据核字第 2024RW0230 号

责任编辑：范雨昕　陈怡晓　责任校对：寇晨晨
责任印制：王艳丽

中国纺织出版社有限公司出版发行
地址：北京市朝阳区百子湾东里 A407 号楼　邮政编码：100124
销售电话：010—67004422　传真：010—87155801
http://www.c-textilep.com
中国纺织出版社天猫旗舰店
官方微博 http://weibo.com/2119887771
三河市宏盛印务有限公司印刷　各地新华书店经销
2025 年 1 月第 1 版第 1 次印刷
开本：710×1000　1/16　印张：14.5
字数：302 千字　定价：88.00 元

凡购本书，如有缺页、倒页、脱页，由本社图书营销中心调换

前　言

进入 21 世纪以来，随着经济社会的快速发展，石油危机、全球气温变暖及化石能源日渐枯竭等已经严重威胁到人类的生存与发展。从能源安全、绿色经济等角度出发，如何减少化石能源的消耗，开发新型技术路线来合成燃料及化工原料成为各国政府及科学研究者关注的焦点。乙醇、乙醛及乙酸等 C_2 含氧化合物不仅是未来燃料的最佳替代品，而且也是重要的化工原料和清洁氢源，可以有效缓解或抑制未来石油紧张的局面。因此，以 CO 催化加氢的方式来实现乙醇等 C_2 含氧化合物的合成具有节约能源及化工原料、环保等多重意义。

负载型铑（Rh）基催化剂催化 CO 加氢合成 C_2 含氧化合物具有广泛的应用前景。在制备方面，Rh/SiO_2 催化剂、$Rh—Mn—Li/SiO_2$ 催化剂、改性 $Rh—Mn—Li/SiO_2$ 催化剂、Rh 基/UiO-66 催化剂等均得到广泛研究，可以实现稳定制备，并将其应用于 CO 加氢合成 C_2 含氧化合物。

本书总结了作者十多年来在负载型 Rh 基催化剂的制备及应用方面的研究成果，系统介绍了负载型 Rh 基催化剂的制备与表征、不同元素掺杂对催化剂性能的影响及其在 CO 加氢合成 C_2 含氧化合物方面的应用。

全书共 7 章。第 1 章由俞俊执笔，简要介绍了负载型 Rh 基催化剂的应用背景及现状；第 2 章由邵霞执笔，主要介绍了负载型 Rh 基催化剂的表征与评价；第 3 章由沙云菲执笔，主要介绍了 Rh/SiO_2 催化剂的制备及性能研究；第 4 章由费婷执笔，主要介绍了 $Rh—Mn—Li/SiO_2$ 催化剂的制备及性能研究；第 5 章由俞俊执笔，主要介绍了改性 $Rh—Mn—Li/SiO_2$ 催化 CO 加氢制备 C_{2+} 含氧化合物及性能研究；第 6 章由毛东森执笔，主要介绍了 Rh 基/UiO-66 催化剂的制备及性能研究；第 7 章由俞俊和邵霞执笔，主要介绍了 Zr 基载体负载的 Rh 基催化剂的制备及性能研究。全书由俞俊和邵霞负责统稿和审校。

薛晓雅、丁丹、李恭辉、韩颖参与了本书研究的数据收集与整理工作，在此表示诚挚的感谢。

鉴于作者的学识和水平有限，书中难免存在疏漏和不足之处，敬请广大读者批评、指正。

著者

2024 年 7 月

目　录

6.4.1　概述 ·· 137

6.4.2　催化剂的反应性能 ·· 138

6.4.3　XPS 表征结果 ·· 138

6.4.4　催化剂的反应机理研究 ·· 138

6.4.5　小结 ·· 145

第 7 章　Zr 基载体负载的 Rh 基催化剂的制备及性能研究 ············· 146

7.1　MOFs 负载的 Rh 基催化剂的制备 ······································ 146

7.1.1　催化剂的制备 ·· 146

7.1.2　催化剂的评价与表征 ·· 150

7.2　同形貌 MOFs 负载的 Rh—Mn 催化剂性能研究 ······················ 153

7.2.1　概述 ·· 153

7.2.2　同形貌 MOFs 负载的 Rh—Mn 催化剂性能评价 ·················· 153

7.2.3　Rh、Mn 浸渍次序对 Rh—Mn/UiO-67 催化性能的影响 ·········· 154

7.2.4　催化剂的表征结果与分析 ·· 155

7.2.5　焙烧温度对 3Rh/UiO-67 催化性能的影响 ························ 162

7.2.6　小结 ·· 171

7.3　Zr-MOF 材料负载的 Rh 单金属催化剂性能研究 ···················· 172

7.3.1　概述 ·· 172

7.3.2　Zr 基载体负载的 Rh 单金属催化剂性能评价 ···················· 172

7.3.3　Rh 含量对 Rh/UiO-67 催化性能的影响 ························ 173

7.3.4　活性测试条件对 3Rh/UiO-67 催化性能的影响 ·················· 174

7.3.5　3Rh/UiO-67 催化剂稳定性测试 ································ 175

7.3.6　催化剂的表征结果与分析 ·· 176

7.3.7　小结 ·· 183

7.4　不同孔道结构 ZrO₂ 负载 Rh 单金属催化剂的催化性能研究 ········ 183

7.4.1　概述 ·· 183

7.4.2　催化剂的制备 ·· 184

7.4.3　催化剂的性能测试 ·· 184

7.4.4　XRD 表征结果 ·· 185

7.4.5　N₂ 吸脱附表征结果 ·· 185

7.4.6　TEM 和 EDS 表征结果 ·· 187

7.4.7　H₂-TPR 表征结果 ·· 189

第1章　负载型 Rh 基催化剂的应用背景及现状

1.1　合成气制 C_2 含氧化合物背景

1.1.1　石油危机

　　自 1859 年美国宾夕法尼亚州德雷克油井钻出了人类历史上第一桶石油后，石油工业的兴起为人类科技与经济带来巨大的发展，同时石油也迅速占据了整个能源消费结构的主导地位。如图 1.1 所示，在 2010 年世界能源消费结构中，石油占 34%。全球能源消费统计数据显示，2010 年全球对石油的需求量为 9350 万桶/日，而这一数字还将不断攀升。然而，石油作为一种使用最广泛的化石能源是不可再生的，其枯竭耗尽的命运将不可避免。根据美国科学促进会（The American Association for the Advancement of Science，AAAS）的统计估算，目前探明的石油储量按照现有的开采速度，最多也只能再开采 70 年，乐观估计使用年限在 125 年以内。

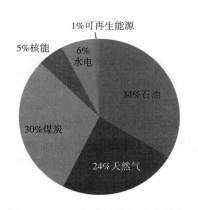

图 1.1　2010 年世界能源消费结构

　　自然界自身有着一套神奇的调节机制，用了亿万年时间将大气中的碳以煤、石油及天然气等形式固定了下来，并营造了一个适合人类生存的大气环境。石油的过度开采、运输和使用会对自然免疫系统造成无形的破坏。其中，全球温室气

1

体浓度的不断升高就是人类对化石能源的大量使用造成的最直观结果。表1.1给出了预测的温室气体排放和气候变化之间的关系。从表1.1中可以看出，化石能源利用产生的温室气体是全球气温变暖的直接成因。而全球气温的不断攀升也必将导致自然调节机制失灵，给人类生存带来巨大灾难。

表1.1　温室气体排放与气候变化之间的关系

气温增加值/℃	温室气体浓度/ppm	CO_2浓度/ppm	2050年CO_2相比2000年排放增减量/%
2.0~2.4	455~490	350~400	−85~−50
2.4~2.8	490~535	400~440	−60~−30
2.8~3.2	535~590	440~485	−30~5
3.2~4.0	590~710	485~570	10~60

注　$1ppm = 10^{-6}$。

综上所述，随着21世纪人口数量和物质经济持续飞速增长，石油危机、全球气温变暖及化石能源枯竭等一系列问题将日趋严峻。根据低碳环保、绿色经济等当代主流思潮，由石油衍生得到燃料和化工原料的生产路线必将被未来人类所摒弃。而从能源安全、环境友好等角度出发，开发新型的技术路线来合成燃料及化工原料已经迫在眉睫。

1.1.2　合成气技术的发展

合成气是以氢气（H_2）、一氧化碳（CO）为主要组分的一种原料气，可以由煤、天然气和生物质等原料通过化学转化的手段得到。自1913年合成气制氨工艺工业化应用以来，以合成气为基础的技术路线为能源开发和化工原料的生产提供了新的途径。

1.1.2.1　合成气来源

（1）通过煤和天然气转化。石油、煤和天然气是化石能源中的三大主力军。在石油化工大力发展导致石油资源过度开采面临枯竭的今天，煤和天然气自然成为未来一段时间内国际能源部署的重要方向。我国有着丰富的煤炭资源，已探明的剩余储量为8650亿吨，可开采储量为1650亿吨，居世界第三。此外，我国的天然气探明储量为2.2万亿立方米，远景储量达38万亿立方米，有巨大的开发潜力。目前，由煤和天然气转化成合成气（H_2+CO）的工艺技术已比较成熟，这也为清洁、高效利用煤炭及天然气资源打通了先行路线。

（2）生物质转化。生物质（biomass）是指利用水、大气、土地等资源通过光合作用而生成的有机质，即一切有生命的可以生长的有机物质通称为生物质。从狭义角度讲，生物质通常可以包含农林业生产中除粮食、蔬果以外的秸秆、木材等纤维素、农林废弃物、城市生产生活的有机废弃物、动物粪便等。生物质能通过绿色植物的光合作用获得，具有取之不尽、用之不竭的特点，因此是自然界中唯一的可再生碳源，开发应用前景巨大。据估计，目前 98% 的生物质资源是通过直接热解、燃烧和气化的方式来获取能量。在以空气为介质的气化炉中，生物质热解的总反应方程式可以写成：

$$CH_{1.4}O_{0.6}+0.4\,O_2+1.5\,N_2 \longrightarrow 0.7\,CO+0.3\,CO_2+0.6\,H_2+0.1\,H_2O+1.5\,N_2$$

式中，$CH_{1.4}O_{0.6}$ 代表生物质，N_2 不参与反应。当原料进入气化炉后，生物质经过一系列的物理变换和化学反应，最终得到以一氧化碳、二氧化碳、氢气和水汽（CO、CO_2、H_2、H_2O）为主的产物气体，这些气体再经过分离收集就可以生产出适合不同用途的合成气。

1.1.2.2　合成气利用的技术路线

合成气利用的总体技术路线如图 1.2 所示，主要包含了合成气制甲醇、水汽变换、费托合成、合成气制含氧化合物等多种路径。下面简单介绍一下其中重要的三大路径。

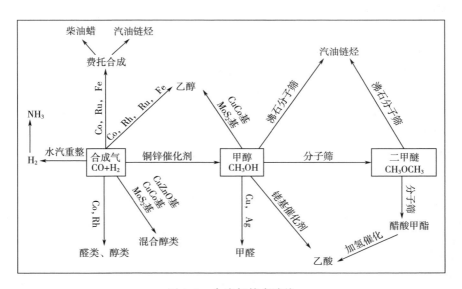

图 1.2　合成气技术路线

（1）合成气制甲醇。合成气制甲醇是以合成气为原料在特定催化剂和适当反应条件下合成甲醇的工艺过程。甲醇是一种相当重要、用量巨大的基础化工原料，它的下游化工产品多达百余种。20 世纪以前，甲醇几乎全部是通过木材或其废料的分解蒸馏得到。直到 1923 年，德国的巴登苯胺纯碱公司（BASF 的前身）在合成氨工业的基础上，用锌铝催化剂在高温高压条件下实现了一氧化碳和氢气合成甲醇的工业化生产。但因能耗大、工艺复杂、原料要求苛刻、反应副产品多，该过程渐渐又被新的工艺取代。1966 年，英国卜内门化学工业公司（Imperial Chemical Industries 的前身）成功研制了用于合成气制甲醇的铜系催化剂，并配合这一催化剂开发了低压生产工艺，简称 ICI 低压法。随后，联邦德国的 LURGI 公司也开发了一种低压合成甲醇工艺，此法较好地在甲醇合成反应动力学与反应热力学之间进行了权衡，简称 Lurgi 低压法。由于低压法操作压力低，所需设备体积相对庞大，不利于大规模的甲醇生产，因此中压法在低压法基础上又孕育而生。中压法所使用的催化剂与低压法相似，操作压力在 10MPa 左右，它能有效降低设备费用和生产成本。

（2）费托合成（Fischer–Tropsch synthesis）。费托合成（简称 F—T 反应）是以合成气为原料在特定催化剂和适当反应条件下合成碳氢化合物的工艺过程。费托合成是一个复杂的加氢反应过程，主要反应产物为烷烃和烯烃，同时也会伴随有水煤气变换（WGS）反应和含氧化合物的生成。费托合成中所需的原料（即合成气）由煤、天然气及生物质等非油基资源转化而来，合成的碳氢化合物具有纯度高及无硫、无芳烃等特点。因而，由费托合成生产的碳氢化合物根据碳链长短的不同既可以替代石油作为液体燃料（如清洁柴油等），也是低碳烯烃等现行化工过程的关键原料。

费托合成的反应最早于 1923 年由德国学者 Franz Fischer 和 Hans Tropsch 发现。目前在研究的费托合成催化剂主要分为 Fe 基、Co 基及 Ru 基催化剂，其反应活性顺序为 Ru>Co>Fe。由于 Ru 的价格昂贵，现行工业生产过程中均采用 Fe 基或 Co 基催化剂。费托合成的大规模工业生产始于第二次世界大战期间，但其工业规模也一直受世界原油价格的影响而波动。1955 年，南非的萨索尔（Sasol）公司采用氮化熔铁催化剂建成了小型费托合成油工厂。1977 年，该公司又成功开发了大型流化床反应器，随后建成了年产 $1.6×10^6$t 的费托合成油工厂。中国也早在 20 世纪 50 年代就开始了费托合成的研究工作，自主研究开发了氮化熔铁催化剂流化床反应器，并完成了半工业化性质的放大试验。2006 年，由多单位联合组建的中科合成油技术有限公司出资，利用中科院山西煤化所的自创技术，实现了我国煤制合成气费托工艺的真正产业化。

近年来，随着石油资源的日益枯竭以及世界范围内能源紧张态势，通过费托合成制备液体燃料及高附加值化学原料的途径被广泛认可和重视。

（3）合成气制碳二含氧化合物。合成气制碳二（C_2）含氧化合物是以合成气为原料在特定催化剂和反应条件下合成含氧化合物（如乙醇、乙醛及乙酸等 C_2 含氧化合物）的工艺过程。合成气制 C_2 含氧化合物催化剂的研究起步相对较晚，在20 世纪 70 年代石油危机爆发后才逐渐受到重视。载体性质和催化剂组成是目前研究这一系列催化剂的热点，目的是提高单程转化率和特定产品选择性及收率。

　　到目前为止，合成气制 C_2 含氧化合物这一方向也经过了几十年的努力与尝试。总体来看，目前已开发的催化剂体系仍存在催化活性低、反应条件苛刻、产物分布宽、特定产品收率差等诸多问题，从而制约了此类催化剂的商业化。

1.1.3　C_2 含氧化合物的性质、用途及开发现状

　　C_2 含氧化合物主要以乙醇、乙醛及乙酸为主。在合成气制 C_2 含氧化合物过程中主要产物为乙醇，而少量的乙醛、乙酸均可以通过加氢的方式转化成乙醇，因此下面主要介绍乙醇的性质、用途及生产现状。

1.1.3.1　乙醇的性质

　　乙醇（Ethanol）俗称酒精，由 C、H、O 三种原子构成（乙基和羟基两部分组成），结构简式为 C_2H_5OH。乙醇分子中，碳原子和氧原子均以 sp^3 杂化轨道成键，为极性分子。

　　乙醇在常温、常压下是一种易燃、易挥发的无色透明液体，其蒸气与空气可形成爆炸性混合物，遇明火、高热能引起燃烧爆炸，与氧化剂接触会发生化学反应或引起燃烧。乙醇的水溶液具有特殊的香味，并略带刺激性。乙醇能与水、甲醇、醚、醛、酸、烃类等众多有机溶剂互溶，其基本物理性质如表 1.2 所示。

表 1.2　乙醇的物理性质

项目	内容	项目	内容
化学式	C_2H_5OH	液体相对密度	0.789
分子量	46.07	爆炸极限/%	3.3~19.0
饱和蒸汽压/kPa（19℃）	5.33	临界压力/MPa	6.38
熔点/℃	−114.3	引燃温度/℃	363
沸点/℃	78.4	临界温度/℃	243.1
折光率	1.361	20℃黏度/(mPa·s)	1.2
在水中的溶解度	与水混溶	燃烧热/(kJ/mol)	1365.5

　　乙醇的物理性质主要与其低碳直链醇的性质有关。分子中的羟基可以形成氢键，因此乙醇黏度很大，同时极性也小于相近分子质量的有机化合物。乙醇分子中含有极化的氧氢键，因此会显示出一定的酸性，电离时生成烷氧基负离子和质子。乙醇还具有还原性，可以被氧化成为乙醛。

1.1.3.2　乙醇的用途

　　乙醇是医药、化工、食品、国防等众多领域十分重要的原料，同时也可以作为绿色车用燃料或燃料添加剂。

（1）乙醇作化工原料。乙醇作为基础的化工原料用途十分广泛，由乙醇带动生产的下游化工产品就多达百余种，主要产品有乙醛、乙醚、乙酸乙酯、乙胺等。其次，乙醇作为基础有机溶剂在有机反应和制备染料、洗涤剂、稀释剂、涂料等众多领域大量使用。

（2）乙醇作饮品。乙醇作为酒的主要成分也可以间接纳入饮品的范畴。在日常饮用的酒类中，不同酒中的乙醇含量不尽相同。一般而言，白酒的乙醇含量较高，最高可达 60% 以上；葡萄酒、花雕酒等饮品中的乙醇含量适中；啤酒、香槟等饮料中的乙醇含量较低，一般不高于 10%。值得注意的是，饮品中的乙醇并不是把现有的乙醇直接添加进去，而是通过农作物发酵产生的乙醇。当然，根据发酵酶种的不同还会产生乙酸或糖类等有关物质。

（3）乙醇作消毒剂。一定浓度的乙醇水溶液可进入细菌体内，造成细菌体内蛋白质的凝固，从而将细菌杀死。利用这一特性，乙醇水溶液可作为日常生活及医用的消毒剂。不同溶度的乙醇水溶液在功能上也有一定的区别。95% 的乙醇水溶液一般可用于擦拭清洁紫外线灯，而在家庭中也可将其用于相机镜头的清洁。70%~75% 的乙醇水溶液被称为医用酒精，用于人体皮肤和各种医用器械的消毒。40%~50% 的乙醇水溶液可预防褥疮。25%~50% 的乙醇水溶液也可辅助进行物理退热。

（4）乙醇作燃料。乙醇不但是基本化工原料，同时也是一种新型清洁能源，它可以作为燃料替代品，减少对石油的消耗。目前，世界上生产的乙醇大约 66% 用作燃料，使用方式主要有以下三种：一是配制无水乙醇和汽油的混合物——汽油醇，混合物中乙醇的比例最高可达 25%。用汽油醇作车载燃料时，可以使用原有的汽车发动机，不影响汽车的行驶性能，还可以减少有害气体的排放量；二是直接利用乙醇作为汽车燃料，此时需要使用特殊设计的具有高压缩比的发动机；三是作为燃料电池的燃料，乙醇被认为是未来较为理想、安全、便捷的电池燃料，在低温燃料电池领域（如手机、便携式计算机及燃料电池汽车等移动电源）具有广阔的应用前景。

早在 20 世纪 20 年代，巴西就开始使用乙醇替代汽油作燃料。由于巴西石油资源缺乏，但盛产甘蔗，于是形成了用甘蔗生产蔗糖，蔗糖再转化成乙醇的成套技术。目前，巴西是世界上乙醇汽油中乙醇含量最早达到 20% 的国家。美国是世界上另一个燃料乙醇的消费大国。20 世纪 30 年代，乙醇汽油在美国内布拉斯加州地区首次面市。1978 年，乙醇体积含量为 10% 的乙醇汽油（E10 汽油）在该地区大规模使用。此后，在美国政府大力扶持下，E10 汽油产量迅速增加。1979 年 E10 汽油的年产量为 3 万吨，2000 年已经达到 500 万吨。

我国的乙醇汽油产量居世界第三，全国目前已有每年混配 1000 万吨乙醇汽油的能力，乙醇汽油的消费量已占全国汽油消费量的 20%，继巴西、美国之后成为生产乙醇汽油的第三大国。若全国都使用 E10 汽油，则每年可节省 450 万吨汽油。从 2003 年起，黑龙江、吉林、辽宁、河南、安徽等省份及河北、山东、江苏、湖北等省份的 27 个城市陆续全面停用普通无铅汽油，改用 E10 汽油。

1.1.3.3　乙醇生产现状

目前，工业化生产乙醇的方法主要有两种，即发酵法和化学合成法，化学合成法一般又分为乙烯水化法和合成气制乙醇。

（1）发酵法。发酵法生产乙醇主要过程：将纤维素生物质、淀粉质和糖蜜等原料水解转变为糖类，微生物利用这些糖类物质经发酵后，提取发酵醪液制得乙醇。由于发酵法制得的产品纯度较高，而且原料可再生，因此世界上 95% 的乙醇工业采用发酵法。发酵法虽然是目前制备乙醇的主要方法，但是需要以粮食和经济作物为主要原料，如巴西以甘蔗为原料，美国及欧盟以玉米和小麦为原料。随着世界人口的不断膨胀，耕地面积的日益减少，全球性的粮食危机也日益严重。俗话说，民以食为天。因此，在粮食危机面前，发酵法制乙醇受到了严重的制约。

（2）乙烯水化法。乙烯水化法，就是在加热、加压和有催化剂存在的条件下，乙烯与水直接反应生产乙醇。工业上一般采用负载于硅藻土上的磷酸催化剂，反应温度 260~290℃，压力约为 7MPa，水和乙烯的质量比约为 0.6，此条件下乙烯的单程转化率约为 5%，乙醇的选择性约为 95%，大量乙烯可在系统中循环。虽然这一方法成本低、产量大，但此法中的原料——乙烯取自石油裂解气，为不可再生资源，同时产品杂质比较多，因此限制了此法在未来绿色经济时代的应用。

（3）合成气制乙醇。合成气制乙醇是一条新兴的技术路线。主要合成路线大致可分为合成气的制备和净化、压缩、合成和蒸馏四大部分。合成气制乙醇有以下优点：①合成气原料来源广泛，可以包含生物质、煤、天然气等，其中生物质为可再生资源。②合成工艺简单，合成乙醇的原料气组成、反应装置、工艺条件（温度、空速、碳氢比、压力等）均与合成甲醇极为相似。③合成气中也可以加入 CO_2，实现 CO_2 的减排，减缓大气温室效应。合成气制乙醇的关键是催化剂的选择，催化剂的要求是活性好、选择性高、稳定性高。自从 20 世纪 70 年代以来，科学家就开始着手研究并开发能工业化应用的合成气制乙醇催化剂。但到目前为止，合成气制乙醇催化剂始终还停留在实验室试验阶段，工业化之路还有待进一步的研究与探索。

1.1.4　合成气制 C_2 含氧化合物的意义

综上所述，在石油危机和原油价格高涨等能源安全问题不断升级的未来，寻找可持续发展的绿色清洁能源将是国际研究的重点和热点，也必将成为各个国家乃至全球发展的战略高地。乙醇等 C_2 含氧化合物不仅是未来燃料的最佳替代品，同时也是重要的化工原料和清洁氢源，这可以有效缓解或抑制未来石油紧张的局面。从上述乙醇工业化的制备路线可以了解到，传统的发酵法和乙烯水化法分别受到粮食安全和石油危机的冲击，均是不可持续的。目前，合成气既可以从煤、天然气等化石资源中得到，也可以从生物质资源中产生，是未来重要稳定的能源来源。因此，如果能将合成气制得以乙醇为主的 C_2 含氧化合物，既节省了发酵法所带来的粮食消耗，又可以缓解石油危机。由此可见，合成气制乙醇、乙醛及乙酸等 C_2 含氧化合物的研究，不仅在未来经济发展中具有重要的意义，而且在推动 C_1 化学催化理论的发展上也具有重要的意义。

1.2 合成气制 C_2 含氧化物的催化体系

用于 C_2 及以上（C_{2+}）含氧化合物合成的多相催化剂一般分为贵金属和非贵金属两类。贵金属催化剂一般有 Rh 基、Ru 基和 Re 基催化剂，其载体主要为 SiO_2、Al_2O_3、CeO_2、ZrO_2 等，主要用于合成气制乙醇和其他 C_{2+} 含氧化物。非贵金属催化剂又可分为改良型甲醇合成催化剂、F—T 合成改性催化剂和钼基改良型催化剂。

1.2.1 改良型甲醇合成催化剂

早在 19 世纪 20 年代科学家就已经发现，当合成甲醇催化剂上沉淀有碱金属时，在生成甲醇的同时乙醇及其他醇类的选择性会相应增加。这一发现直接推动了碱金属掺杂的 Cu/Zn 甲醇合成催化剂合成低碳醇的研究热潮。从目前的研究结果来看，碱金属助剂含量、合成气比例及反应条件均会影响低碳醇的分布和收率。然而，无论怎样改变催化剂或反应条件，甲醇始终是主导产物。在甲醇合成催化剂改良制低碳醇方面，大部分研究主要集中在 Cu 基催化剂上。Smith 和 Nunan 等对碱金属掺杂的 Cu/Zn 二元体系和 Cu/Zn/Al 或 Cu/Zn/Cr 三元体系催化剂进行了广泛研究。结果表明，随着碱金属原子质量的增加，碱金属对 Cu 基催化剂合成低碳醇的促进作用增加，其顺序为：Li<Na<K<Rb<Cs。其中，K 和 Cs 这两种碱金属应用较多，原因如下：① K 和 Cs 元素可以抑制催化剂表面酸位的形成，从而减少了二甲醚的产生。② K 和 Cs 的碱中心能有效促成 C—C 和 C—O 键的形成。

在机理研究方面，Cu/Zn 改良型催化剂上多醇的生成一般可用链增长机理来解释。此机理首先由 Frohlich 和 Cryder 等提出，他们认为高碳醇是由两个低碳醇通过羟基化的 α 碳或与 α 碳相邻的 β 碳脱氢缩合而成。但上述机理难以解释直链醇和支链醇均会在反应中产生的现象，因此这一机理仍有待改进。在 Cs 改性的 Cu/ZnO 催化剂上，甲醇分子的结合反应被认为是生成乙醇的主要途径。首先，两个甲醇分子在催化剂表面吸附转变成甲酸基和甲醛基，甲酸基亲核进攻甲醛基形成 C_2 前

驱体，最后加氢生成乙醇，反应机理如图 1.3 所示。有趣的是，CO 分子也可以被
Cs⁺活化，与催化剂表面的羟基形成甲酸盐，加氢脱水后生成甲酸基，进一步加
氢生成甲醛基，甲醛基可以再变换成甲醇盐，最后加氢成甲醇。因此，催化反
应过程中出现的甲酸基和甲醛基既是甲醇的前驱体，同时也被认为是乙醇的前
驱体。

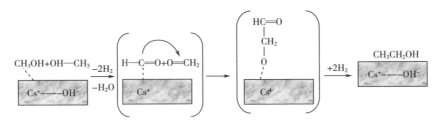

图 1.3　双甲醇在铜基催化剂上形成乙醇的机理

1.2.2　费托合成改性催化剂

早在 1952 年，科学家在研究费托（F—T）合成催化剂时就发现，醇类是
F—T 反应生成烃类的中间体。Co、Ru、Fe 基等 F—T 合成催化剂经改性后能获得
较高的醇类选择性。有报道称，在 Ir/Ru-SiO₂ 和 Ir/Co-SiO₂ 催化剂上，CO 加氢可
以获得较高的醇的收率。研究者把这一发现归因于双金属之间的协同作用：一方
面，Ru 或 Co 提供 CO 解离活性位；另一方面，Ir 提供 CO 插入活性位。Kintaichi
等尝试了两种包含有一对 0 族元素的催化剂，一种有解离 CO 的能力，而另一种没
有。通过实验发现，Ir—Ru/SiO₂ 催化剂得到了最大的 CO 转化率，最低的甲醇选
择性和最高的乙醇及其他醇的选择性。改性的 F—T 催化剂催化 CO 加氢生成醇的
机理与 Rh 基催化剂作用机理基本相似。可以简单地用图 1.4 来表述，首先 CO 解
离加氢形成表面吸附 CH$_x$，随后 CO 插入 CH$_x$ 形成含氧化合物前驱体。

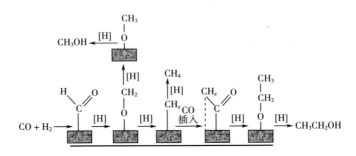

图 1.4　F—T 改良型催化剂催化 CO 加氢生成乙醇的机理

制备条件，如浸渍次序、前驱体种类、金属和助剂的含量等，会对催化剂性能产生显著影响。Matsuzaki 等研究了 Co 及其前驱体对制备催化剂及催化性能产生的影响。研究表明，以醋酸盐为前驱体制备的 Co—Re—Sr/SiO$_2$ 催化剂催化合成乙醇的选择性仅为 1.3%。但以硝酸盐为前驱体制备的催化剂时，合成乙醇的选择性可达到 20%。更有趣的是，没有助剂或以 Sr 为助剂的 Co/SiO$_2$ 催化剂对合成乙醇没有表现出活性。

助剂对 F—T 型催化剂的催化性能也会产生不同的影响。碱金属的掺杂主要通过抑制碳氢化合物的生成来提高 C$_2$ 含氧化合物的选择性。过渡金属（如 Ir、Re、Pt、Os 等）有助于还原没有活性的醋酸钴，从而保持钴的高分散度。一般认为，钴的高分散度有利于含氧化合物的形成，团聚的钴则有利于碳氢化合物的生成。

1.2.3 钼基改良型催化剂

硫化钼催化剂中加入碱金属后，CO 加氢产物中的醇类选择性提高，而碳氢化合物的选择性降低。碱金属对醇类的选择性促进作用按以下顺序依次递增：Li<Na<Cs<Rb<K。由此可见，中等强度碱的促进作用最为明显。Muramatsu 等研究表明，K 在 Mo/SiO$_2$ 中的作用是保护催化合成醇的活性中心 MoO$_2$ 不被还原。碱金属改性的钼基催化剂对醇的选择性遵循 Schulz—Flory 分布。Co、Ni、Mn 等过渡金属也可以用来改进钼基催化剂，以提高对 C$_2$ 及高碳醇的选择性。当 Ni 和 Mn 共同修饰 K/MoS$_2$ 催化剂时，助剂之间的协同作用可以同时提高催化剂的活性和对 C$_2$—C$_3$ 醇的选择性。

钼基催化剂的制备技术也是众多学者研究的对象。研究表明，在使用 KCl 对 Mo/SiO$_2$ 催化剂改性时，K 在催化剂外层时的催化效果明显优于其在催化剂内层时的表现。对于 K—Mo/C 催化剂，快速干燥的效果好于慢速干燥。此外，相对于传统浸渍法制备的 Mo/SiO$_2$，用金属氧化物蒸汽合成法（MOVS）制备的 Mo/SiO$_2$ 催化剂表现出了更高的催化活性和醇的选择性。

1.2.4 负载型贵金属催化剂

贵金属催化剂主要用于把合成气转化为乙醇和其他 C$_2$ 含氧化合物，通常由载体（如 SiO$_2$、Al$_2$O$_3$、CeO$_2$、ZrO$_2$、MgO 等）和贵金属（如 Rh、Ru、Re 等）组成。由于 Rh 基催化剂表现出了卓越的 C$_2$ 含氧化合物的选择性，目前合成气制含氧化合物的研究大部分都集中于 Rh 基催化剂。

1.3　Rh 基催化剂研究现状

1.3.1　催化剂组成

1975 年，以金属 Rh 为活性中心组分的负载型催化剂由美国联合碳化物公司（Union Carbide Company）的 Bhasin 等最先公开报道。报道称，Rh/SiO$_2$ 催化剂应用于 CO 加氢反应可以显著提高乙醇及其他 C$_2$ 含氧化合物的产率。在此之后，Rh 基催化剂得到众多研究者的关注，并围绕该催化剂展开了大量探索性研究工作。直到目前为止，已报道用于 CO 加氢的 Rh 基催化剂一般由三部分组成：活性中心、载体和助剂。

1.3.1.1　活性中心

Rh 金属及其氧化物是催化 CO 加氢的活性中心。Rh 在元素周期表中处于特殊位置，它介于那些易将 CO 解离加氢的金属元素（如 Fe、Co 等）和不易将 CO 解离的元素（如 Pt、Pd 和 Ir 等）之间。正是这一特殊的位置，使得 Rh 既具有 CO 解离加氢活性，又具有 CO 插入活性，从而使 Rh 基催化剂兼具了良好的 CO 转化率和 C$_2$ 含氧化合物的选择性。研究表明，Rh 前驱体的种类、Rh 的状态及 Rh 颗粒的大小均会对催化剂的性能产生重要影响。

Rh 的前驱体通常为 RhCl$_3$ · xH$_2$O 和 Rh（NO$_3$）$_3$、Rh$_6$（CO）$_{16}$、Rh$_4$（CO）$_{12}$、HRhCl$_4$、（NH$_4$）$_3$RhCl$_6$ 和 H$_2$RhCl$_5$ 等也会用作 Rh 的前驱体。Jackson 等发现 Rh 前驱体中氯离子的存在会影响 Rh 的几何构型，从而影响 CO 加氢选择性。Kip 等早在 1986 年的研究认为，使用含氯的前驱体不利于含氧化合物的形成。而 Ojeda 等的研究表明，无论使用硝酸盐或是氯化物作为 Rh 的前驱体，所制备催化剂中的 Rh 颗粒有着相似的分散度、形貌及粒径大小，因此它们的催化性能也基本一致。Jiang 等的研究表明，当负载的金属使用氯化物作为前驱体时，CO 转化速率和 C$_2$ 含氧化合物选择性均相对较高。

由于 CO 加氢反应是一个结构敏感型反应，Rh 颗粒的尺寸对反应有着至关重要的影响。一般认为，C—C 键的形成和断裂对催化剂的结构十分敏感，所以适当大小的 Rh 颗粒对促进反应和提高 C$_2$ 含氧化合物选择性的效果尤为明显。对于用浸渍法制备的催化剂而言，金属的负载量、焙烧温度和载体形貌等因素都将影响负载金属颗粒的大小。可以通过负载量的改变来调节 Rh 颗粒大小，当 Rh 负载量较大（重量比约为 4.7%）时能够获得大小适当的 Rh 颗粒，但 Rh 的催化效率有待提高。Chen 等在研究载体 SiO$_2$ 大小对 Rh—Mn—Li/SiO$_2$ 催化剂催化性能影响时发现，当 Rh 颗粒尺寸在 2~4nm 时催化 CO 加氢制 C$_2$ 含氧化合物的效率最高。

1.3.1.2 载体

载体性质对催化剂活性及选择性有着显著的影响。早在 1978 年，日本的 Ichikawa 等人就研究了不同载体负载的 Rh 催化剂对 CO 加氢性能的影响。研究表明，将 Rh 负载到弱碱性载体（如 La_2O_3、Cr_2O_3、ThO_2、TiO_2 和 ZrO_2）上将得到较高的乙醇产率，负载到强碱性载体（如 MgO 和 ZnO）上则主要生成甲醇；采用酸性载体（如 Al_2O_3、V_2O_5、SnO_2 和 WO_3）则倾向于生成甲烷及高级烃类。

Gronchi 等比较了 La_2O_3、ThO_2、V_2O_3 和 ZrO_2 等载体对催化性能的影响。结果表明，以 V_2O_3 为载体的催化剂乙醇选择性最高。Ojeda 等用 Al_2O_3 作载体制备了系列 $Rh-Mn/Al_2O_3$ 催化剂，并评价了其 CO 加氢性能。结果发现，当 Rh/Mn 为 1，反应温度和压力分别为 260℃和 2MPa 时，含氧化合物的选择性可达 65%。Zanderighi 等人对以 ZrO_2 为载体的 Rh 基催化剂进行了大量研究，结果表明，以 ZrO_2 为载体的 Rh 基催化剂表现出了较好的 CO 加氢催化活性和 C_2 含氧化合物选择性，同时锆与铑之间的相互作用是决定催化性能的重要因素。NaY 分子筛也曾用作 Rh 基催化剂的载体，在 Rh/NaY 催化剂上催化 CO 加氢可以生成相当数量的含氧化合物。Davis 等人主要考察了 TiO_2 为载体制备的 Rh 基催化剂的反应性能，发现以 TiO_2 为载体制备的催化剂要比 SiO_2 载体催化剂的催化性能优越。近年来，活性炭和 SBA-15 分子筛等也纷纷尝试作为 Rh 基催化剂的载体。研究表明，载体的形貌及其孔道结构能有效控制 Rh 及其他助剂的颗粒大小和分散状态，进而影响催化剂的活性及选择性。Lavalley 和王野等人比较了 SiO_2 和 CeO_2 两种载体对 Rh 基催化剂反应性能的影响。相对 SiO_2 而言，以 CeO_2 为载体时，乙醇选择性会显著提高，但 CO 转化率则会下降。红外研究结果表明，在 Rh/CeO_2 催化剂表面可形成搭式 CO 吸附物种。同时，此物种解离形成的碳物种不利于加氢生成甲烷，而有利于 CO 插入进一步生成乙醇。

SiO_2 因其来源广、比表面积大、物理化学性质稳定，成为目前合成气制 C_2 含氧化物中最常用的载体。虽然 SiO_2 是一种相对惰性的载体，但其表面性质也会对其负载的金属产生一定影响。Chen 等在研究 SiO_2 颗粒大小对 Rh/SiO_2 基催化剂性能影响时发现，使用 14~20 目的 SiO_2 作为负载 Rh 的载体时可以使 Rh 的分散度更高，颗粒尺寸分布更窄。利用醇对 SiO_2 进行预处理可以改变载体表面的疏水性，进而也会影响 Rh 的状态及其催化性能。另外，SiO_2 表面含有一定含量的羟基。有报道称，SiO_2 表面的羟基可以促进 Rh^0 向 Rh^+ 的转化。

一般认为，较大的 Rh 颗粒有利于 CO 的解离，而插入过程不需要大的金属颗粒。因此，当 Rh 金属表面由于强金属—载体作用（SMSI）作用被部分覆盖，导致小颗粒 Rh 的比例上升，从而提高了含氧化物的选择性。载体也可能起间接作用，即载体影响 Rh 或助剂的分散度，从而影响 CO 的吸附性质，最终影响催化反应。Trautmann 等发现在 0.5%Rh/SiO_2 催化剂上会产生 Rh 微晶，这时吸附在催化剂表面的 CO 不能分解，然而将同样含量的 Rh 负载到 Al_2O_3 和 TiO_2 载体上，则在催化剂表面上形成了分散度较高的 Rh 金属簇，此时催化剂表面吸附的 CO 则可分解。

1.3.1.3　助剂

与载体相比，助剂对 Rh 基催化剂的影响更为明显。早在 1991 年，Ponec 等就总结了常用助剂对 Rh 基催化剂催化合成乙醇活性及选择性的影响，如图 1.5 所示。从图 1.5 中大致可以看出，Zr、Ti、V 等助剂的加入表现出较高的催化活性，而 La、Ce、Y 等则表现出较高的乙醇选择性。Li、Na、K 等作为第二助剂的加入可大大增加 C_2 含氧化合物的选择性，抑制碳氢化合物的生成。根据作用机理的不同，可以把助剂分为以下四类。

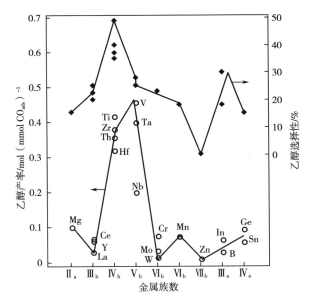

图 1.5　助剂对 Rh/SiO_2 催化剂的活性和乙醇选择性的影响

（1）Mn、V、Zr、Ti、Mo、Nb 等具有强氧化性的金属氧化物助剂。这类助剂在被还原之后以低价氧化物的形式存在，可以提高催化活性十倍以上，同时也能保持或提高 C_2 含氧化合物的选择性。Ichikawa 等认为，强氧化性金属氧化物助剂能够提高 Rh/SiO_2 催化剂合成乙醇的活性，是因为 Rh 表面形成了搭式 CO 吸附物种。这种搭式的 CO 吸附物种更有利于 CO 解离，从而提高了 CO 加氢活性。Wang 等利用 CO 程序升温脱附（CO—TPD）、程序升温表面反应（TPSR）、X 射线光电子能谱（XPS）等技术对 Rh—Mn/SiO_2 催化剂进行了全面研究，提出了 $(Rh_x^0Rh_y^+)$—O—M^{n+} 这一全新的活性中心概念，并给出了 CO 通过搭式吸附得到乙醇和乙醛的反应路径。

（2）La、Ce、Th、Pr、Nd、Sm 等稀土添加剂也可以明显提高乙醇等含氧化合物的选择性。Du 等研究了稀土金属氧化物（REO）助剂（如 La_2O_3、CeO_2、Pr_6O_{11}、Nd_2O_3 和 Sm_2O_3 等）对 Rh/SiO_2 催化剂性能的影响。结果表明，在 CeO_2 和 Pr_6O_{11} 等稀土氧化物的促进下，乙醇选择性可以提高到 48%。他们认为添加的助剂覆盖了 Rh 金属的界面，在 Rh-REO 界面上形成了新的化学活性位，同时稀土助剂也在一定程度上阻碍了 H_2 在 Rh 上的化学吸附。Luo 等报道称，Sm 可以大大提高 Rh/SiO_2 催化剂 CO 加氢的转化率及乙醇的选择性。最近，Mo 等研究也表明，La 可以促进 Rh/SiO_2 催化剂对 CO 的吸附及插入，从而提高了 CO 加氢的转化率及乙醇的选择性。

（3）碱金属（如 Li、K、Na、Cs 等）也常用作 Rh 基催化剂的助剂。研究表明，碱金属可以抑制烃类生成，提高 C_2 含氧化合物的选择性，但同时催化活性会受到一定削弱。Chuang 等研究了各种碱金属对 Rh/TiO_2 催化性能的影响，发现碱金属能促进含氧化合物的形成，促进的程度与其电子给予能力有关。碱金属一方面能够影响其附近 Rh 的电子状态，进而影响 Rh 对 CO 的吸附与解离；另一方面，相邻的 Rh 活性中心有助于 CO 的解离，碱金属可以阻隔 Rh 的活性中心位，从而抑制了 Rh 对 CO 的解离。

（4）除了上述助剂以外，Fe、Ir、Ag 等也被用作 Rh 基催化剂的助剂。这些助剂很难用一个相同的特性来总结，但在一定条件下也都具有提高含氧化合物选择性的作用，其中研究最多的是 Fe 元素。当少量 Fe 掺杂进 Rh 基催化剂后，有利于一些中间产物（如乙醛等）进一步加氢形成乙醇。Guglielminotti 等则认为，Fe 的加入虽然会削弱 CO 的吸附，但双键 CO（Rh—CO—Fe）的形成则有利于含氧化合物的生成。Holy 和 Carey 制备了 Co：Fe：Rh 质量比为 2.6：2.5：3.7 的 Co—Fe—Rh/SiO_2 催化剂，CO 的转化率约为 6%，乙醇的选择性约为 30%，但同时产生了大量的甲烷（25.3%）和丙烷（24.9%）。Burch 等将 0～10% 的 Fe_2O_3 担载到 Rh/Al_2O_3 催化剂上，发现 Fe_2O_3 的加入大大抑制了 CH_4 的生成并且提高了乙醇的选择性，其中含 2%Rh 和 10%Fe（质量分数）的催化剂显示出了最大的乙醇选择性（约为 50%）。虽然目前对于 Fe 助剂的研究已经很多，但在不同的体系中 Fe 的最佳添加量差别很大，而且 Fe 与 Rh 的作用机制也有待进一步阐明。

1.3.2　制备方法

由于 CO 加氢合成 C_2 含氧化合物是一个结构敏感型反应，所以催化剂表面 Rh 的分散度及颗粒大小将影响催化剂的活性和选择性。由于常规浸渍法操作简单实用，目前主要采用该法制备催化剂。但浸渍法很难使 Rh 分散均匀，且 Rh 颗粒大小也很难做到均一，因此，研究者希望能通过改进制备方法来进一步提高催化剂的性能。

利用微乳液法制备金属催化剂可以得到预先想要的粒径，且颗粒尺寸分布较窄，所以许多学者对微乳液法在 Rh 基催化剂制备中的应用进行了较多尝试。Kishida 等最先采用微乳液法将胶态 Rh 金属颗粒负载于 SiO_2 和 ZrO_2 载体上，并考察了对 CO_2 加氢反应的催化性能。Kim 等尝试了不同的还原方式对微乳液法制备的 Rh/SiO_2 催化剂进行预处理。研究表明，用肼还原可获得最小的 Rh 粒径。他们还通过改变载体前驱体的加入量，制备了不同 Rh 含量的 Rh/SiO_2 催化剂，催化剂中 Rh 的平均粒径在 4.2nm，与 Rh 含量无关。Kishida 等采用微乳液法和浸渍法分别制备了两种 Rh/SiO_2 催化剂，通过 TEM、XRD 和化学吸附等方式对 Rh 颗粒大小进行了测定。结果表明，采用微乳液法制备的 Rh 粒径明显小于浸渍法，且前者 Rh 颗粒尺寸分布较窄。但用微乳液制备的催化剂中有一部分 Rh 颗粒包埋于载体中起不到催化作用反而降低了 Rh 的利用率，而由浸渍法制成的催化剂绝大多数 Rh 粒子能够有效暴露于载体表面起到了催化作用。为了解决 Rh 被包埋的问题，Boutonnet 等用沉积法来制备 Rh 基催化剂，将微乳液中形成的纳米 Rh 粒子直接沉积到载体上。采用这种方法可在一定程度上避免微乳液法中 Rh 利用率较低的问题。但是用此法制备的催化剂也有一定的缺点，如悬浮液制备成本高，制备的催化剂热稳定性差等。

基于浸渍法的广泛应用，也有许多通过改进浸渍法工艺来提高催化性能的研究。陈维苗等应用真空浸渍法制备了 Rh—Mn—Li—Fe/SiO_2 催化剂，发现与常规浸渍法相比，C_2 含氧化合物的选择性明显提高。如果对浸渍好的催化剂再进行后期处理也对催化剂的性能有较大影响。他们详细研究了 Rh—Mn—Li—Ti/SiO_2 干燥时间以及焙烧温度对催化剂催化性能的影响，发现焙烧温度和催化剂的干燥时间能够调节 Rh—Mn 相互作用大小，当 Rh—Mn 相互作用处于较弱的状态时，能使催化剂获得较好生成 C_2 含氧化合物的能力。

1.3.3　反应条件的控制

除了催化剂的组成和制备方法，反应条件也对催化性能有重要影响。陈维苗等发现对催化剂进行慢还原时（在 25℃/h 下升温至 400℃，用 N_2/H_2（1:1，体积比）混合气 [SV = 1500mL/(g·h)，还原 4h]，对 C_2 含氧化合物的选择性明显提高。近年来，Hu 等用 Rh—Mn/SiO_2 催化剂对反应条件的控制进行了详细的研究。他们发现，反应温度在 265~300℃，压力在 3.8~5.5MPa，H_2/CO 比为 2，气体时空速率（GHSV）为 3750h^{-1} 时，反应生成 CH_4、CO_2、甲醇、乙醇、C_{2+} 烃类和含氧化合物，其中甲烷和乙醇是主要产物。当温度从 280℃升高到 300℃时，CO 的转化率从 25% 增加到 40%，但是甲烷和副产物的选择性也从 38% 增加到 48%。他们注意到压力并没有像反应温度那样对产物的选择性产生影响。当 H_2/CO 比从 2 减少到 1 时，CO 转化率下降，同时乙醇的选择性也降低，C_{2+} 烃类的选择性有所增加。如果用氧化还原循环（连续的还原和氧化）对催化剂进行预处理，催化性能会有所提高，其原因是 Rh 金属在载体上的分散度有所提高。Rh—Mn/SiO$_2$ 催化剂在 300℃、5.4MPa、3750h^{-1} 的条件下反应，可获得约 40% 的 CO 转化率及 44% 的乙醇选择性。

有文献报道了反应压力、温度、H$_2$/CO 比值及反应空速对 Rh 基催化剂 CO 加氢性能的影响。结果发现当 H$_2$/CO 的比值为 2 时，C$_2$ 含氧化合物的选择性最高；保持原料气中 H$_2$ 和 CO 的比值不变，如果增加原料气的空速，则目标产物选择性随之增加。当空速增加到 15000h^{-1} 时，目标产物的时空收率增长趋于平缓；保持 H$_2$/CO 的比值和空速不变，改变温度及压力后发现，300℃ 为最佳反应温度。另外，反应压力的提高有利于 C$_2$ 含氧化合物的生成。

1.3.4 反应机理

反应机理是指导设计催化剂获得目标产物高选择性的重要依据。CO 加氢是一个复杂的反应体系，反应产物包含有 CO$_2$、H$_2$O、烷烃、烯烃和含氧化合物（如甲醇、乙醇、丙醇、乙醛、乙酸、乙酸乙酯、丙酮等）等。研究者为探明活性中心的具体状态和揭示 C$_2$ 含氧化合物形成的确切路线做了大量工作。

1.3.4.1 CO 加氢网络

CO 加氢生成 C$_2$ 含氧化合物的反应过程十分复杂，主要包括 CO 吸附解离、C$_1$ 的加氢、CO 插入及加氢、碳链的增长。

由于反应的复杂多变性，许多学者根据各自实际的实验情况推断出了不同的反应路线。但确切的 CO 加氢生成 C$_2$ 含氧化合物的反应机理到目前为止还没有定论。图 1.6 给出的插入机理是目前较为认同的反应路线。依据是 CO 加氢催化剂都表现出较高的 CO 解离活性，而且分别由 CH$_2$N$_2$ 和 CO/H$_2$ 派生得到的 CH$_x$ 都会生成相似的碳氢化合物。在这一机理中，CH$_x$/C$_2$H$_x$ 加氢形成碳氢化合物和 CO 插入生成 C$_2$ 含氧化合物是反应链的终止步骤。

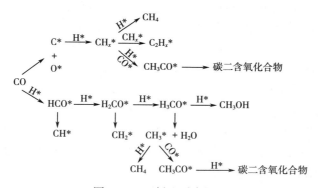

图 1.6 CO 插入反应机理

Sachtlert 和 Ichikawa 根据插入机理将 CO 加氢反应过程概括成了以下几个步骤：

（1）部分吸附的 CO 发生解离并加氢生成 CH_3/CH_2 物种，CH_3/CH_2 物种通过 CH_2 插入进行碳链增长。

（2）部分吸附的 CO 插入 CH_3/CH_2 物种中形成表面酰基物种，表面酰基继续加氢形成含氧化物。

（3）表面烷基中 β-H 消除或 α-H 加成形成烃类。

（4）剩余吸附的 CO 还可以直接加氢形成甲醇。

另外，H_2 和 CO 吸附解离，在催化剂表面形成活性 C_{ad}、H_{ad} 和 O_{ad} 等物种，这些活性物种之间反应生成 CO_2 和 H_2O。

同时还提出了在铁基催化剂上的反应机理，即烯醇中间体的缩合机理，反应路线如图 1.7 所示。在这一机理中，烯醇的缩合可以使碳链增长，通过烷基化烯醇脱附生成醛或发生 β-消除生成烯烃而使链终止。

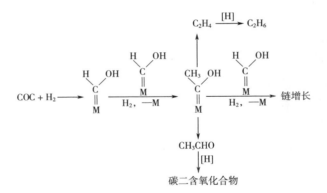

图 1.7　烯醇中间体的缩合机理

1.3.4.2　CO 解离

在插入机理中，CO 的解离存在两种可能性，一是 CO 直接解离成吸附碳和吸附氧，即解离式机理；二是 CO 先加氢形成 H_xCO 物种，再解离，即缔合式机理。

（1）解离式机理。

$$CO \longrightarrow CO_{ab} \longrightarrow C_{ab}+O_{ad} \xrightarrow[-H_2O]{xH_{ad}} \underset{M}{CH_x} \quad x=1,2,3$$

（2）缔合式机理。

$$CO_{ad} \xrightarrow{+xH_{ad}} \underset{M}{\overset{H}{\underset{|}{C}}}=O \xrightarrow[-H_2O]{2H_{ad}} \underset{M}{\overset{CH_x}{||}} \quad x=1,2,3$$

Ichikawa 等比较了 Rh/SiO_2、$Rh—Ti/SiO_2$、$Rh—Zr/SiO_2$、$Rh—Mn/SiO_2$ 等催

化剂上 CO 开始发生歧化反应的温度，结果发现在催化剂添加助催化剂后会使歧化反应的温度明显降低，其作用是促进 CO 的直接解离。红外研究表明，在 Rh/SiO₂ 催化剂上，线式 CO 吸附位于 2040~2060cm⁻¹，桥式吸附在 1880~1890cm⁻¹；当有亲氧性助剂协同作用下，桥式吸附发生位移，而线式吸附的位置却没有改变。Anderson 等认为 CO 吸附在 Pt/Ti 合金上时，C 与 Pt 金属成键，而 O 跟 Ti 成键。Ichikawa 等认为在有亲氧性助剂作用下，CO 以搭式吸附在 Rh 和助剂的表面，这种方式会促进 CO 的直接分解。

缔合式机理认为，吸附的 CO 首先会部分加氢生成氢化物种（如 HCO、H₂CO 等），这些物种进一步反应断键，生成 CH$_x$* 中间体。Choi 和 Liu 用密度泛函理论研究了在 Rh（111）面上 CO 加氢生成乙醇的反应机理，他们认为甲酰基（HCO）的生成是 CO 加氢反应的控速步骤，因为在 Rh（111）面上，CO 直接解离需要更高的能量。HCO 进一步加氢生成甲氧基（CH₃O），然后解离成 CH₃ 和 O。生成乙醇关键中间体是乙酰基（CH₃CO），来自 CO 插入 CH₃ 的反应。

1.3.4.3 CO 插入

为了尝试研究 CO 插入的活性位，科学家利用乙烯作为探针分子，对其氢甲酰化反应进行了研究。乙烯的氢甲酰化反应路线如图 1.8 所示，首先由乙烯加氢生成乙基物种（C₂H₅*），随后继续加氢生成乙烷；与 CH$_x$ 物种进行链增长形成碳三碳氢化合物；CO 插入生成碳三含氧化合物。

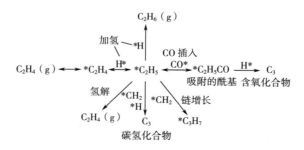

图 1.8　乙烯的氢甲酰化反应路线

对单晶 Rh 的研究表明，Rh⁺ 是 CO 插入的活性中心。对于硫化铑催化剂催化乙烯氢甲酰化生成丙醛的实验也进一步证明 Rh⁺ 在 CO 插入过程中起到了非常重要的作用。不同价态的 Rh（如 Rh⁰、Rh⁺、Rh²⁺ 及 Rh³⁺）都可以对 CO 进行化学吸附，吸附后的状态有线式 CO（Linear CO）、孪式 CO（Dicarbonyl CO）、桥式 CO（Bridged CO）和搭式 CO（Tilted CO）吸附，对应的化学吸附态红外波数范围如图 1.9 所示。

对活性位性质的了解有助于设计出催化 CO 加氢选择性合成 C₂ 含氧化合物的催化剂。Chuang 和 Pien 设计了一系列原位红外实验考察了不同类型的吸附态 CO

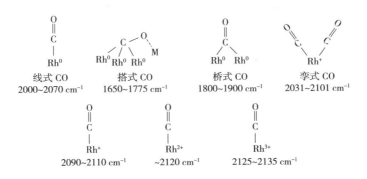

图 1.9　CO 在 Rh 上的吸附类型

对 CO 插入反应的活性。实验先将 CO 预吸附在 3% Rh/SiO$_2$ 催化剂上，形成了线式、桥式及孪式三种吸附态的 CO。待 CO 吸附稳定后通入 C$_2$H$_4$ 和 H$_2$ 比例为 1∶1 的混合气。结果发现，线式 CO 随之减少，与丙醛相对应的红外吸收峰随之产生。与此同时，桥式和孪式 CO 峰则没有明显变化。这表明，吸附了线式 CO 的 Rh^0 中心为 CO 插入的活性位。经氧化处理的 Rh/SiO$_2$ 催化剂上孤立的 Rh$^+$ 中心也是 CO 插入的活性位。比较丙醛生成速率后发现，Rh$^+$ 中心的 CO 插入活性要高于还原态的 Rh^0 中心。这一探针反应有效验证了决定 CO 反应及插入活性的反应中心，明确了单一的 Rh$^+$ 或 Rh^0 活性位均可以是 CO 插入的反应中心。由于单一的 Rh 活性位均可以催化 CO 插入，通过抑制桥式 CO 吸附位的形成可以提高 C$_2$ 含氧化合物的选择性。根据这一设想，Chuang 等又设计出了 Ag—Rh/SiO$_2$ 催化剂。他们发现，当 Ag 掺杂后线式 CO 与桥式 CO 的比值明显提高，同时 C$_2$ 含氧化合物的选择性也随之增加。

　　早期对 CO 插入机理的推断及证明都是建立在金属复合物催化剂上的，因此研究负载型金属催化剂和金属复合物催化剂上 CO 插入反应的差异是有必要的。在最早的研究中，科学家使用烷基锰与同位素标记的 ^{13}CO 对 CO 插入机理进行研究。研究表明，CO 插入反应的发生主要包含了烷基和 CO 配位体间 C—C 键的形成，以及烷基与金属之间成键的断裂。路易斯酸的存在可以进一步促进烷基锰上 CO 的插入反应的速率。同时，由于路易斯酸会与 CO 的氧原子发生作用，CO 配位体的红外波数会红移至 1700cm^{-1} 以下。低波数（1650~1775cm^{-1}）的 CO 吸附态也可以在 Mn、La、Ce 和 Fe 等修饰的 Rh/SiO$_2$ 催化剂上观察到。由于 Ce、Mn、La、Fe 等与路易斯酸有相似的亲氧结构，由此推断，该低波数的 CO 吸附态应为搭式的 CO 吸附。也就是说，CO 的 C 原子吸附于 Rh，而氧原子吸附于 Ce、Mn、La、Fe 等原子上。研究表明，亲氧性的助剂可以促进搭式 CO 的形成并提高 C$_2$ 含氧化合物的选择性。但另有学者利用同位素瞬态响应技术的研究表明，搭式 CO 对 CO 插入反应没有活性。Mn 或 Ce 的促进作用是增加了 CO 的吸附、乙烷基及乙酰基的覆盖度，从而提高了丙醛的生成速率。

1.3.4.4 加氢

CO 加氢合成 C_2 含氧化合物包括两个步骤，一是 CO 加氢生成 CH_x，二是酰基物种继续加氢转化成最终产物（如乙醛、乙醇等）。适度的加氢有利于 C_2 含氧化合物选择性的提高，过度加氢则会导致 C_2 含氧化合物选择性的降低和烷烃选择性的升高。

通过加入碱或硫等助剂可抑制 CO 的深度加氢，从而有效提高 C_2 含氧化合物的选择性。实验表明，当碱金属掺入 Rh/SiO_2 催化剂时，甲烷选择性受加氢抑制作用而下降，C_2 含氧化合物的选择性升高。

Rh/SiO_2 催化剂表面的氘（D_2）跟踪实验表明，D_2 在 Rh 表面发生吸附解离。如图 1.10 所示，解离后的 D 原子，一方面可以对乙基进行加氢；另一方面，D 原子可以溢流到载体表面形成 Si—OD 基，Si—OD 基中的 D 原子则可以对酰基进行加氢。

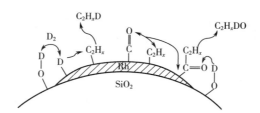

图 1.10 加氢甲酰化路线图

1.3.4.5 C_2 含氧化合物的生成

Rh 基催化剂对 CO 加氢反应具有较高的活性和 C_2 含氧化合物的选择性，主要因为 Rh 同时拥有 CO 解离和 CO 插入的能力。在 Rh 基催化剂上的 CO 加氢反应始于 CO 的解离和加氢生成 CH_x * 物种，随后可发生下列反应：①继续加氢形成 CH_4；②和另一 CH_x * 物种发生链增长反应生成 C_2 碳氢化合物；③CO 插入形成 C_2 含氧化合物。

Rh 对 CO 解离和插入的能力可以通过载体和助剂的作用得以增强。研究发现，Rh 基催化剂载体的不同会显著影响乙醇的选择性，乙醇选择性按以下顺序递减：$Rh/La_2O_3 > Rh/TiO_2 > Rh/SiO_2 > Rh/Al_2O_3$。载体得失电子的能力，金属形貌和状态，以及载体对金属还原性能的影响等因素都可以导致乙醇选择性的改变。图 1.11 概括和总结了部分载体和助剂对 Rh 催化 CO 加氢性能的影响。从图中可以看出，ZnO 载体有利于甲醇的合成；Al_2O_3 载体则有利于碳氢化合物的形成；而 SiO_2、La_2O_3 和 TiO_2 等载体则有利于 C_2 含氧化合物的生成。就 Rh/SiO_2 催化剂而言，不同助剂也会对其催化性能产生很大影响。Mn、V、Na、Sc、Ti 和 La 等助剂可增强 CO 解离能力；Ag、Cl、Zr、Zn、S、Ti、La 和 V 等助剂可以促进 CO 插入反应，从而增加 C_2 含氧化合物的选择性。正是由于这些作用不断地在被发现，因此从原子水平去了解活性中心及反应机理是研究和设计催化剂时所必需的。

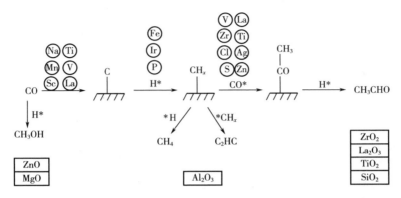

图 1.11　载体和助剂对铑基催化剂合成碳二含氧化合物的影响

1.4　研究的内容及意义

1.4.1　研究的内容

基于对 CO 加氢制 C_2 含氧化合物催化剂研究的分析，在 Rh 基催化剂催化 CO 加氢制 C_2 含氧化合物的研究中，还存在以下问题：

（1）助剂的研究不够系统化。虽然 Mn、La、Fe 等助剂对铑基催化剂催化性能影响的研究报道仍较多，但不同研究者所采用的催化剂体系及反应条件均不相同，使得相互的研究结果不能进行有效比较。同时，Rh 与助剂之间的作用机制也有待进一步的阐明。

（2）一氧化碳加氢生成含氧化合物的反应机理尚不明确。由于研究体系和反应条件的不一致，不同的研究者也会得出不同的结果。

（3）在已有 Rh/SiO_2 基催化剂的研究中，大部分工作集中在助剂的作用及影响上，而对载体 SiO_2 的研究相对较少。

针对以上所存在的问题，本书拟展开以下研究工作：

（1）研究 Mn、La 助剂在 Rh/SiO_2 基催化剂中的作用：考察 Rh、Mn 浸渍次序不同对负载 Rh 状态及 $Rh—Mn/SiO_2$ 催化剂性能的影响；考察 La 的引入方式对

Rh/SiO$_2$ 催化剂性能的影响。

（2）通过多种表征方法结合探针反应，进一步研究 Rh 与 Mn、Li 组分之间的相互作用，揭示一氧化碳加氢反应的机理。

（3）考察助剂 Fe 含量及浸渍次序对 Rh—Mn—Li/SiO$_2$ 催化剂性能的影响，以阐明 Fe 与 Rh、Mn 的作用机制。

（4）通过改变制备方法及条件合成具有不同表面性质的 SiO$_2$ 载体，研究载体 SiO$_2$ 性质对催化剂性能的影响

1.4.2　研究的意义

进入 21 世纪以来，随着经济社会的快速发展，石油危机、全球气温变暖及化石能源日益枯竭等已经严重威胁到人类的生存与发展。从能源安全、绿色经济等角度出发，如何减少化石能源的消耗，开发新型技术路线来合成燃料及化工原料成为各国政府及科学研究者关注的焦点。乙醇、乙醛及乙酸等 C$_2$ 含氧化合物不仅是未来燃料的最佳替代品，也是重要的化工原料和清洁氢源，可以有效缓解或抑制未来石油紧张的局面。因此，以 CO 催化加氢的方式来实现乙醇等 C$_2$ 含氧化合物的合成具有能源保障和环保等多重意义。

第 2 章　负载型 Rh 基催化剂的表征与评价

2.1　催化剂的表征

2.1.1　X 射线衍射

样品的晶相结构采用 XRD 表征，在荷兰 PANalytical 公司生产的 X'Pert PRO PW3040/60 型多晶 X 射线衍射仪上进行。采用 Cu K_α 射线，Ni 滤波片，工作电压为 40kV，工作电流为 40mA，扫描范围 $2\theta = 10° \sim 85°$，扫描速度 $4°/\text{min}$。

2.1.2　氮气吸脱附

催化剂的比表面积、孔容和孔径的测定在美国 Micromeritics 公司生产的 ASAP2020M+C 型多功能氮气吸附仪上进行。测试前样品在 200℃ 真空脱气 10h，然后在液氮温度（−196℃）下以氮为吸附质进行测定。

2.1.3　扫描电子显微镜

样品的形貌特征在日本日立公司生产的 S−3400N 型扫描电子显微镜上摄取。测试前，采用真空溅射技术将样品镀金以改善其导电性能。

2.1.4　透射电子显微镜

催化剂的微观形貌和 Rh 颗粒分布情况在日本电子公司生产的 JEM−2100 透射电子显微镜上进行摄取，加速电压为 200kV。样品在测试前首先研细，在无水乙醇中充分超声分散，然后滴加到铜网上进行测定。

2.1.5　红外光谱

常规傅立叶变换红外光谱的测定在美国热电公司生产的 Nicolet 6700 型智能红外光谱仪上进行，样品采用 KBr 压片法制备，使用氘化硫三肽（DTGS）热电检测器检测。

催化剂的原位漫反射红外（Diffuse reflectance infrared Fourier transform spectroscopy，DRIFTS）表征在 Nicolet 6700 型智能红外光谱仪自带的漫反射反应池中进行，使用碲镉汞检测器（MCT）检测，分静态和动态两种模式。

（1）静态模式。催化剂先在 10% 的 H_2/N_2 混合气（体积分数，下同）中于 400℃ 预处理 2h，接着抽真空至系统真空度达到 10^{-3} Pa，并在实验需要温度下采集背景。然后在室温下通入相应压力的 CO（80mbar），在不同时间采集红外数据。如需进一步观察吸附态 CO 在 H_2 气氛中的变化，待 CO 吸附平衡后继续通入 H_2，并随时间和温度进行红外数据采集。

（2）动态模式。催化剂先在 10% 的 H_2/N_2 混合气中于 400℃ 预处理 2h，切换至氮气吹扫并在实验需要温度下采集背景。然后在室温下以流动态的形式向原位池中通入一定比例的 CO/N_2 混合气，在不同的时间和温度下进行红外数据采集。如需进一步观察吸附态 CO 在 H_2 气氛中的反应变化，则在 CO/N_2 混合气中进一步加入两倍于 CO 的 H_2，并在 300℃ 下随时间进行红外数据采集。为排除干扰，使用 99.997% 的高纯 CO 气体，并且再经过脱水、脱氧处理。在实验中，红外光谱的分辨率为 $4cm^{-1}$，扫描次数 64 次。

2.1.6 H_2 程序升温还原

催化剂的还原性能测试在自制的 H_2-TPR 装置上进行，用热导检测器（TCD）检测耗氢量。催化剂装填量 0.05g，还原气为 10% H_2/N_2，流速为 50mL/min，升温速率为 10℃/min。反应器出口装有 5Å 分子筛以除去反应中生成的水。

2.1.7 CO 或 H_2 程序升温脱附

催化剂的程序升温脱附分析在自建的脱附装置上进行，CO-TPD 过程中的脱附气体由德国普发公司生产的 OmniStar 200 型质谱仪检测，H_2-TPD 过程中的脱附气体由热导检测器（TCD）检测。称取约 0.1g 样品，在 350℃ 用氦气吹扫 60min，降温至 30℃，在此温度下吸附 CO 或 H_2 30min，再用 He 吹扫至基线走平，然后以 10℃/min 的升温速率升温至 600℃。

2.1.8 程序升温表面反应

程序升温表面反应（TPSR）在常压微型石英反应器中进行，催化剂用量 0.1g。催化剂首先在 10% 的 H_2/N_2 混合气（50mL/min）中于 400℃ 还原 120min 后，继续在 He 气氛中吹扫 30min。然后降温至 30℃，CO 吸附 30min 后再切换成 10% 的 H_2/N_2 混合气，待基线走平后，以 10℃/min 的速率升温至 650℃，尾气由德国普发公司生产的 OmniStar 200 型质谱仪检测。

2.1.9 NH_3 程序升温脱附

催化剂表面酸性及酸含量用 NH_3 程序升温脱附进行表征，脱附气体由热导检测器（TCD）检测。称取约 0.1g 样品，在 500℃ 下用氮气吹扫 60min，降温至 30℃，在此温度下吸附 NH_3 30min，再用氮气吹扫至基线走平，然后以 10℃/min 的升温速率升温至 600℃。

2.2 催化剂性能评价

2.2.1 评价装置及流程

催化剂活性评价装置如图 2.1 所示。装置为平行的两路反应装置，可同时对两个催化剂进行活性评价。还原气为 10% 的 H_2/N_2 混合气，反应气为 CO（60%），H_2（30%）和 N_2（10%）的混合气。为防止产物气中水汽、含氧化合物及高碳烃类的冷凝，反应器出口至色谱六通阀进样口之间的管线均保温在 150℃ 左右。

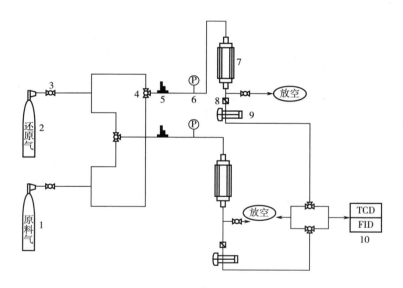

图 2.1 催化剂活性评价装置

1—还原气钢瓶 2—原料气钢瓶 3—两通球阀 4—三通球阀 5—质量流量计
6—精密压力表 7—微型固定床反应器 8—过滤器 9—背压阀 10—气相色谱

气相色谱仪带有自动进样阀，对反应产物分两路进行在线分析，一路为 Porapak Q 毛细管柱，氢火焰离子化检测器，一路为碳分子筛（TDX01）填充柱，热导检测器。装置中所有的仪器设备信息见表 2.1，气相色谱的气路如图 2.2 所示。

表 2.1   催化剂活性评价使用的仪器设备

仪器名称	型号	生产厂家
反应器	LW-4	无锡英雄绘图仪器有限公司
气相色谱仪	Agilent 6820	美国安捷伦公司
气体质量流量控制器	5850E	布鲁克斯仪器
气体质量流量显示器	0152	布鲁克斯仪器
氢气发生器	SGH-300	北京东方精华苑科技有限公司
空气发生器	SGK-2LB	北京东方精华苑科技有限公司
背压阀	29303	美国 Go 公司
温控仪	AI-708、AI-808	厦门宇光电子技术研究所

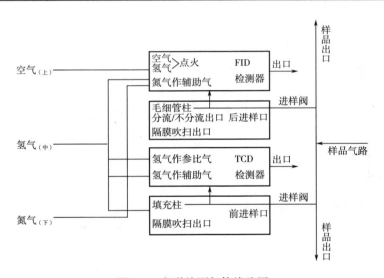

图 2.2   色谱检测气体线路图

2.2.2   活性评价方法

将制备好的催化剂压片、碾碎、过筛（40~60 目）。取少许石英棉塞入不锈钢反应管中，使其固定于反应管恒温段底部。称取 0.3g 40~60 目的催化剂与 1.0g 石英砂混合均匀，填入反应管中，并保证催化剂处在反应管的恒温区。反应前，催化剂用还原气于 400℃下还原 2h，升温速率为 3℃/min，气体流速为 50mL/min。然后温度自然冷却至反应所需温度并保持温度恒定，切换至反应气，气流速为 50mL/min，并调节反应压力为 3.0MPa。反应趋于稳定后，进行在线分析。

2.2.3　产物分析

CO 加氢产物比较复杂，主要含有 N_2、CO、CO_2、H_2O、烃类和各种含氧化合物。永久性气体用碳分子筛的填充柱进行分离，TCD 检测器检测；烃类和含氧化合物采用 Porapak Q 毛细管柱进行分离，FID 检测器检测。

CO 的转化率和产物的选择性用下式计算：

$$X_{CO} = (\sum n_i M_i / M_{CO}) \cdot 100\% \tag{2-1}$$

$$S_i = A_i f_i n_i / \sum A_i f_i n_i \cdot 100\% \tag{2-2}$$

式中：X_{CO} 为转化率；S_i 为产物 i 的选择性；n_i 为产物 i 的碳原子数；M_i 为检测到的产物 i 的摩尔数；M_{CO} 为原料气中 CO 的摩尔数；A_i 为产物 i 的色谱峰面积；f_i 为产物 i 的摩尔校正因子。

CO_2、CH_4 及其他气态物质的校正因子 f 采用标准钢瓶气进行测定。具体过程如下：分别配制 CO_2、CH_4 等主要产物的标准浓度气体（均含有 N_2，以 N_2 作内标），在一定的色谱分析条件下进行分析，得到标样的色谱峰积分面积，然后按公式（2-3）进行计算：

$$f_x = \frac{n_x \times A_{N_2}}{n_{N_2} \times A_x} \tag{2-3}$$

式中：f_x 为各种产物相对 N_2 的校正因子；n_x 为各种产物的体积分数；A_x 为各种产物的峰面积；n_{N_2} 为 N_2 的体积分数；A_{N_2} 为 N_2 的峰面积。CH_3OH 的校正因子 f_{CH_3OH} 采用鼓泡法测定，即高纯氮对 0℃ 的无水甲醇溶液鼓泡。乙醇、乙醛、乙酸等其余含氧化合物相对氮气的校正因子由甲醇校正因子进一步推导测定。具体过程如下：配制一定比例的甲醇和待测物的混合溶液，在一定的色谱分析条件下进行分析，得到甲醇和待测定物的色谱峰积分面积，然后按公式（2-4）进行计算：

$$f_{x'} = f_{CH_3OH} \frac{n_{x'} \times A_{CH_3OH}}{n_{CH_3OH} \times A_{x'}} \tag{2-4}$$

式中：$f_{x'}$ 为各种产物相对 N_2 的校正因子；$n_{x'}$ 为待测物的体积分数；$A_{x'}$ 为待测物的峰面积；n_{CH_3OH} 为甲醇的体积分数；A_{CH_3OH} 为甲醇的峰面积。主要产物相对 N_2 的摩尔校正因子见表 2.2。

表 2.2　主要产物相对 N_2 的摩尔校正因子

产物	摩尔校正因子	产物	摩尔校正因子
CO_2	1.16	CH_3OH	5.27
CH_4	0.59	C_2H_5OH	2.54
C_2H_6	0.59	CH_3CHO	3.71
C_3H_8	0.59	CH_3COOH	4.04

第 3 章　Rh/SiO₂ 催化剂的制备及性能研究

3.1　Mn、La 对 Rh/SiO₂ 催化性能的影响

3.1.1　催化剂的制备

利用 Stöber 法制备单分散 SiO_2 载体，具体步骤如下：在室温下，将 21mL 正硅酸四乙酯（TEOS）和 50mL 无水乙醇的混合溶液缓慢滴入至 76mL 氨水和 200mL 无水乙醇的混合液中，磁力搅拌 2h 后陈化 4h。所得悬浊液离心分离，并用无水乙醇洗涤三次后在 70℃ 干燥 12h，最后在 350℃ 焙烧 4h 后备用。

利用传统浸渍法制备催化剂。催化剂的浸渍方式分 3 种。

（1）将 1.0g 载体等体积浸渍于 $RhCl_3 \cdot 3H_2O$ 和 $Mn(NO_3)_2$ 的混合水溶液中，室温晾干后分别于 90℃ 和 110℃ 干燥 8h 和 4h，最后于 350℃ 下焙烧 4h，得到的催化剂记为 RM/SiO_2。

（2）首先将 SiO_2 浸渍于 $Mn(NO_3)_2$ 溶液中，干燥后在 350℃ 下焙烧后再将其浸渍于 $RhCl_3 \cdot 3H_2O$ 溶液中，其他过程同上，得到的催化剂记为 $R/M/SiO_2$。

（3）首先将 1.0g 载体等体积浸渍于 $RhCl_3 \cdot 3H_2O$ 水溶液中，干燥后在 350℃ 下焙烧 4h。再将其浸渍于 $Mn(NO_3)_2$ 溶液中，干燥后在 350℃ 下焙烧 4h，得到的催化剂记为 $M/R/SiO_2$。作为比较，1.0g 载体还等体积浸渍于 $RhCl_3 \cdot 3H_2O$ 的水溶液中，制备得到 R/SiO_2 催化剂。所有催化剂中 Rh、Mn 的负载量（质量分数）均相同，分别为 2% 和 4%。

3.1.2　Rh、Mn 浸渍次序对 Rh/SiO₂ 催化性能的影响

表 3.1 给出了 3 种不同浸渍次序的 Rh—Mn/SiO_2 催化剂对催化 CO 加氢反应性能的影响。在相同反应条件下，不同浸渍次序的 3 种催化剂对 CO 转化率的顺序为：$M/R/SiO_2 > R/M/SiO_2 > RM/SiO_2$。对于 CH_4 和 CH_3OH 的选择性，3 种催化剂没有太大的差异。对于乙醇及乙醛选择性，$M/R/SiO_2$ 要明显高于 RM/SiO_2 和 $R/M/SiO_2$ 两种催化剂。以上结果表明，Rh、Mn 的浸渍次序能显著影响 Rh/SiO₂ 催化剂催化 CO 加氢反应的性能，可以显著提高 C_{2+} 含氧化合物收率。

表 3.1　Rh、Mn 浸渍次序对 Rh-Mn/SiO₂ 催化性能的影响

催化剂	CO 转化率/%	产物选择性/%							STY（C_{2+}含氧化合物收率)/（g·kg⁻¹·h⁻¹）
		CO_2	CH_4	MeOH	AcH	EtOH	C_{2+} Oxy	C_{2+} HC	
RM/SiO₂	11.0	12.5	12.2	6.3	9.8	12.4	24.9	56.9	86.4
R/M/SiO₂	13.2	14.3	12.5	7.1	11.4	13.0	27.1	51.9	112.5
M/R/SiO₂	14.6	10.8	12.0	5.6	11.7	17.1	31.1	53.0	143.0

3.1.2.1　H₂—TPR 表征结果

图 3.1 给出了 Rh—Mn/SiO₂ 催化剂的 H₂—TPR 谱图。由图可见，作为参照的 R/SiO₂ 只在 110℃ 左右出现一个 Rh 的还原峰，而且峰强度相对较低。以不同浸渍次序添加助剂 Mn 后，Rh 的状态发生明显变化，使其还原性能发生了改变。无论浸渍顺序怎样改变，Rh—Mn/SiO₂ 催化剂均出现了三个还原峰。受 Rh—Mn 相互作用的影响，Rh 分裂成两个温度较低的还原峰，根据温度由低到高区分为 Rh（Ⅰ）和 Rh（Ⅱ）氧化物的还原，而 Rh（Ⅱ）的还原温度因 Rh—Mn 较强的相互作用而升高。峰温最高的还原峰为 Mn 氧化物的还原峰。

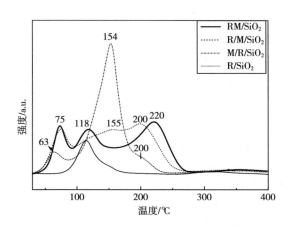

图 3.1　各催化剂的 H₂—TPR 谱图

从 Mn 与 Rh 还原峰相对位置变化上判断，不同催化剂上 Mn 与 Rh 相互作用的强弱顺序为：M/R/SiO₂>R/M/SiO₂>RM/SiO₂。由此可见，当 Mn、Rh 共浸渍时，它们的相互作用并不是最强；当 Mn 浸渍在 Rh 外层时，相互作用反而最强。根据以上结果判断：当 Rh 处于内层时，一方面，外层的 Mn 抑制了 Rh 的还原，Rh（Ⅱ）还原峰的温度相对提高（154℃）；另一方面，Rh 促进了 Mn 的还原，使大部分 Mn 氧化物也在 Rh（Ⅱ）还原区内完成还原，使 Rh（Ⅱ）峰面积增大。此

外，三种催化剂总的还原峰面积并没有大的区别，这表明三种催化剂上的还原中心数量大致相当。也就是说，Rh、Mn 浸渍次序的不同并没有影响它们在载体表面的分散。

3.1.2.2 FT—IR 表征结果

助剂 Mn 浸渍次序不同的 Rh—Mn/SiO$_2$ 催化剂在 25℃ 吸附 CO 饱和后的漫反射红外光谱如图 3.2 所示。如图所示，所有催化剂上 CO 吸附峰和峰位置均没有变化。一般认为，2067cm^{-1} 左右的吸收峰对应于线式吸附态 CO（l）的伸缩振动，约 2100cm^{-1} 和 2030cm^{-1} 的一对肩峰可归属于孪式吸附态 CO（gdc）的对称和反对称伸缩振动。2180cm^{-1} 和 2125cm^{-1} 左右出现的峰对应于气相 CO 的振动吸收峰。CO 吸附能力随以下顺序递减：R/M/SiO$_2$ > RM/SiO$_2$ > M/R/SiO$_2$。以上结果表明，当 Mn 浸渍在外层时，Rh 的覆盖度有所降低，CO 吸附峰强度减弱，催化剂吸附 CO 能力有所下降。

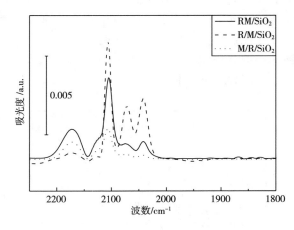

图 3.2　不同催化剂在 25℃ 吸附 CO 后的红外图谱

图 3.3 给出催化剂在室温下静态吸附 CO 平衡后，在 H$_2$ 气氛中随时间变化的红外谱图。如图所示，随着时间的推移，三种催化剂上的孪式吸附态 CO（约 2100cm^{-1}）均有所减少，同时线式吸附态 CO（约 2067cm^{-1}）相应增加。结果表明，CO（gdc）物种一部分会直接脱附，另一部分可能转化为类线式的 CO 物种。相比而言，在 MR/SiO$_2$ 催化剂上 CO（gdc）物种脱附或转化的较少；在 M/R/SiO$_2$ 和 R/M/SiO$_2$ 催化剂上 CO（gdc）物种脱附或转化的较多。比较 R/M/SiO$_2$ 和 M/R/SiO$_2$ 两者的红外谱图可以发现，M/R/SiO$_2$ 催化剂上类线式 CO 物种增加较多。这表明，在 R/M/SiO$_2$ 催化剂上 CO（gdc）物种的减少以脱附为主，而在 M/R/SiO$_2$ 催化剂上 CO（gdc）物种的减少则是以转化为主。

图 3.4 给出了温室下静态吸附的 CO 在 H$_2$ 气氛中升高温度后的红外谱图。由

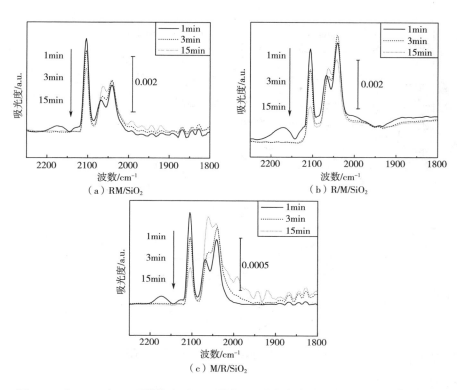

图 3.3　在 25℃下 CO 吸附饱和后，吸附态 CO 在氢气氛中随时间变化的红外谱图

图 3.4 可知，在 H₂ 气氛中，三种催化剂上吸附态 CO 均随着温度升高后会发生变化。当温度升至 100℃时，CO（gdc）物种脱附或转化完全。CO（l）物种随着温度升高也开始反应，达到 200℃时，CO（l）物种几乎完全消失。与 RM/SiO₂ 催化剂相比，升温过程中 M/R/SiO₂ 和 R/M/SiO₂ 催化剂还在 1800cm⁻¹ 和 1720cm⁻¹ 左右出现了两个峰，它们分别归属于桥式吸附 CO（b）和搭式吸附 CO（t）物种。研究表明，Mn 属于亲氧性的助剂，可以促进搭式吸附态 CO 的形成，而搭式 CO 的存在可以提高 C₂ 含氧化合物的选择性，实验结果也证实了这一点。Ichikawa 等也认为，强氧化性金属氧化物（Mn）的添加能够提高 Rh/SiO₂ 催化剂催化合成乙醇的活性，是因为在 Rh 表面形成了搭式吸附态的 CO 物种。这种搭式的 CO 吸附物种更有利于 CO 的解离，从而提高了 CO 加氢活性。

　　图 3.5 给出了在室温（30℃）和反应温度（300℃）下，在流动 CO/N₂ 气氛中催化剂吸附 CO 的红外谱图。首先，30℃下吸附 CO 的红外光谱如图 3.5（a）所示，2180cm⁻¹ 和 2125cm⁻¹ 左右的两个包峰为气相 CO 的吸收峰。在 RM/SiO₂ 催化剂上出现了三个吸收峰，分别为 CO（l）（2068cm⁻¹）及 CO（gdc）（约 2104cm⁻¹

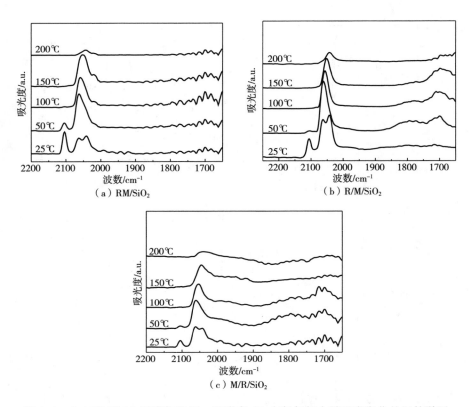

（a）RM/SiO₂ 　（b）R/M/SiO₂ 　（c）M/R/SiO₂

图 3.4　在 25℃下 CO 吸附饱和后，吸附态 CO 在氢气氛中随温度变化的红外谱图

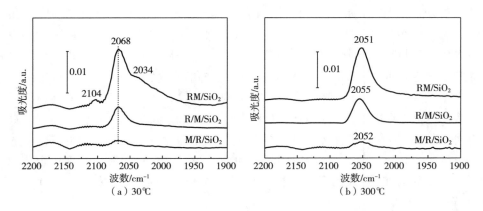

（a）30℃ 　（b）300℃

图 3.5　流动 CO/N₂ 气氛中吸附 CO 的红外谱图

和 2034cm⁻¹）的伸缩振动峰，这与 RM/SiO₂ 催化剂上静态吸附 CO 的红外谱图相似。但仔细比较可以发现，当 CO 为流动态时，CO（gdc）物种很难在催化剂表面

稳定存在，CO 吸附类型以 CO (1) 为主。另外，与 RM/SiO₂ 催化剂相比，R/M/SiO₂ 和 M/R/SiO₂ 催化剂上只出现了 CO (1) 的吸附峰，CO (gdc) 的吸附峰几乎消失。三种催化剂吸附 CO 的能力强弱顺序为：RM/SiO₂>R/M/SiO₂>M/R/SiO₂。

在反应温度（300℃）下，吸附 CO 的红外谱图如 3.5（b）所示。各催化剂上 CO 吸附峰强度没有明显变化，但吸附 CO 均以 CO (1) 为主，CO (gdc) 不再出现。

为了进一步模拟催化反应状态下吸附 CO 的变化情况，比较了反应温度（300℃）和流动状态下，CO 吸附和吸附 CO 与 H₂ 反应的情况，红外谱图如图 3.6 所示。由图可知，M/R/SiO₂ 催化剂上吸附 CO 的反应速率最快，通入氢气的 30min 内吸附 CO 相对消耗最多；而 RM/SiO₂ 催化剂上吸附 CO 的加氢能力最弱，吸附 CO 相对消耗最少。

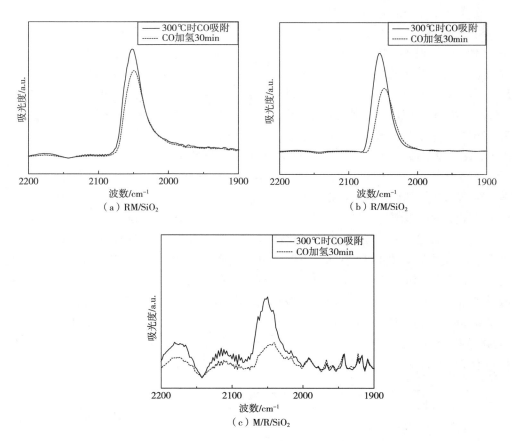

图 3.6　在 300℃流动状态下，CO 吸附及 CO 与 H₂ 反应两种状态的比较

由此表明，CO 加氢活性不仅与催化剂吸附 CO 能力有关，也与吸附态的 CO 的

反应速率相关。对于 M/R/SiO$_2$ 催化剂，虽然表面的 Mn 容易覆盖 Rh，使得表面活性位数量减少，CO 吸附能力下降，但该催化剂通过 Rh 与 Mn 的相互作用，Rh—Mn 界面具有较高的催化活性，促进了吸附态 CO 的反应，提高了 CO 转化率。

3.1.3　La 对 Rh/SiO$_2$ 催化性能的影响

3.1.3.1　催化剂的制备

采用溶胶—凝胶法制备载体。在 40℃下将 40%（体积分数）正硅酸四乙酯的乙醇溶液缓慢滴入溶液 A（5mL 水、10mL 冰醋酸和 25mL 无水乙醇混合液）中，并不断搅拌形成溶胶，然后升温至 60℃，继续搅拌使溶剂缓慢挥发，形成凝胶。在 90℃下干燥 24h。最后将得到的干胶于 550℃焙烧 6h，得到 SiO$_2$ 载体。此外，将相应含量的硝酸镧溶于溶液 A 中，并采用同样的方法制备 La$_2$O$_3$—SiO$_2$ 载体，La 质量分数为 5%，记为 5La—SiO$_2$。

采用浸渍法制备催化剂。以 SiO$_2$ 或 5La—SiO$_2$ 为载体，将 1.0g 载体等体积浸渍于 RhCl$_3$·3H$_2$O 水溶液中，室温晾干以后在 90℃干燥 8h，并继续在 110℃下干燥过夜，最后将催化剂置于马弗炉中 350℃焙烧 4h，得到的催化剂分别标记为 2R/SiO$_2$ 和 2R/5La—SiO$_2$。以 SiO$_2$ 为载体，将 1.0g 载体等体积浸渍于 RhCl$_3$·3H$_2$O 和 La（NO$_3$）$_3$·6H$_2$O 的混合溶液中，其他过程同上，制得的催化剂标记为 2R—5La/SiO$_2$。催化剂中 Rh、La 的负载量（质量分数）分别为 2.0% 和 5.0%。

3.1.3.2　La 引入方式对 Rh/SiO$_2$ 催化性能的影响

表 3.2 给出了 La 引入方式不同对 Rh/SiO$_2$ 催化剂催化 CO 加氢反应性能的影响。结果表明，在相同反应条件下，三种催化剂 CO 转化率变化不大，2R—5La/SiO$_2$ 催化剂的转化率相对较小。这一结果说明，La 的加入并没有改善催化剂的催化活性，反而会在一定程度上使催化活性下降。对于产品的选择性，三种催化剂的变化较为明显。没有 La 促进的 2R/SiO$_2$ 催化剂上 CO$_2$ 选择性相对较高，含氧化合物的选择性较低。2R/5La—SiO$_2$ 催化剂大大提高含氧化合物的选择性，其中甲醇选择性高达 40.5%，C$_{2+}$ 含氧化合物的选择性为 37.6%，甲烷选择性只有 6.6%。与 2R/SiO$_2$ 和 2R/5La—SiO$_2$ 两种催化剂相比，2R—5La/SiO$_2$ 表现出了相对最高的 C$_{2+}$ 含氧化合物的选择性（42.7%），但由于其转化率较低，因此 C$_{2+}$ 含氧化合物收率没有 2R/5La—SiO$_2$ 催化剂高。

表 3.2　La 引入方式对 Rh/SiO$_2$ 催化性能的影响

催化剂	CO 转化率/%	产物选择性/%							STY（C$_{2+}$含氧化合物收率）/（g·kg^{-1}·h^{-1}）
		CO$_2$	CH$_4$	MeOH	AcH	EtOH	C$_{2+}$ Oxy	C$_{2+}$ HC	
2R/SiO$_2$	3.0	21.0	11.3	9.0	5.5	11.2	18.4	52.0	18.6

催化剂	CO 转化率/%	产物选择性/%							STY（C_{2+} 含氧化合物收率）/（g·kg⁻¹·h⁻¹）
		CO_2	CH_4	MeOH	AcH	EtOH	C_{2+} Oxy	C_{2+} HC	
2R/5La—SiO₂	2.8	7.2	6.6	40.5	6.9	21.5	37.6	16.3	32.6
2R—5La/SiO₂	2.1	8.3	11.9	17.9	12.0	19.5	42.7	32.5	25.3

3.1.3.3　催化剂的织构表征

表 3.3 给出了各催化剂的比表面积、孔径、孔容数据。2R/SiO₂ 和 2R—5La/SiO₂ 的比表面积比较接近，均在 230m²/g 左右。这是由于这两种催化剂载体的制备方法相同，而负载的 Rh、La 对其比表面积影响不大。与前两种催化剂相比，2R/5La—SiO₂ 的比表面积达到了 416m²/g，说明当 La 掺杂入 SiO₂ 时可以明显提高 SiO₂ 的比表面积。同时，比较载体与相应催化剂的 XRD 谱图发现，负载金属后的催化剂均未出现 Rh 的衍射峰。由此可见，以上三种载体比表面积较大，Rh 金属均高度分散。

由于 Rh 在 XRD 谱图中不出峰，因此通过催化剂对 H_2 吸附量的测定计算了 Rh 的分散度及其颗粒大小（表 3.3）。结果表明，虽然负载在不同 SiO₂ 载体上的 Rh 呈现出了不同的分散度，但 Rh 的平均颗粒大小都落在 1~4nm，均在适合 Rh 催化 CO 加氢反应的范围之内。Arakawa 等提出 Rh 分散度是影响反应结果的主要因素之一。分散度在 1.0~0.5，Rh/SiO₂ 的催化剂活性变化不大。但分散度的变化对产物选择性有明显影响，高分散度可以提高甲醇选择性，而甲烷的选择性则随分散度减小逐渐增大。

表 3.3　样品的比表面积、孔容、孔径及其化学吸附数据

样品	S_{BET}/（m²·g⁻¹）	V_p/（cm³·g⁻¹）	D_p/nm	H_2 的化学吸附		
				吸附量/（μmol·g⁻¹）	分散度/%	Rh 颗粒尺寸/nm
2R/SiO₂	228	0.156	2.7	37	50	2.3
2R/5La—SiO₂	416	0.276	4.3	55	74	1.4
2R—5La—SiO₂	235	0.112	2.1	41	56	2.0

3.1.3.4　H_2-TPR 表征结果

图 3.7 给出了 La 以不同方式引入到 Rh/SiO₂ 催化剂的 H_2-TPR 谱图。由图可见，三种催化剂均只出现一个 Rh 的还原峰，还原峰的强度和位置有所不同。掺杂 La 的催化剂的还原峰面积有所增加。这表明，La 的添加使 Rh 的还原中心数量增

加，因此还原峰强度增强。另外，掺杂 La 的催化剂还原温度有所升高。这说明，La 与 Rh 会发生了相互作用，抑制了 Rh 的还原。

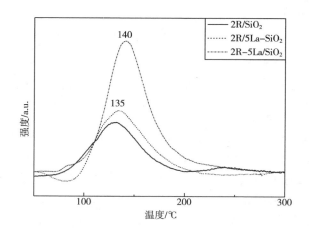

图 3.7　各催化剂的 H_2-TPR 谱图

3.1.3.5　FT—IR 表征结果

图 3.8 给出了在室温（30℃）和反应温度（300℃）下，流动态 CO/N$_2$ 混合气中催化剂吸附 CO 的红外谱图。在室温下吸附 CO 的红外光谱［图 3.8（a）］中存在三个吸收峰，2068cm^{-1} 左右的吸收峰对应于 CO（l）的伸缩振动，而 2098cm^{-1} 和 2034cm^{-1} 附近这一对肩峰可归属于 CO（gdc）的对称和反对称伸缩振动。一般认为，CO（gdc）形成于相对孤立的 Rh$^+$ 中心上，而 CO（l）形成于 Rh^0 中心上。比较三者可以发现，La 掺杂的催化剂上 CO 吸附能力增强，吸附在相对孤立的 Rh$^+$ 中心上的 CO（gdc）物种的比例增大。因此说明，La 的添加有利于提高 Rh 的分散度。一般认为，Rh 分散度的提高，Rh$^+$ 中心增加，从而有助于 C$_2$ 含氧化合物的生成。

在反应温度下（300℃）吸附 CO 的红外谱图如 3.8（b）所示，各催化剂上的 CO（gdc）峰消失，吸附 CO 都以 CO（l）为主。这可能是在反应温度下，Rh$^+$（CO）$_2$ 转化成 Rh$_x^0$（CO），CO（gdc）物种已脱附或转化成了 CO（l）物种。与 2R/SiO$_2$ 相比，2R—5La/SiO$_2$ 和 2R/5La—SiO$_2$ 两种催化剂上的 CO（l）物种均向高频移动，说明 Rh—CO 键的键强相对较弱。这是由于催化剂中 Rh 与 La 发生较强相互作用，La 的吸电子作用使得 Rh 中心对 CO 分子中 π 反键轨道（π＊）反馈电子的能力减弱，从而使 C—O 键增强，Rh—C 键削弱，这一结论与 H$_2$—TPR 结果相一致。Rh、La 的相互作用可以形成有效的 Rh—La 界面，从而提高 C$_2$ 含氧化合物的选择性。

为了进一步模拟催化剂反应状态下吸附 CO 的变化情况，比较了在反应温度

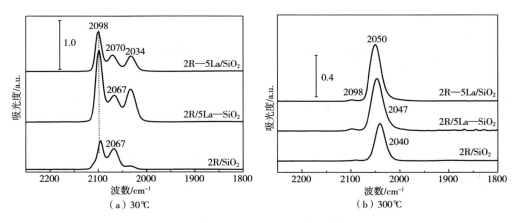

图 3.8　流动的 CO/N₂ 混合气中吸附 CO 的红外谱图

（300℃）和流动状态中，CO 吸附及 CO 与 H₂ 共吸附的两种状态。由图可知
（图 3.9），2R/SiO₂ 与 2R/5La—SiO₂ 催化剂上吸附态 CO 的反应速率较快，通入氢
气的 30min 内吸附态 CO 消耗较多；在 2R—5La/SiO₂ 催化剂上吸附态 CO 的加氢能
力较弱，吸附态 CO 消耗较少。

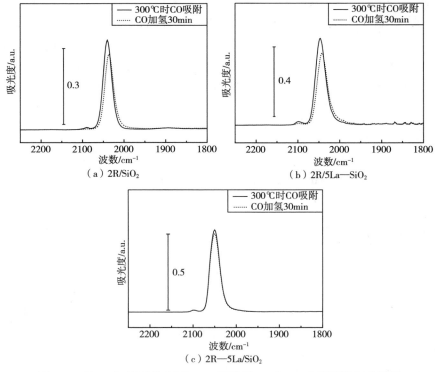

图 3.9　在 300℃流动状态下，CO 吸附及 CO 与 H₂ 共吸附的红外图谱

在 3.1.2 节的研究中已经证明，CO 加氢活性不仅与催化剂吸附 CO 能力有关，还跟吸附态 CO 与 H_2 的反应速率相关。结合催化性能表明，在 $2R/SiO_2$ 与 $2R/5La—SiO_2$ 催化剂上吸附态 CO 的反应速率较快，因此 CO 转化率较高。在 $2R—5La/SiO_2$ 催化剂上吸附态 CO 的加氢能力较弱，因此 CO 转化率较低。

3.1.4　小结

Rh、Mn 的浸渍次序能显著影响 $Rh—Mn/SiO_2$ 催化剂催化 CO 加氢的反应性能。相同反应条件下，不同浸渍次序的三种催化剂 CO 转化率为：$M/R/SiO_2 > R/M/SiO_2 > RM/SiO_2$。同时，$M/R/SiO_2$ 表现出了较高的乙醇及乙醛选择性，因此提高了 C_{2+} 含氧化合物收率。$H_2—TPR$ 及红外图谱结果表明，$M/R/SiO_2$ 催化剂上的 Mn、Rh 相互作用较强，有利于搭式 CO 吸附物种的形成，搭式 CO 物种有利于 CO 的解离，从而提高了 CO 加氢活性。此外，$M/R/SiO_2$ 催化剂中较强的 Rh、Mn 相互作用增强了 Rh—Mn 界面的性能，提高了反应活性，加速了吸附态 CO 的反应速率。

La 以不同方式引入 Rh/SiO_2 催化剂会对其催化 CO 加氢反应性能产生影响。结果表明，虽然 La 引入方式对催化剂的 CO 转化率影响不大，但能明显影响产物的选择性。不含 La 的 $2R/SiO_2$ 催化剂上 CO_2 选择性相对较高。$2R/5La—SiO_2$ 催化剂大大提高了含氧化合物的选择性，其中甲醇选择性高达 40.5%，C_{2+} 含氧化合物的选择性为 37.6%。而 $2R—5La/SiO_2$ 表现出了较高的 C_{2+} 含氧化合物的选择性（42.7%）。研究表明，Rh 的分散度对产物选择性有明显影响，高分散度可以提高甲醇选择性，而甲烷的选择性则随分散度减小逐渐增大。$H_2—TPR$ 与红外结果表明，La 的添加有利于提高 Rh 的分散度，促进 Rh^+ 中心数的增加，有助于 C_2 含氧化合物的生成。

3.2　Mn、Li 对 Rh/SiO_2 催化性能的影响

3.2.1　催化剂的制备

载体以 Stöber 法合成，具体制备方法同 3.2.1，最后在 350℃焙烧 4h，备用。

采用浸渍法制备催化剂。将 1.0g 载体等体积浸渍于 $RhCl_3 \cdot 3H_2O$、$Mn(NO_3)_2$ 和 $LiNO_3$ 的混合水溶液中，室温晾干以后在 90℃干燥 8h，并继续在 110℃下干燥过夜，最后将催化剂置于马弗炉中 350℃焙烧 4h，得到金属含量各不相同的 $Rh—Mn—Li/SiO_2$ 催化剂。不同金属的具体含量在图表中说明，如标记为 $1.5R—1.5M—0.075L/SiO_2$ 的催化剂，表明该催化剂中 Rh、Mn、Li 的负载量（质量分

数）分别为 1.5%、1.5% 和 0.075%。

3.2.2　助剂 Mn、Li 对 Rh/SiO$_2$ 催化性能的影响

表 3.4 列出了添加 Mn、Li 助剂对 Rh 基催化剂催化性能的影响。由表可知，添加 Mn 可以有效提高 CO 转化率和 C$_2$ 含氧化合物的选择性，降低甲醇、CO$_2$ 选择性。Li 的添加可以促进链的增长，降低 CH$_4$ 选择性。当 Mn、Li 同时添加时，两者的助催化效应可以有效叠加，既降低了副产物（CH$_4$、甲醇、CO$_2$ 等）的选择性，又提高了 CO 转化率和 C$_2$ 含氧化合物的选择性。

表 3.4　Mn、Li 掺杂对 Rh/SiO$_2$ 催化性能的影响

催化剂	CO 转化率/%	产物选择性/%							STY（C$_{2+}$ 含氧化合物收率）/（g·kg^{-1}·h^{-1}）
		CO$_2$	CH$_4$	MeOH	AcH	EtOH	C$_{2+}$ Oxy	C$_{2+}$ HC	
1.5R/SiO$_2$	5.7	21.2	15.2	15.1	5.2	8.1	13.3	35.3	24.4
1.5R—0.075L/SiO$_2$	6.1	19.1	11.5	10.4	8.3	8.8	19.4	39.6	38.9
1.5R—1.5M/SiO$_2$	11.5	14.7	14.4	8.2	10.8	12.4	24.4	38.3	91.6
1.5R—1.5M—0.075L/SiO$_2$	18.9	1.1	12.1	2.3	25.4	27.1	54.3	30.2	309.1

表 3.5 给出了 Mn、Li 含量对 Rh—Mn—Li/SiO$_2$ 催化剂催化性能的影响。CO 转化率随着 Mn 含量的增加先升高后减小，而 CO$_2$ 的选择性与之相反。当 Mn 的质量分数为 1.5% 时，CO 转化率达到最高（18.9%），CO$_2$ 选择性达到最低（1.1%）。C$_2$ 含氧化合物的选择性随着 Mn 含量的增加逐渐减小，甲醇选择性对 Mn 含量的变化不太灵敏。当 Mn 质量分数为 1.5% 时，1.5R—1.5M—0.075L/SiO$_2$ 催化剂对 C$_2$ 含氧化合物收率达到了 309.1g/（kg·h）。在 Mn 质量分数相同（1.5%）的情况下，Li 质量分数较低（0.075%）时，不但可以大幅提高 CO 转化率，同时也可以促进 C$_2$ 含氧化合物的生成。但 Li 质量分数过高（0.45%）时，Li 又会大大抑制 CO 的转化，降低了 C$_2$ 含氧化合物收率。

表 3.5　Mn、Li 含量对 Rh/SiO$_2$ 催化性能的影响

催化剂	CO 转化率/%	产物选择性/%							STY（C$_{2+}$ 含氧化合物收率）/（g·kg^{-1}·h^{-1}）
		CO$_2$	CH$_4$	MeOH	AcH	EtOH	C$_{2+}$ Oxy	C$_{2+}$ HC	
1.5R—0.5M—0.075L/SiO$_2$	12.0	3.6	8.8	2.6	36.8	17.8	58.5	35.5	203.4

续表

催化剂	CO 转化率/%	产物选择性/%							STY（C_{2+}含氧化合物收率）/（$g \cdot kg^{-1} \cdot h^{-1}$）
		CO_2	CH_4	MeOH	AcH	EtOH	C_{2+} Oxy	C_{2+} HC	
1.5R—1.0M—0.075L/SiO_2	12.8	3.6	10.1	3.2	30.0	23.2	56.4	37.0	215.1
1.5R—1.5M—0.075L/SiO_2	18.9	1.1	12.1	2.3	25.4	27.1	54.3	30.2	309.1
1.5R—2.5M—0.075L/SiO_2	10.1	10.1	12.1	2.3	25.0	15.6	43.5	44.2	123.1
1.5R—1.5M—0.45L/SiO_2	8.2	8.9	12.5	2.5	23.7	16.2	41.9	34.2	102.6

3.2.3 H_2—TPR 表征结果

图 3.10 给出了添加 Mn、Li 助剂前后 Rh 催化剂的 H_2—TPR 谱图。如图可知，1.5R/SiO_2 样品只在 115℃ 左右出现一个氢的还原峰。添加 Li 后（1.5R—0.075L/SiO_2），Rh 的还原明显滞后（145℃），且峰面积增大。比较 1.5R/SiO_2 和 1.5R—1.5M/SiO_2 样品的还原曲线表明，Mn 氧化物的还原峰出现在 260℃ 左右。同时在 Mn 的影响下，Rh 的还原峰分裂成两个，一个受 Mn 影响小，向低温方向偏移（105℃）；另一个在 Mn 的强烈影响下向高温方向偏移（150℃）。在 1.5R—1.5M/SiO_2 添加 Li 后，Rh 与 Mn 的还原峰均向高温方向偏移，峰面积有所增大，而峰型基本不变。

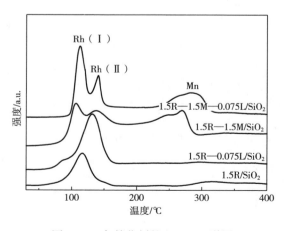

图 3.10 各催化剂的 H_2-TPR 谱图

　　以上结果表明，Li 和 Mn 的掺杂均会抑制 Rh 的还原。Rh 在 Mn 的作用下，Rh 氧化物的还原分两步进行，原来的单个还原峰分裂成两个峰。从峰面积的变化情况可以看出，Mn、Li 的加入均大大增加了原有 Rh/SiO₂ 催化体系的耗氢量。这说明 Mn、Li 的加入可以提高 Rh 的分散度，Rh 还原中心增多，还原峰面积增大。其原因是 Li 的存在促进了表面 H 的溢流，即 Li 和 Rh 的相互作用使解离吸附的 H 原子从 Rh 颗粒表面溢流到载体表面，使氢的消耗量大幅增加。

　　图 3.11 给出了不同 Mn、Li 含量的 Rh—Mn—Li/SiO₂ 催化剂的 H₂-TPR 谱图。如图可知，随着 Mn 含量的不断增加，Rh 由原来的单个还原峰分裂成了两个还原峰。同时 Rh 的高温还原峰面积先增加，后减少，当 Mn 质量分数达到 2.5% 时，Rh 又回归为一个还原峰。这表明，Mn 对 Rh 的作用程度与 Mn 的含量相关：Mn 的量较少时，Rh 与 Mn 相互作用较弱；当 Rh : Mn 为 1 : 1 时，Rh 与 Mn 的作用适中，形成了最有效的（Rh_xRh_y）—Mn 模型；当 Mn 的比例进一步增加后，Rh 和 Mn 又会相互独立。当 Li 的质量分数过多（0.45%），Rh 和 Mn 的相互作用也会增强，Rh 的还原峰严重滞后，Mn 的还原温度显著提前，这时有效的（Rh_xRh_y）—Mn 模型也会被破坏。

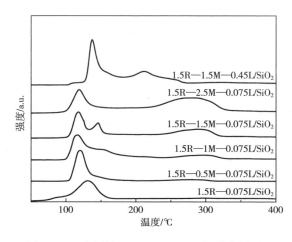

图 3.11　不同 Mn、Li 含量的 Rh—Mn—Li/SiO₂ 催化剂的 H₂-TPR 谱图

　　关于（Rh_xRh_y）—Mn 模型对 Rh 催化剂催化 CO 加氢的促进机理有两种解释：一种认为，Mn 可以与吸附 CO 氧端发生电荷—偶极作用，这可以削弱 CO 中的碳氧键，促进其解离，从而使 Rh 的催化活性提高。也有观点认为，合成气转化成乙醇等含氧化合物的控速步骤是一步加氢反应，而不是 CO 的直接解离。实验表明，Mn 助剂的主要作用在于通过与甲酰基氧端的亲合作用，促进了甲酰基物种的生成及其随后的氢解反应。但无论哪种机理都表明，（Rh_xRh_y）—Mn 的形成能有效提高催化剂 CO 加氢活性及 C₂ 含氧化合物选择性。

3.2.4 FT—IR 表征结果

图 3.12（a）给出了在室温（30℃）和流动态 CO/N_2 混合气中催化剂吸附 CO 的红外谱图。结果表明，在 $1.5R/SiO_2$ 催化剂上主要存在三个 CO 吸附峰，2180 和 $2125cm^{-1}$ 左右的两个峰为气相 CO 的吸收峰，$2068cm^{-1}$ 左右的吸收峰对应于 CO（l）的伸缩振动。在 $1.5R/SiO_2$ 催化剂中加入质量分数为 0.075%Li 后，吸附 CO 的峰型及峰强度均没有显著变化。在 $1.5R/SiO_2$ 催化剂中加入质量分数为 1.5%Mn 之后，吸附 CO 的峰型还是基本不变，但 CO（l）吸附强度增强。这表明仅添加 Mn 时不会改变 Rh 对 CO 的吸附状态，但 Mn 的添加提高了 Rh 的分散度，从而增强了 Rh 对 CO 的吸附能力。当 1.5%Mn 和 0.075%Li 共同掺入时，CO（l）吸附强度继续增强，同时在 $1800cm^{-1}$ 左右出现了 CO（b）吸附。当 Mn 或 Li 含量过高（Mn 达到 2.5% 或 Li 达到 0.45%）时，CO 的吸附强度会继续增强，同时在 $2100cm^{-1}$ 及 $2030cm^{-1}$ 左右出现 CO（gdc）的吸收峰。

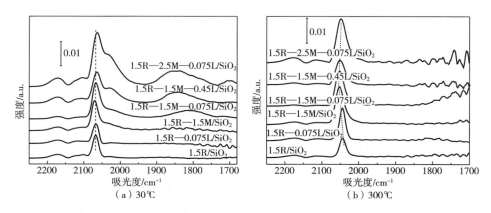

图 3.12 流动 CO/N_2 混合气中不同催化剂吸附 CO 的红外谱图

以上结果表明，在流动态吸附时，催化剂表面均以线式吸附 CO（l）为主，这表明催化剂表面 Rh 均以 Rh^0 状态存在。根据第 6 章的研究，静态吸附 CO 时（即在真空条件下注入一定量的 CO）主要出现孪式、线式两种吸附，而且在 H_2 气氛中孪式吸附会转变成线式吸附。在流动法实验中也观察到，CO 刚通入的瞬间也有孪式吸附转变为线式吸附的过程，只是这一过程很快，目前红外仪器还没能力清晰地记录这一快速变化过程。因此催化剂表现出以 CO（l）吸附态为主的情形也有可能是孪式吸附物种迅速转变成线式吸附造成的。此外，当 Mn 或 Li 的质量分数过高时（Mn 达到 2.5% 或 Li 达到 0.45%），孪式吸附又会重新出现。推断这可能是因为 Mn、Li 含量过高时会抑制孪式向线式吸附的转变。

图 3.12（b）给出了在反应温度（300℃）和流动态 CO/N_2 混合气中不同催化

剂吸附 CO 的红外谱图。如图可知，所有催化剂上均只出现了气相 CO 峰和 CO（1）吸附峰。这表明，在反应温度下催化剂上 CO 的吸附均以线式吸附为主。与 1.5R/SiO₂ 及 1.5R—0.075L/SiO₂ 催化剂相比，1.5R—1.5M/SiO₂ 和 1.5R—1.5M—0.075L/SiO₂ 催化剂上的 CO（1）吸附态发生蓝移。当 Mn 含量进一步加大（Mn 质量分数为 2.5%）时，CO（1）又会重新红移。CO 在金属表面吸附的 Blyhoder 模型认为，CO 上的 5σ 轨道电子会向金属上的 d 轨道转移，而金属 d 轨道上原有电子又会反馈到 CO 的 π 反键轨道，从而形成金属与 CO 之间的键合作用。对于 RML/SiO₂ 催化剂，Rh、Mn 比例为 1∶1 时，Rh、Mn 相互作用适中，形成了有效的 (Rh_xRh_y)—Mn 活性模型。此时，由于 Mn 的吸电子效应使催化剂表面 Rh_y（$0<y<1$）增多，CO 上 π 反键轨道获得的反馈电子减少，因此 C—O 键强度增强，CO（1）谱带向高波数移动。

在动态气氛中和不同温度下，不同组成催化剂上吸附 CO 的红外谱图如图 3.13 所示。结果表明，温度较低时，CO 在催化剂上的吸附能力会不断增强。但当温度达到某一值后，催化剂表面分子运动加剧，CO 脱附速率加快，CO 吸附峰又逐渐下降。Rh 在不同助剂作用下，吸附态 CO 的吸脱附能力是不同的。

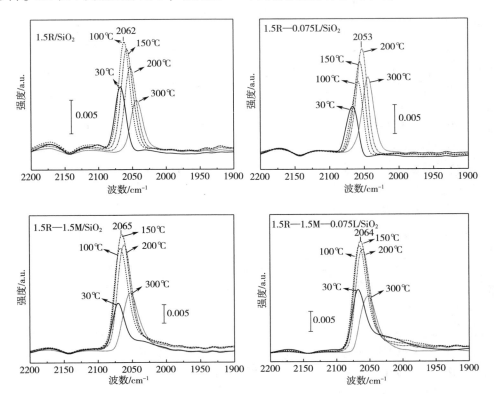

图 3.13　流动的 CO/N₂ 混合气中，不同催化剂上吸附 CO 随温度变化的红外谱图

在 1.5R/SiO$_2$ 催化剂表面，当温度达到 100℃ 时，催化剂表面 CO 吸附量最大。随着温度进一步升高，CO 脱附速率加快，因此 CO 吸附量下降。当添加 Li 后，1.5R—0.075L/SiO$_2$ 催化剂对 CO 的吸附能力下降。同样在 30℃ 下吸附平衡时，1.5R/SiO$_2$ 催化剂表面 CO 吸附量更大。但也发现，Li 的添加可以使吸附态 CO 的脱附速率减慢：1.5R/SiO$_2$ 在 100℃ 时吸附量就达到最大，而 1.5R—0.075L/SiO$_2$ 直到 200℃ 时吸附量才达到最大。由此推断，Li 的掺杂抑制了吸附态 CO 的脱附，从而有利于吸附态 CO 加氢后进一步发生链增长或插入反应，进而提高了含氧化合物和碳二以上烃类的选择性。当 Mn 添加后，1.5R—1.5M/SiO$_2$ 催化剂对 CO 的吸附能力进一步提高。从达到吸附量最高点的温度（150℃）来看，Mn 也在一定程度上抑制了吸附 CO 的脱附。CO 吸附能力的提高有利于 CO 转化率的提高，CO 脱附速率的下降有利于 CO 插入反应进行，促进 C$_2$ 及以上物种的生成。当 Mn、Li 同时添加时，两种助剂的促进效应能有效叠加。

图 3.14 给出了在 300℃ 和流动气氛中吸附 CO 稳定后，通入 H$_2$ 随时间变化的红外谱图。反应条件为在 1% CO/N$_2$ 混合气中再通入一定量的 H$_2$（H$_2$/CO = 2）。如图所示，1.5R/SiO$_2$ 催化剂上吸附态的 CO 在 H$_2$ 通入后随时间没有发生明显的变化。这表明，在没有助剂参与的前提下，Rh 对 H$_2$ 的解离能力很弱，不能有效地对吸附 CO 进行加氢，因此反应活性很低。

当添加 Li 之后，1.5R—0.075L/SiO$_2$ 催化剂上吸附的 CO 瞬间减少，但随着时间的延长，CO 吸附量不再变化。这表明 Li 可以促进加氢反应的发生，但该效果较弱。当添加 Mn 之后，1.5R—1.5M/SiO$_2$ 催化剂上吸附 CO 随时间逐渐减少，表明 Mn 的掺杂有助于 H$_2$ 的吸附解离，而 Rh、Mn 的紧密作用又有利于吸附解离的 H 溢流到 Rh 表面与吸附 CO 发生反应。当 Mn、Li 同时添加时，上述作用更为明显，表明两种助剂的效应能有效叠加。同时，在 3000cm^{-1} 左右出现较小的 CH$_x$ 吸收峰。当 Mn 含量过高（Mn 质量分数为 2.5%）时，Mn 的助催化作用反而下降。研究认为，Mn 含量过高时，Rh、Mn 相互作用反而削弱，Mn 上吸附解离的氢原子不能有效溢流至 Rh 颗粒表面，因此加氢作用反而下降。同样，与 1.5R—1.5M—0.075L/SiO$_2$ 催化剂相比，当 Li 质量分数增加到 0.45% 时，Li 也一定程度地抑制了 CO 加氢反应。

分析以上红外表征后认为，Mn、Li 在 Rh 对 CO 的吸附、脱附，H$_2$ 的吸附解离等方面均有作用，且作用随其含量的变化而变化。

对于 CO 吸脱附而言，Mn 的添加提高了 Rh 的分散度，增强了 Rh 对 CO 的吸附能力，同时也抑制了吸附 CO 的脱附或反应。CO 吸附能力的提高有利于 CO 转化率的提高，CO 脱附速率的下降有利于 CO 插入反应进行，从而促进了 C$_2$ 含氧化合物的生成。Li 一方面削弱了 Rh 对 CO 的吸附能力，但另一方面又抑制了吸附 CO 的脱附，因此 Li 也能促进 C$_2$ 含氧化合物的生成。

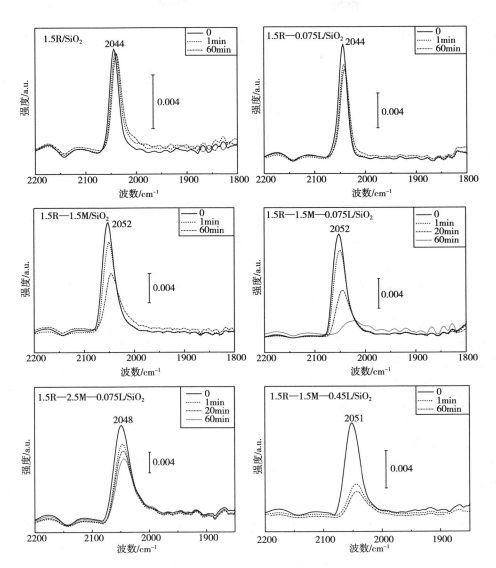

图 3.14　在 300℃流动状态下催化剂吸附 CO 及加氢反应的红外谱图

　　对于 H$_2$ 的吸附解离方面，Mn、Li 均能促进 H$_2$ 的吸附解离并与 CO 反应，当 Mn、Li 含量过高时，该促进效应又会被削弱。

　　根据 C$_2$ 含氧化合物的生成机理（图 3.15），吸附的 CO 首先以直接裂解或氢助解的方式形成 CH$_x$ 物种，CH$_x$ 物种插入 CO 形成 C$_2$ 含氧化合物的前驱体 CH$_x$CO。因此，加氢能力太弱，催化剂则没有反应活性；加氢能力太强，烃类选择性会明显增加；CO 吸附能力太弱，具有反应活性的吸附 CO 会减少；吸附 CO 的脱附速率过快，则不利于 CO 插入反应的发生。综合以上因素，当 Rh、Mn、Li 质量分数分别为 1.5%、1.5% 和 0.075% 时，催化剂 CO 加氢合成 C_2 含氧化合物的性能达到最佳。

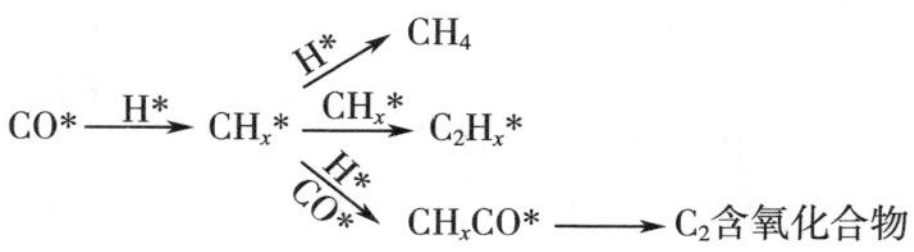

图 3.15　CO 加氢合成 C_2 含氧化合物的反应机理

3.2.5　小结

本章制备了不同 Mn、Li 含量的 Rh—Mn—Li/SiO$_2$ 催化剂，系统地考察了 Mn、Li 助剂对 Rh 基催化剂催化性能的影响。结果表明，随着 Mn 含量的增加，CO 转化率先升高后减小，C_2 含氧化合物的选择性逐渐下降。Li 质量分数较低（0.075%）时，Li 能同时促进 CO 转化和 C_2 含氧化合物的生成；但 Li 质量分数过高（0.45%）时其作用相反。当 Mn 和 Li 同时添加时，两种助剂的促进作用能有效叠加，可以同时提高催化剂的 CO 转化率和 C_2 含氧化合物的选择性。当 Rh、Mn、Li 质量分数分别为 1.5%、1.5% 和 0.075% 时，催化剂的催化性能最佳，C_2 含氧化合物收率达到 309.1g/（kg·h）。

H$_2$—TPR 结果表明，Mn、Li 的掺杂均能抑制 Rh 的还原。随 Mn 含量的改变，Rh—Mn 相互作用发生变化，当 Rh∶Mn 为 1∶1 时，Rh、Mn 作用最强，形成了最有效的 （Rh$_x$Rh$_y$）—Mn 构型，促进了 CO 解离。

红外图谱结果表明，Mn 的添加提高了 Rh 的分散度，增强了 Rh 对 CO 的吸附能力，同时也抑制了吸附态 CO 的脱附或反应。Li 的掺杂虽然削弱了 Rh 对 CO 的吸附能力，但也抑制了吸附态 CO 的脱附或反应。CO 吸附能力的提高有利于 CO 转化率的提高，CO 脱附速率的减慢有利于 CO 插入反应进行，促进了 C_2 及以上物种的生成。另外，Mn、Li 均能促进 H$_2$ 的吸附解离并与 CO 反应，当 Mn、Li 含量过高时，该促进效应又会被削弱。根据 C_2 含氧化合物的生成机理，由于 1.5R—1.5M—1.5L/SiO$_2$ 催化剂对 CO 吸附能力强，吸附 CO 的脱附速率慢，加氢能力强，因此获得了最佳的合成 C_2 含氧化合物性能。

第4章 Rh—Mn—Li/SiO₂ 催化剂的制备及性能研究

4.1 Fe 对 Rh—Mn—Li/SiO₂ 催化性能的影响

4.1.1 Fe 含量对 Rh—Mn—Li/SiO₂ 催化性能的影响

4.1.1.1 催化剂的制备

载体以 Stöber 法合成，具体制备方法同 3.1.1，最后在 350℃焙烧 4h，备用。

利用浸渍法制备催化剂。将 1.0g 载体等体积浸渍于 $RhCl_3 \cdot 3H_2O$、$Mn(NO_3)_2$、$Fe(NO_3)_3 \cdot 9H_2O$ 和 $LiNO_3$ 的混合水溶液中，室温晾干后在 90℃干燥 8h，并继续在 110℃下干燥过夜，最后将催化剂置于马弗炉中 350℃焙烧 4h，得到含有不同 Fe 含量的 Rh—Mn—Li—Fe/SiO₂ 催化剂。具体 Fe 含量在图表中给出，所有催化剂中 Rh、Mn、Li 的负载量（质量分数）均相同，分别为 1.5%、1.5% 和 0.075%。

采用 XRD、氮气吸脱附、FT—IR、H_2—TPR、CO—TPD 及 TPSR 等技术对制备好的催化剂进行表征。

4.1.1.2 催化剂的结构和表面积测试

XRD 测试结果可以发现，不同 Fe 含量的 Rh—Mn—Li/SiO₂ 催化剂均未出现 Rh 及其他金属的衍射峰，而各样品的 S_{BET} 均在 $15m^2/g$ 左右。由此可见，虽然 Stöbor 法制备的 SiO₂ 比表面积较小，但 SiO₂ 球体依然能确保 Rh 及其他金属的高分散，且 Fe 含量的变化未对 Rh 的分散度造成大的影响。

4.1.1.3 H_2—TPR 表征结果

图 4.1 给出了不同 Fe 含量 Rh—Mn—Li/SiO₂ 催化剂的 H_2—TPR 谱图。由图可见，未掺杂 Fe 的 Rh—Mn—Li/SiO₂ 催化剂出现了三个明显的还原峰，对峰的归属上文已经详细说明（参见 3.2.3 节）。在催化剂中加入 Fe 后，Rh 与 Mn 的还原性能发生了明显的变化。当掺入 0.05%Fe（质量分数）后，Rh 的还原温度略有上升，分别由原来的 135℃和 157℃上升到了 140℃和 160℃，这与文献结果相一致。随着 Fe 含量的进一步增加，Rh 的还原峰则会向低温方向移动并不断靠拢。

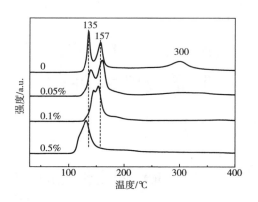

图 4.1 不同 Fe 含量的 Rh—Mn—Li/SiO$_2$ 催化剂的 H$_2$—TPR 谱图

上述结果表明，掺杂的 Fe 能有效地与 Rh、Mn 相互作用，而且随着 Fe 含量的增加，相互作用逐渐增强。这种作用改变了 Rh、Mn 原有的状态，从而影响了催化剂的反应性能。

4.1.1.4 DRIFTS 表征结果

图 4.2 给出了不同 Fe 含量的 Rh—Mn—Li/SiO$_2$ 催化剂在 30℃ 吸附 CO 饱和后的原位漫反射红外光谱。如图所示，所有催化剂均在 2070cm^{-1}、2100cm^{-1} 和 2030cm^{-1} 出现三个大小不等的吸收峰。且随着 Fe 含量的增加，催化剂吸附 CO 能力逐渐减弱，线式吸附 CO 峰（2070cm^{-1}）的下降速率快于孪式吸附的 CO 峰（2100cm^{-1} 和 2030cm^{-1}），表 4.1 中 CO（1）/CO（gdc）的数值变化清楚地反映了这一现象。

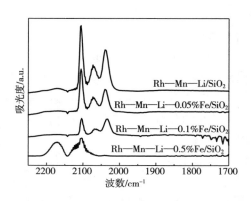

图 4.2 30℃下，不同催化剂 CO 吸附 80min 后的红外谱图

由此表明，Fe 的掺杂会降低载体表面 Rh 的覆盖度，使对 CO 的吸附能力逐渐减弱，这与 Mo 等和 Yin 等观察到的结果相一致。其次，通过比较线式与孪式 CO

下降的速率推断，在 Fe 掺杂的催化剂上孪式吸附态 CO 更为稳定。

表 4.1　CO 吸附物种红外吸附峰的面积比

比值	催化剂		
	Rh—Mn—Li/SiO₂	Rh—Mn—Li—0.05Fe/SiO₂	Rh—Mn—Li—0.1Fe/SiO₂
CO（l）/CO（gdc）	0.32	0.30	0.25
［H-Rh-CO+CO（b）］/ CO（gdc）	1.92	1.08	0.48
H-Rh-CO/CO（b）	0.74	0.76	0.77

图 4.3 给出催化剂室温吸附 CO 饱和后，在 H₂ 气氛中随时间变化的红外谱图。随着反应时间的增加，线式 CO（l）吸附峰迅速消失；孪式 CO（gdc）吸附峰逐

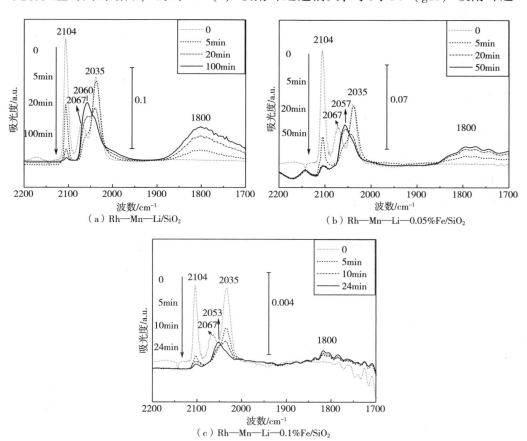

（a）Rh—Mn—Li/SiO₂

（b）Rh—Mn—Li—0.05%Fe/SiO₂

（c）Rh—Mn—Li—0.1%Fe/SiO₂

图 4.3　在 30℃下 CO 吸附饱和后，吸附态 CO 在氢气氛中随时间变化的红外谱图

渐下降，同时在 2054cm⁻¹ 和 1800cm⁻¹ 左右有两个新峰生成。据文献报道结果，2054cm⁻¹ 峰可归属于 H—Rh—CO 型的类线式吸附峰，1800cm⁻¹ 峰则属于 CO 的桥式吸附峰 [CO (b)]。由于线式及桥式 CO 均吸附于金属 Rh 活性位，而孪式 CO 吸附于 Rh⁺ 中心上，因此上述现象说明在 H₂ 气氛中 Rh⁺ 中心可以重新转变成金属 Rh 中心。且随着 Fe 含量的增加，孪式吸附物种完全转化的时间会缩短，这表明 Fe 的掺杂可以加快孪式吸附 CO 的转化速率。

从图 4.3 和表 4.1 还可以看出，各催化剂上 [H—Rh—CO+CO (b)] /CO (gdc) 的比值变化顺序为：Rh—Mn—Li/SiO₂ > Rh—Mn—Li—0.05Fe/SiO₂ > Rh—Mn—Li—0.1Fe/SiO₂。这一结果暗示着 CO (gdc) 物种可能通过两种方式变化：①直接脱附；②转变成 H—Rh—CO 和 CO (b)，而且随着 Fe 含量的增加，CO (gdc) 的脱附速率会快于转化速率。另外，各催化剂上吸附态 CO 变化到最终时，H—Rh—CO/CO (b) 的比值几乎相等。这表明在不同 Fe 含量的催化剂上 CO (gdc) 物种转化成 H—Rh—CO 的比率是一致的。

基于上述讨论不难看出，反应时 CO (gdc) 物种的脱附/转化行为关系着催化剂的催化性能。考虑到 Rh 与 Fe 之间的相互作用以及之前报道过的 Fe 优良的加氢能力，可以推测 Fe 的添加可以促进 H₂ 气氛中的加氢进程，进而加速了 CO (gdc) 物种的脱附/转化速率，脱附/转化速率的增加可以促进 CO 的转化。同时，随着 Fe 掺杂量的增加，催化剂上乙醛/乙醇比值会下降。这也说明 Fe 的加入增强了催化剂的加氢能力，促进了乙醛向乙醇的转化，这与 Mo 等的研究结果一致。此外，由 CO (gdc) 物种转化而成的 H—Rh—CO 物种可能是生成 C₂ 含氧化合物的前驱体，而 Fe 的掺杂虽然促进了 CO (gdc) 的脱附，但抑制了 CO (gdc) 向 H—Rh—CO 的转化，因此随着 Fe 含量的增加，C₂₊ 含氧化合物的选择性下降。

综合红外表征和催化剂的反应性能，CO 加氢反应受到了两方面制约：一是吸附 CO 的能力；二是吸附态 CO 的转化速率。在 Fe 的掺杂量较低时 (Fe<0.1%，质量分数)，吸附态 CO 转化速率的提高占主导，因此 CO 的转化率升高；而当 Fe 的掺杂量较大时 (Fe>0.1%，质量分数)，CO 吸附能力的下降成为主导转化率的关键因素，因此 CO 的转化率就会随之下降。

4.1.1.5　CO—TPD 及 TPSR 表征结果

图 4.4 给出了在催化剂上吸附 CO 后的程序升温脱附曲线。据报道，吸附态 CO 的热稳定性为：CO (b) >CO (gdc) >CO (l)。因此，110℃ 左右的脱附峰可归因于线式吸附的 CO；160℃ 左右的脱附峰可归因于孪式 CO 的脱附；而高于 330℃ 的脱附峰则可能是桥式或更稳定的 CO 吸附物种的脱附。由图可见，随着 Fe 含量的增加，CO 吸附量不断减小，这与红外结果相吻合。此外，桥式或更稳定的 CO 吸附物种的脱附温度随着 Fe 含量的增加逐渐往高温偏移。由此推断，Fe 的掺杂可以增强桥式或更稳定的 CO 吸附物种的吸附。

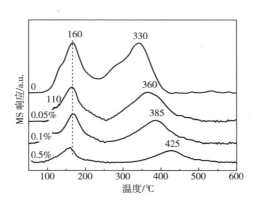

图 4.4　不同 Fe 含量掺杂的 Rh—Mn—Li/SiO$_2$ 催化剂的 CO—TPD 谱图

图 4.5 比较了 Rh—Mn—Li/SiO$_2$ 催化剂 CO—TPD 过程中的 CO 脱附曲线和 TPSR 过程中的 CO 脱附曲线及 CH$_4$ 生成曲线。在 TPSR 过程中，只有弱吸附的 CO 物种被脱附了出来，伴随着强吸附 CO 的消失，在 237℃ 左右有一个 CH$_4$ 峰生成。比较了 CO—TPD 和 TPSR 的曲线可以证明，CH$_4$ 的生成来源于强吸附的 CO，而弱吸附 CO 随着温度的升高而脱附。

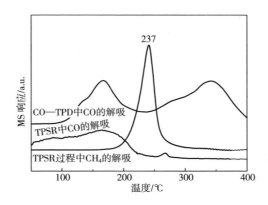

图 4.5　催化剂 CO—TPD 过程中 CO 脱附曲线与 TPSR 过程中 CO 及 CH$_4$ 脱附曲线的比较

不同 Fe 含量催化剂的 TPSR 曲线如图 4.6 所示。由图可知，随着 Fe 含量的增加，甲烷峰面积逐渐减少，这与 CO—TPD 结果相一致。另外，CH$_4$ 生成量与 TPD 过程中 CO 脱附量之比 CH$_4$/CO 见表 4.2，随着 Fe 含量的增加而增加，这表明 Fe 的掺杂促进了催化剂 CO 的解离。此外，Fe 的添加可以增强吸附 CO 的吸附强度，使生成的甲烷峰的位置不断向高温方向移动。

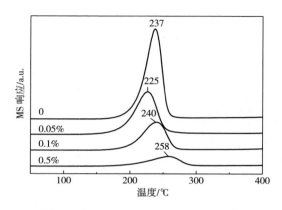

图 4.6　不同 Fe 含量 Rh—Mn—Li/SiO$_2$ 催化剂的 TPSR 曲线

表 4.2　CO—TPD 过程中 CO 脱附和 TPSR 过程中 CH$_4$ 生成的相对量及相应的 CH$_4$/CO 比

催化剂	Rh—Mn—Li/SiO$_2$	Rh—Mn—Li0.05Fe/SiO$_2$	Rh—Mn—Li0.1Fe/SiO$_2$	Rh—Mn—Li0.5Fe/SiO$_2$
CO 的量	1[①]	0.64	0.53	0.33
CH$_4$ 的量	0.46	0.30	0.25	0.19
CH$_4$/CO	0.46	0.47	0.47	0.58

4.1.1.6　催化剂的催化性能

表 4.3 给出了 Rh—Mn—Li/SiO$_2$ 催化剂在不同温度下对 CO 加氢反应的催化性能，CO 转化率随着温度的升高而增加。同时，甲醇的选择性随着温度的升高而上升，但 C$_{2+}$ 含氧化合物的选择性则有所下降。值得注意的是，C$_{2+}$ 含氧化合物的时空收率在 300℃时达到最大，为 309.1g/(kg·h)。

表 4.3　Rh—Mn—Li/SiO$_2$ 催化剂在不同温度下对 CO 加氢反应的催化性能

温度/℃	CO 转化率/%	产物选择性/%							STY（C$_{2+}$ 含氧化合物收率）/(g·kg^{-1}·h^{-1})
		CO$_2$	CH$_4$	MeOH	AcH	EtOH	C$_{2+}$ Oxy	C$_{2+}$ HC	
260	6.2	0.9	7.5	0	38.2	13.1	56.1	35.5	89.5
280	10.0	1.1	9.2	0	34.2	19.0	56.2	33.5	162.6
300	18.9	1.0	12.1	2.3	25.4	27.1	54.3	30.2	309.1
320	23.6	3.5	20.1	8.2	8.3	32.8	32.5	25.7	218.9

反应性能随时间的变化曲线如图 4.7 所示，随着反应的进行，Rh—Mn—Li/SiO₂ 催化剂上 CO 转化率及 C_{2+} 含氧化合物选择性均缓慢下降，当反应至 14h 后反应性能开始趋于稳定。表 4.3 中的数据均是反应处于稳定期（即反应 15h 后）时的数据。

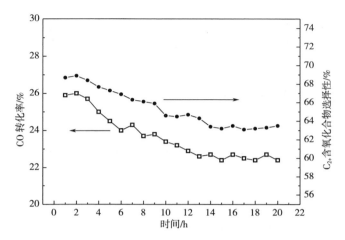

图 4.7　Rh—Mn—Li/SiO₂ 催化剂上 CO 转化率及 C_{2+} 含氧化合物选择性随时间的变化曲线

表 4.4、图 4.8 及图 4.9 比较了 Fe 掺杂 Rh—Mn—Li/SiO₂ 催化 CO 加氢反应性能的影响。结果表明，CO 转化率随着 Fe 掺杂量的增加先增加后减少，C_{2+} 含氧化合物的收率在 Fe 质量分数为 0.1% 时达到最大值 491.0g/(kg·h)。一方面，Fe 含量的增加部分覆盖了表面 Rh 颗粒，因此减少了表面的活性中心位。另一方面，红外光谱的结果表明，Fe 的添加促进了 CO（gdc）物种的脱附/转化速率，即 Fe 的添加可以提高单位 Rh 活性位的催化效率。考虑到 Fe 有着这两种截然相反的作用，当 Fe 的质量分数增加到 0.1% 时，CO 的转化率达到峰值。Yin 等和 Chen 等也报道过相似的情况，但由于反应条件、Rh 负载量等因素的不同，峰值所对应的 Fe 的添加量各不相同。

表 4.4　Fe 含量对 Rh—Mn—Li/SiO₂ 催化剂催化 CO 加氢性能的影响

Fe/%	CO 转化率/%	产物选择性/%							STY（C_{2+} 含氧化合物收率）/（g·kg⁻¹·h⁻¹）
		CO_2	CH_4	MeOH	AcH	EtOH	C_{2+} Oxy	C_{2+} HC	
0	18.9	1.1	12.1	2.3	25.4	27.1	54.3	30.2	309.1
0.05	24.4	1.2	12.4	0	42.7	18.9	63.2	23.2	451.8
0.1	28.2	1.4	11.7	0.61	32.8	22.9	58.2	28.1	491.0
0.5	14.8	5.3	30.2	12.7	5.6	35.1	40.7	11.1	201.5

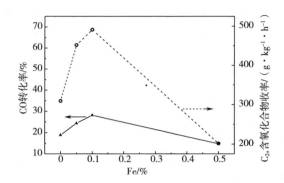

图 4.8　Rh—Mn—Li/SiO$_2$ 催化剂中 Fe 含量对 CO 转化率及 C$_{2+}$ 含氧化合物收率的影响

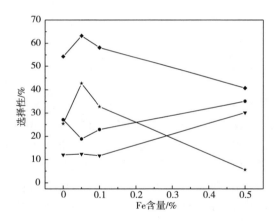

图 4.9　Rh—Mn—Li/SiO$_2$ 催化剂中 Fe 含量对 CO 加氢选择性的影响

Fe 的掺杂对主要产物的选择性也有重要影响。如图 4.9 所示，Fe 的加入促进了甲烷选择性的提高。CO—TPD 及 TPSR 的结果显示，甲烷由强吸附的 CO 加氢而成，而 TPSR 中甲烷生成量与 CO—TPD 中 CO 吸附量之比也随着 Fe 含量的增加而增加。这表明，由于 Fe 的掺杂，催化剂解离 CO 能力提高，因此甲烷选择性也随着 Fe 含量的增加而上升。

对于含氧化合物，当 Fe 含量为 0.05% 时，C$_{2+}$ 含氧化合物的选择性达到最大，随着 Fe 含量的进一步增加而下降。有趣的是，当 0.05% 的 Fe 加入 Rh—Mn—Li/SiO$_2$ 催化剂时，乙醇的选择性会下降。当 Fe 含量进一步增加时，乙醇选择性显著增加，同时乙醛的选择性则下降。考虑到 C$_{2+}$ 含氧化合物的选择性随着 H—Rh—CO/CO（gdc）比的下降而减少，由此可以认为 Fe 的添加抑制了 CO（gdc）向 H—Rh—CO 的转化，从而阻碍了 C$_{2+}$ 含氧化合物的生成。已有的研究表明，从 CO （gdc）转化得到的 H—Rh—CO 物种是 CO 加氢形成 C₂ 含氧化合物的前驱体。结合乙醛/乙醇的比值随着 Fe 含量的增加而下降的现象可以发现，Fe 能增强催化剂的加氢能力，促进乙醛向乙醇的转化。

4.1.2　Fe 引入方式对 Rh—Mn—Li/SiO₂ 催化性能的影响

4.1.2.1　催化剂的制备

载体 SiO_2 制备方法同 3.2.1，最后在 350℃ 焙烧 4h。

采用浸渍法制备催化剂。催化剂的浸渍方式分三种。①将 1.0g 载体等体积浸渍于 $RhCl_3 \cdot 3H_2O$、$Mn(NO_3)_2$、$Fe(NO_3)_3 \cdot 9H_2O$ 和 $LiNO_3$ 的混合水溶液中，室温晾干后分别于 90℃ 和 110℃ 干燥 8h 和 4h，最后于 350℃ 下焙烧 4h，得到的催化剂记为 RML Fe/SiO₂。②首先将 Fe 浸渍于 SiO_2 上，干燥后在 350℃ 下焙烧后再浸渍 $RhCl_3 \cdot 3H_2O$、$Mn(NO_3)_2$ 和 $LiNO_3$ 的混合溶液，其他过程同上，得到的催化剂记为 RML/Fe/SiO₂。③首先将 1.0g 载体等体积浸渍于 $RhCl_3 \cdot 3H_2O$、$Mn(NO_3)_2$ 和 $LiNO_3$ 的混合水溶液中，然后干燥后在 350℃ 下焙烧后再将其浸渍于 $Fe(NO_3)_3 \cdot 9H_2O$ 溶液中，干燥后在 350℃ 下焙烧，得到的催化剂记为 Fe/RML/SiO₂。作为比较，1.0g 载体还等体积浸渍于 $Fe(NO_3)_3 \cdot 9H_2O$ 溶液或 $RhCl_3 \cdot 3H_2O$、$Mn(NO_3)_2$ 和 $LiNO_3$ 的混合水溶液中，分别制得 Fe/SiO₂ 和 RML/SiO₂ 催化剂。所有催化剂中 Rh、Mn、Li、Fe 的负载量（质量分数）均相同，分别为 1.5%、1.5%、0.075% 和 0.1%。

采用 XRD、氮气吸脱附、FT—IR、H₂—TPR、NH₃—TPD 及 TPSR 等技术对制备好的催化剂进行表征。表征方法如 2.1 所述，催化剂的活性测试方法如 2.2 所述。

4.1.2.2　Fe 不同浸渍次序对 Rh—Mn—Li/SiO₂ 催化剂性能的影响

表 4.5 给出了 Fe 不同浸渍次序对 Rh—Mn—Li/SiO₂ 催化剂催化 CO 加氢反应性能的影响。作为比较，Fe/SiO₂ 和 RML/SiO₂ 催化剂的反应性能也列在表中。对于 Fe/SiO₂ 催化剂，CO_2 和碳氢化合物是主要产物，其选择性分别是 22.1% 和 72.1%，而 C₂₊ 含氧化合物选择性只有 4.8%。与 Fe/SiO₂ 催化剂相比，RML/SiO₂ 催化剂表现出了良好的 C₂₊ 含氧化合物合成性能，Fe 的添加可以进一步促进 RML/SiO₂ 的催化性能。在相同反应条件下，在不同浸渍次序的三种催化剂上 CO 转化率大小顺序为：RML/Fe/SiO₂ ≈ RMLFe/SiO₂ > Fe/RML/SiO₂。选择性方面，RML/Fe/SiO₂ 具有最高的 C₂₊ 含氧化合物选择性和相对较低的烃类选择性。相对 Fe/RML/SiO₂ 而言，RML/Fe/SiO₂ 和 RMLFe/SiO₂ 都生成了较少的 CH₄ 和 CO_2 等副产物。不同浸渍次序的三种催化剂对比可知，RML/Fe/SiO₂ 显著提高了 C₂₊ 含氧化合物收率，从 Fe/RML/SiO₂ 的 266.2g/(kg·h) 提高到了的 562.8g/(kg·h)。以上结果表明，Fe 的浸渍次序可以明显影响 Rh—Mn—Li/SiO₂ 催化剂催化 CO 加氢反应的性能。

表 4.5　Fe 不同浸渍次序对 Rh—Mn—Li/SiO₂ 催化性能的影响

催化剂	CO 转化率/%	产物选择性/%							STY（C₂₊ 含氧化合物收率)/ $(g \cdot kg^{-1} \cdot h^{-1})$
		CO₂	CH₄	MeOH	AcH	EtOH	C₂₊ Oxy	C₂₊ HC	
Fe/SiO₂	9.3	22.1	7.2	1.0	1.0	2.0	4.8	64.9	15.6
RML/SiO₂	18.9	1.1	12.1	2.3	25.4	27.1	54.3	30.2	309.1
RML/Fe/SiO₂	28.5	1.1	11.8	0.5	30.6	32.7	64.3	22.3	562.8
RMLFe/SiO₂	28.2	1.4	11.7	0.6	32.8	22.9	58.2	28.1	491.0
Fe/RML/SiO₂	19.7	3.8	17.7	1.1	28.1	16.5	45.6	31.8	266.2

4.1.2.3　结构表征结果

利用 XRD 及氮气吸脱附技术对催化剂进行了表征。XRD 结果表明，Fe 以不同浸渍次序制备的 Rh—Mn—Li/SiO₂ 催化剂均未出现 Rh 及其他金属的衍射峰。氮气吸脱附结果表明，各样品的比表面积均在 15m²/g 左右。以上结果说明，Fe 的不同浸渍次序并没有影响 Rh 的分散度及催化剂的比表面积。

4.1.2.4　NH₃—TPD 表征结果

催化剂表面酸性是影响催化剂催化性能的重要性质，在本章中采用 NH₃—TPD 方法考察了 Fe 不同的引入方式对催化剂表面酸性的影响。

所有催化剂在 NH₃—TPD 过程中均未出现任何脱附峰，表明无论是 SiO₂ 载体还是负载催化剂均没有显示出酸性，而 Fe 引入方式的不同也没有对催化剂表面酸性产生影响。这表明 Fe 引入方式不同造成催化性能的改变与催化剂表面酸性没有直接关联。

4.1.2.5　H₂—TPR 表征结果

图 4.10 给出了 Fe 以不同浸渍次序掺杂的 Rh—Mn—Li/SiO₂ 催化剂的 H₂—TPR 谱图，作为比较，Fe/SiO₂ 和 RML/SiO₂ 的 H₂—TPR 曲线也在图中。由图可见，Fe/SiO₂ 没有出现还原峰，表明 0.1% 的 Fe 含量（质量分数）过低，不能检测出还原峰。RML/SiO₂ 催化剂上有三个还原峰，高温峰（300℃）为 Mn 氧化物的还原，在 135℃ 和 157℃ 出现的两个峰分别归属于两种不同 Rh 氧化物的还原，根据温度由低到高区分为 Rh（Ⅰ）和 Rh（Ⅱ）的氧化物，而 Rh（Ⅱ）氧化物的还原与 Mn 有着更强的相互作用。

而以不同浸渍次序添加 Fe 后，Rh 与 Mn 的状态明显发生了变化，从而使其还原性能发生了改变。与 RML/SiO₂ 催化剂相比，RML/Fe/SiO₂ 催化剂上的 Rh（Ⅰ）和 Rh（Ⅱ）的还原温度均略有上升（140℃ 和 167℃），Rh（Ⅱ）的峰面积明显增大，Rh（Ⅰ）的峰面积明显降低。与此同时，Mn 氧化物的还原峰略往高温方向偏

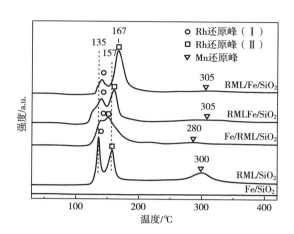

图 4.10　各催化剂的 H$_2$—TPR 谱图

移（305℃）并减小。以上结果表明，当 Fe 浸渍在 Rh、Mn 的内层时，Fe 会抑制 Rh、Mn 的还原。当 Fe 从催化剂的内层转变到催化剂外层时，Rh、Mn 的还原峰又会轻微地往低温方向偏移，并且 Rh 的两个还原峰相互并拢。这一现象表明，当 Fe 负载在外层时，Fe 对 Rh、Mn 还原的抑制作用会削弱。

TPR 结果表明，在催化剂中不同位置的 Fe 与 Rh、Mn 之间有着不同的相互作用。当 Fe 在内层时，Fe 更容易与 Rh、Mn 相互作用，从而增加了 Rh—Fe 的接触面，此时 Rh 上吸附态 CO 的氧原子易于与 Fe 作用，形成搭式 CO 吸附态。由于搭式吸附 CO 一般被认为是 CO 加氢生成含氧化合物的吸附物种，因此，RML/Fe/SiO$_2$ 催化剂表现出了优异的乙醇及 C$_{2+}$ 含氧化合物选择性。

4.1.2.6　催化剂的 CO 吸附

Fe 浸渍次序不同的 Rh—Mn—Li/SiO$_2$ 催化剂在 30℃ 吸附 CO 饱和后的漫反射红外光谱如图 4.11 所示。如图所示，所有催化剂均在 2067cm^{-1}、2104cm^{-1} 和 2034cm^{-1} 出现三个大小不等的吸收峰。随着助剂 Fe 由内层向外层变迁，催化剂吸附 CO 能力逐渐减弱，但 CO 吸附种类和峰位置均没有变化。与此同时，2180cm^{-1} 和 2125cm^{-1} 左右的气相 CO 峰逐渐显现。

基于以上结果可以认为，助剂 Fe 在催化剂中的位置可以显著影响 CO 的吸附。当 Fe 负载在催化剂内层时不会影响表面 Rh 的覆盖度，因此获得了最强的 CO 吸附能力，从而提高了 CO 的转化率。

图 4.12 给出了催化剂在室温吸附 CO 饱和后，在 H$_2$ 气氛中随时间变化的红外谱图。对于 RML/Fe/SiO$_2$ 催化剂，线式吸附峰 CO（1）（约 2067cm^{-1}）在氢气氛中迅速消失，随着时间的增加，孪式吸附峰 CO（gdc）（约 2104cm^{-1} 和 2034cm^{-1}）逐渐下降，同时在 2055cm^{-1} 和 1990cm^{-1} 左右逐渐形成了两个新峰。2055cm^{-1} 峰可

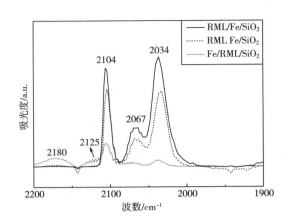

图 4.11　不同催化剂在 30℃下对 CO 吸附的原位红外谱图

归属于 H—Rh—CO 型的类线式吸附峰（即 Rh⁺ 中心重新变成了金属 Rh 中心）；1990cm⁻¹ 峰位于 Rh—CO 和 Fe—CO 吸附振动峰之间，因此可以归属于 Rh—CO—Fe 的吸附峰。相对 RML/Fe/SiO₂ 催化剂而言，Fe/RML/SiO₂ 催化剂上吸附的 CO 峰只是随着时间不断减少，而没有形成新的吸附物种。RML Fe/SiO₂ 催化剂上吸附的 CO 峰在氢气中的变化行为与 RML/Fe/SiO₂ 十分相似。但对比 RML/Fe/SiO₂，RML Fe/SiO₂ 催化剂上 CO（gdc）转化成 H—Rh—CO 或 Rh—CO—Fe 物种的能力相对较弱，更多的是直接脱附。

以上红外结果表明，CO（gdc）物种可能通过两种方式变化：①直接脱附；②转变成 H—Rh—CO 和 Rh—CO—Fe 物种。催化剂中助剂 Fe 位置的改变可导致吸附态 CO 脱附/转化行为的变化。在 RML/Fe/SiO₂ 催化剂上吸附的 CO（gdc）容易转化成 H—Rh—CO 或 Rh—CO—Fe 物种；在 Fe/RML/SiO₂ 催化剂上吸附的 CO（gdc）在氢气氛中会随着时间的延长不断脱附。结合催化剂的催化性能可以发现，反应过程中 CO（gdc）物种的脱附/转化行为与催化剂的催化性能密切相关，CO（gdc）物种向 H—Rh—CO 和 Rh—CO—Fe 的快速转化有利于 C_{2+} 含氧化合物的生成。

4.1.2.7　TPSR 表征结果

催化剂 TPSR 曲线如图 4.13 所示。从 CH₄ 生成峰的位置看，RML Fe/SiO₂ 的 CH₄ 峰出现在 240℃左右，而 Fe/RML/SiO₂ 和 RML/Fe/SiO₂ 的 CH₄ 峰位置分别移至了 255℃和 265℃，表明后两种催化剂 CO 解离能力相对较弱。从峰面积来看，Fe/RML/SiO₂ 的甲烷生成量较大，而 RML/Fe/SiO₂ 的甲烷生成量相对较小。由于 CO 已预先吸附在催化剂表面，甲烷峰的大小对应着甲烷生成活性位数量的多少。由此表明，催化剂上甲烷生成活性位数量按以下顺序递减：Fe/RML/SiO₂>RML Fe/SiO₂>RML/Fe/SiO₂。

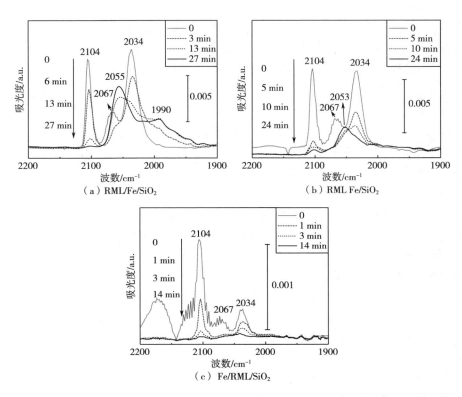

图 4.12　在 30℃下 CO 吸附饱和后，吸附态 CO 在氢气氛中随时间变化的红外谱图

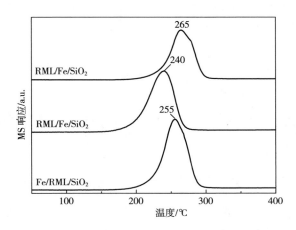

图 4.13　催化剂在 TPSR 过程中 CH₄ 的生成谱图

CO 解离被认为是合成 C_{2+} 含氧化合物的第一步，解离得到的表面碳物种加氢形成表面碳氢吸附（CH_x）$_{ads}$ 物种。当催化剂的加氢性能较强时，（CH_x）$_{ads}$ 物种就会向着生成 CH_4 的方向发展。因此，当 Fe 浸渍在 Rh、Mn 外层时，更有利于发挥助剂 Fe 的加氢优势，使得 Fe/RML/SiO$_2$ 催化剂获得了相对更高的 CH_4 选择性。

4.1.3 小结

Fe 作为 Rh 基催化剂的重要助剂，其含量及引入方式均能有效改变催化剂的催化性能。本章着重研究了助剂 Fe 的添加量、Fe 与 Rh—Mn—Li 组分的浸渍次序对 Rh/SiO$_2$ 基催化剂催化性能产生的影响，并在此基础上探讨了 Fe 助剂的作用机理。

Fe 的掺杂及其含量对 Rh—Mn—Li/SiO$_2$ 催化剂催化 CO 加氢的反应性能产生明显的影响。当 Fe 掺杂量小于 0.1% 时，Fe 可以促进反应，提高 C_{2+} 含氧化合物的收率；当 Fe 掺杂量大于 0.1% 时，作用则相反。H$_2$—TPR 结果表明，Fe 与 Rh、Mn 都有着较强的相互作用，而 Rh 与 Mn 的相互作用随着 Fe 含量的增加而增强。红外结果表明，催化活性同时受限于催化剂对 CO 的吸附能力和吸附态 CO 的脱附/转化速率：当 Fe 掺杂量小于 0.1% 时，吸附态 CO 的脱附/转化速率占据主导地位，而增加的脱附/转化速率可以促进 CO 的转化；当 Fe 的掺杂量较高时（Fe > 0.1%），CO 吸附能力的削弱占据主导，因此 CO 转化率下降。此外，Fe 的添加抑制了 CO（gdc）向 H—Rh—CO 的转化，从而阻碍了 C_{2+} 含氧化合物的生成。同时，Fe 增强了催化剂的加氢能力，可以促进乙醛向乙醇的转化。

助剂 Fe 在催化剂中所处位置的不同会明显影响催化剂的催化活性，当 Fe 浸渍在 Rh、Mn 的内层时可以获得最高的 CO 转化率和 C_{2+} 含氧化合物的选择性。其原因是，Fe 可以阻碍 Rh、Mn 的还原；当 Fe 在催化剂的表层时，Fe 有助于氢的解离和溢流，因此促进了 Rh、Mn 的还原。红外结果表明，RML/Fe/SiO$_2$ 催化剂更有利于 CO（gdc）物种向 H—Rh—CO 和 Rh—CO—Fe 的转化，因此提高了 C_{2+} 含氧化合物的选择性。

4.2 SiO$_2$ 性质对 Rh—Mn—Li/SiO$_2$ 催化性能的影响

4.2.1 催化剂的制备、表征与活性测试

利用 Stöber 法制备单分散 SiO$_2$（SB）载体，具体步骤为：在室温下，将 21mL 正硅酸四乙酯（TEOS）和 50mL 无水乙醇的混合溶液缓慢滴入至 76mL 氨水和 200mL 无水乙醇的混合液中，磁力搅拌 2h 后，陈化 4h。所得悬浊液离心分离，并用无水乙醇洗涤三次后在 70℃ 干燥 12h。

利用溶胶—凝胶法制备 SiO₂（SG），具体步骤如下：将含有 40vol.% 正硅酸四乙酯的乙醇溶液滴入到由 5mL 水、4.0g 柠檬酸、25mL 无水乙醇组成的混合溶液中，在 40℃下搅拌至生成凝胶。将所得凝胶在 90℃干燥形成 SiO₂ 粉末。

用作比较的商业 SiO₂（CM）由青岛海洋硅胶干燥剂厂提供。为去除表面杂质，SiO₂（CM）使用前在去离子水中煮沸 24h，过滤后在 90℃干燥。上述所有载体最后经 500℃焙烧 6h 后待用。

采用传统共浸渍法制备 Rh 基催化剂，即将 1.0g 载体等体积浸渍于 RhCl₃·3H₂O、Mn(NO₃)₂ 和 Li₂CO₃ 的混合水溶液中，室温晾干并在 90℃的烘箱中干燥 4h 后继续升温至 120℃过夜，最后置于马弗炉中 350℃焙烧 4h，得到不同的 Rh—Mn—Li/SiO₂ 催化剂，分别标记为 RML/SiO₂（SB）、RML/SiO₂（SG）和 RML/SiO₂（CM），所有催化剂中 Rh、Mn、Li 的负载量（质量分数）均相同，分别为 1.5%、1.5% 和 0.075%。

采用 XRD、氮气吸脱附、FT—IR、H₂—TPD、H₂—TPR、CO—TPD 及 TPSR 等技术对制备好的催化剂进行表征。表征方法如 2.1 节所述，催化剂的活性测试方法如 2.2 节所述。

不同催化剂的氢吸附量利用 H₂-TPD 测得，Rh 的分散度和颗粒大小再经氢吸附量转换得到（假定一个氢原子吸附在一个 Rh 原子上，H/Rh$_{表面}$ = 1）。Rh 的分散度（D）利用以下公式计算：

$$D = 2M_{H_2}/M_{Rh}$$

式中：M_{H_2} 为催化剂吸附氢的摩尔量；M_{Rh} 为负载 Rh 的摩尔量。

Rh 颗粒大小（d_{Rh}）利用以下经验公式求得：

$$d_{Rh} = \frac{5.6 \times 10^8 \times W_{Rh}}{\rho_{Rh} \times V_{H_2} \times N_A \times \sigma_{Rh}}$$

式中：W_{Rh} 为催化剂中 Rh 的质量；ρ_{Rh} 为 Rh 的密度；V_{H_2} 催化剂吸附氢的体积；N_A 为阿伏伽德罗常数；σ_{Rh} 为 Rh 原子的横截面积。

4.2.2　反应性能评价

表 4.6 给出了以不同制备方法得到的 SiO₂ 为载体所制备的 Rh—Mn—Li/SiO₂ 催化剂上 CO 加氢反应的性能。由表可见，三种催化剂的催化活性及 CO 转化的频率转化因子（TOF）大小顺序均为：RML/SiO₂（SB）> RML/SiO₂（CM）> RML/SiO₂（SG）。而选择性方面，RML/SiO₂（SB）表现出了最高的 C₂₊含氧化合物选择性，同时 CO₂、甲烷及甲醇等的副产物选择性都相对较低。此外，对比三者的催化性能发现，由溶胶—凝胶法合成的 SiO₂（SG）为载体的 RML/SiO₂（SG）催化剂表现出了最差的催化活性，而以商业 SiO₂（CM）为载体的 RML/SiO₂（CM）催化剂则表现出了较差的 C₂₊含氧化合物选择性。值得注意的是，由于活性和选择性双

方的同时促进，RML/SiO$_2$（SB）显著提高了 C$_{2+}$ 含氧化合物收率，从 RML/SiO$_2$（SG）的 30.2g/（kg·h）提高到了的 146.8g/（kg·h）。

表 4.6　不同催化剂的 CO 加氢性能

催化剂	CO 转化率/%	频率因子/s^{-1}	产物选择性/%							STY（C$_{2+}$ 含氧化合物收率）/（g·kg^{-1}·h^{-1}）
			CO$_2$	CH$_4$	MeOH	AcH	EtOH	C$_{2+}$ Oxy^b	C$_{2+}$ HC^c	
RML/SiO$_2$（SB）	8.2	0.068	5.3	10.3	1.7	35.5	16.5	59.1	23.6	146.8
RML/SiO$_2$（SG）	2.2	0.012	16.1	14.4	11.6	7.7	25.2	42.4	15.5	30.2
RML/SiO$_2$（CM）	6.5	0.028	17.5	11.8	5.9	15.7	18.1	37.2	27.6	80.8

注　1. 反应条件：T = 300℃，P = 3MPa，催化剂：0.3g，流速 = 50mL/min（H$_2$/CO = 2）
　　2. TOF 为基于 CO 转化率和 H$_2$ 吸附数据。

4.2.3　催化剂结构表征结果

不同 SiO$_2$ 载体及其催化剂的 XRD 谱图如图 4.14 所示。首先，不同方法制备的 SiO$_2$ 载体均在 23°左右出现一个宽化的包峰，这表明 SiO$_2$ 均以无定型状态存在。比较载体与催化剂的 XRD 谱图发现，负载的催化剂均未出现 Rh 及其他金属的衍射峰，表明 Rh 及其他金属在载体表面高度分散。

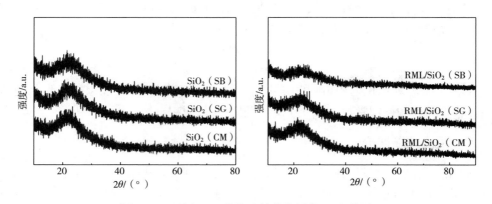

图 4.14　不同 SiO$_2$ 载体及其催化剂的 XRD 谱图

图 4.15 展示了不同制备方法得到的 SiO$_2$ 载体的扫描电镜图片。如图所示，以 Stöber 法制备的 SiO$_2$（SB）为单分散小球，球体直径大致分布在 200～500nm 之间，这与文献报道相一致。而以溶胶—凝胶法制备的 SiO$_2$（SG）或商业购买的 SiO$_2$（CM）均呈现出不规则的块状，负载金属后载体形貌没有发现明显变化。

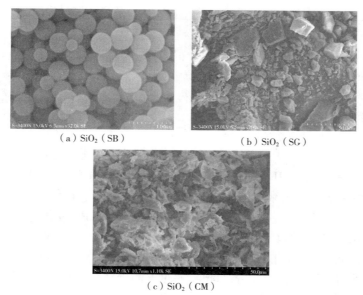

（a）SiO$_2$（SB）　　　　　　（b）SiO$_2$（SG）

（c）SiO$_2$（CM）

图 4.15　不同 SiO$_2$ 载体的 SEM 照片

表 4.7 给出了不同 SiO$_2$ 载体和相应 Rh 基催化剂的比表面积、孔径、孔容数据。从比表面积数据看出，SiO$_2$（SB）的 S_{BET} 只有 11m^2/g，与 Szekeres 等和 Hsu 等采用 Stöber 法制备的 SiO$_2$ 比表面积（约 10m^2/g）相当。而 SiO$_2$（SG）和 SiO$_2$（CM）的 S_{BET} 分别高达 584m^2/g 和 329m^2/g。在孔径分布方面，SiO$_2$（SB）和 SiO$_2$（CM）有着相似的孔径（孔径范围在 8～9nm），而 SiO$_2$（SG）则在 2.5nm 左右出现一较小的介孔。与载体相比，负载金属后催化剂的比表面积和孔容均有所下降。其中，SiO$_2$（SG）负载金属后的比表面积和孔容下降得最为严重。这可能是因为 SiO$_2$（SG）的孔径分布在 2.5nm 左右，这与负载 Rh 金属的颗粒大小大致相当，负载金属后会使孔道堵塞从而造成比表面积和孔容下降较多。

表 4.7　样品的比表面积、孔容、孔径及其化学吸附数据

样品	S_{BET}/ (m^2 · g^{-1})	V_p/ (cm^3 · g^{-1})	D_p/nm	H$_2$ 的化学吸附		
				吸附量/ (μmol · g^{-1})	分散度/%	Rh 颗粒尺寸/nm
SiO$_2$（SB）	11	0.027	8.3	—	—	—
RML/SiO$_2$（SB）	10	0.026	7.9	25	34	3.3
SiO$_2$（SG）	584	0.207	2.5	—	—	—
RML/SiO$_2$（SG）	376	0.176	2.3	38	52	2.2

续表

样品	$S_{BET}/$ $(m^2 \cdot g^{-1})$	$V_p/$ $(cm^3 \cdot g^{-1})$	D_p/nm	H_2 的化学吸附		
				吸附量/ $(\mu mol \cdot g^{-1})$	分散度/%	Rh 颗粒尺寸/nm
SiO$_2$（CM）	329	0.877	9.2	—	—	—
RML/SiO$_2$（CM）	321	0.828	9.0	49	67	1.7

由于 Rh 在载体表面高度分散，通过 XRD 的表征手段不能测定 Rh 的颗粒大小，因此通过催化剂对 H_2 吸附量的测定计算出了 Rh 的分散度及其颗粒大小（表 4.7）。结果表明，负载在不同 SiO$_2$ 载体上的 Rh 的分散度有较大差异，但 Rh 的平均颗粒大小都落在 1~4nm，这一颗粒尺度均适合于 Rh 催化 CO 加氢反应。因此推断，催化剂 TOF 的改变并不是由 Rh 颗粒大小的变化引起的。

结合催化剂的反应性能和上述表征结果，就会产生一个疑问：为什么催化剂 RML/SiO$_2$（SB）拥有最小的比表面积和相对差的分散度，却能表现出最高的催化活性和 C$_{2+}$ 含氧化合物选择性？一般，大比表面积的载体有利于负载金属分散度的提高，从而可以提高催化剂的催化活性。但比表面积等性质在很多时候并非催化活性的决定性因素。例如 Fan 等发现，在以碳材料为载体的 Rh 基催化剂中，高比表面积并不是金属高分散度的决定因素。除了金属分散度，碳材料的纳米孔道和结构也是影响催化性能的重要因素。Chen 等研究了 SBA-15 性能对 Rh/Mn 催化剂催化 CO 加氢性能的影响。结果表明，催化性能的改变依赖于 SBA-15 化学性质的变化，而不是 SBA-15 的比表面积。对于 SiO$_2$ 载体，表面羟基也是重要的影响因素之一。对于 Rh—Mn—Li/SiO$_2$ 催化剂，载体的性能是重要的影响因素之一。

4.2.4 FT—IR 表征结果

为了进一步研究不同载体表面性质对 Rh—Mn—Li/SiO$_2$ 催化剂性能的影响，对载体表面结构进行了红外光谱的研究，结果如图 4.16 所示。一般认为，3735cm^{-1} 吸收峰是表面孤立羟基的振动吸收，在 3670~3630cm^{-1} 的吸收峰归属于弱氢键的羟基振动峰，3500~2750cm^{-1} 的吸收峰为强氢键作用的羟基振动吸收峰。

图 4.16 的结果表明，不同 SiO$_2$ 表面各种羟基的吸收强度各不相同。在 SiO$_2$（SB）表面覆盖着较多的弱氢键作用羟基，在 SiO$_2$（SG）表面覆盖着较多的强氢键作用羟基，而 SiO$_2$（CM）表面羟基密度则相对较低。负载金属后，各催化剂表面的羟基浓度又发生了明显变化：SiO$_2$（SB）表面弱氢键的羟基迅速下降，相同的情况也发生在 SiO$_2$（SG）表面强氢键作用的羟基上。这种现象的产生是由载体表面羟基与 Rh、Mn 等金属发生较强相互作用引起的。因此，SiO$_2$ 表面羟基的性质会影响其表面金属的分散与状态，从而对其催化性能产生影响。包信和等在对

Ag/SiO₂ 的研究中也得到了相似的结果。研究人员发现在催化剂的制备过程中，Ag 和 SiO₂ 表面的羟基会发生相互作用，因此在 Ag 负载之后 SiO₂ 表面的羟基会减少。

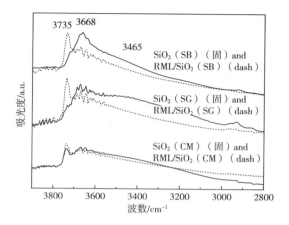

图 4.16　在 300℃的 N₂ 气吹扫下，不同 SiO₂ 载体及催化剂的红外光谱

原位还原后的催化剂在 30℃下吸附 CO 30min 后的漫反射红外吸收光谱见图 4.17。在 30℃静态吸附 CO 饱和后，三种催化剂均在 $2070cm^{-1}$、$2100cm^{-1}$ 和 $2030cm^{-1}$ 左右出现三个不同强度的吸收峰，其峰的归属在前文中已讨论。同时，在 $1830cm^{-1}$ 左右出现的吸收峰对应于桥式吸附态 CO（b）的伸缩振动。

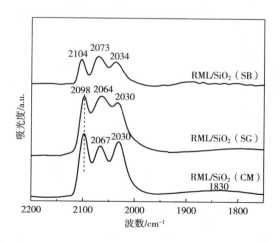

图 4.17　30℃下，各催化剂 CO 吸附 30min 后的红外谱图

由于 CO（gdc）和 CO（l）分别形成在 Rh^+ 和 Rh^0 中心上，因此由图 4.17 和表 4.8 的结果表明，三种催化剂上 CO 吸附能力及 CO（gdc）/CO（l）（Rh^+/Rh^0）

的大小顺序为：RML/SiO$_2$（CM）>RML/SiO$_2$（SG）>RML/SiO$_2$（SB）。由图 4.17
还可以看出，不同催化剂上吸附态 CO 的峰位置也有所不同。在 RML/SiO$_2$（SB）
催化剂上 CO（gdc）的吸收峰波数相对较高，而 RML/SiO$_2$（SG）催化剂上 CO
（1）的吸收峰波数则相对较低。由此表明，氧化物载体上的羟基会参与金属团簇
负载时成键，从而影响负载金属的价态，并影响金属对 CO 的吸附。

表 4.8　CO 吸附物种的峰面积比

催化剂	RML/SiO$_2$（SB）	RML/SiO$_2$（SG）	RML/SiO$_2$（CM）
CO（gdc）/CO（1）	1.5	1.7	2.3

为了将 CO 吸附行为与催化剂加氢反应性能相关联，又将饱和吸附 CO 的催化
剂在 H$_2$ 气氛中进行升温实验，结果如图 4.18 所示。在 H$_2$ 气氛下，各催化剂上吸

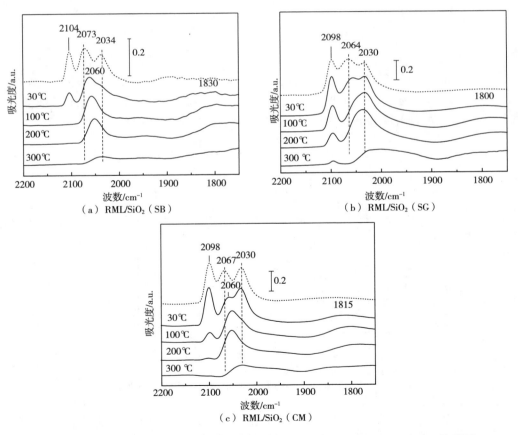

图 4.18　在 30℃下吸附 CO 饱和后，吸附态 CO 在氢气氛中随温度变化的红外谱图

附态 CO 的变化是不一样的。吸附态 CO 在 RML/SiO$_2$（SB）催化剂上变化非常快，CO（gdc）在 30℃时就迅速下降。当温度升到 100℃时，CO（gdc）已完全消失，而 CO（1）则有所增加。在之后的升温过程中，由于 CO 覆盖度逐渐下降，CO（1）向低频移动；当温度达到 200℃之后，CO（1）强度也迅速减弱。RML/SiO$_2$（CM）催化剂上吸附态 CO 的脱附行为与 RML/SiO$_2$（SB）相似，但 CO（gdc）吸收峰随温度升高而消退的速度变慢，在 200℃时该吸收峰仍然没有完全消失。CO（1）之所以随着 CO（gdc）的减少而增加可归因于 RML/SiO$_2$（SB）和 RML/SiO$_2$（CM）上的 Rh$^+$活性位在 H$_2$ 气氛中被还原为 Rh^0。对于 RML/SiO$_2$（SG）催化剂，表面吸附态 CO 的脱附行为跟前两者完全不同。随着温度的升高，CO（1）的吸收峰快速下降，而 CO（gdc）则在较高的温度下仍稳定存在。此外，三种催化剂上吸附态 CO 在 H$_2$ 气中的热稳定性也是不同的，由高到低排列为：RML/SiO$_2$（SG）>RML/SiO$_2$（CM）>RML/SiO$_2$（SB）。

红外光谱的结果表明，SiO$_2$ 的表面性质影响催化剂表面对 CO 吸附的状态及在氢气气氛中的稳定态。RML/SiO$_2$（SB）上的 CO（gdc）可以较为容易地转化为 CO（1），且在反应温度区域（200～300℃）内可以迅速被消耗；吸附在 RML/SiO$_2$（SG）上的 CO（gdc）在氢气氛中相当稳定，当温度升至反应温度时也很难脱附或反应。研究表明，CO（1）在表面羟基的作用下可以变换成 CO（gdc）；在 H$_2$ 作用下，CO（gdc）又可以被还原成 CO（1）。因此，认为 SiO$_2$（SB）上弱氢键作用的羟基与 Rh 的作用可以削弱 Rh—CO 键的强度，促进 CO（gdc）向 CO（1）的转变，加速吸附态 CO 的脱附或反应，从而提高了 CO 的转化率。SiO$_2$（SG）上强氢键作用的羟基与 Rh 的相互作用则起到了相反的效应。

4.2.5　CO—TPD 与 TPSR 表征结果

图 4.19（a）首先给出了三种催化剂的 CO 脱附曲线。根据之前的研究表明，105℃的脱附峰来源于线式吸附的 CO；160℃左右的脱附峰则归因于孪式 CO 的脱附；而高于 330℃的脱附峰则可能是桥式或更稳定的 CO 吸附物种的脱附。此外，CO（1）和 CO（gdc）的脱附量和红外结果相吻合。

在检测 CO 的同时，H$_2$ 和 CO$_2$ 的脱附信号也在 CO—TPD 过程中被跟踪，如图 4.19（b）所示。各个催化剂均在 160℃左右出现了 CO$_2$ 脱附峰，而这一区域正好也是 CO（gdc）的脱附范围。一般认为，这一温度产生的 CO$_2$ 来源于：$2CO_{(ad)} \rightarrow C_{(s)} + CO_2$。也就是说，吸附态 CO 首先解离成吸附在催化剂表面的碳原子及氧原子，吸附氧再与邻近吸附的 CO 反应生成 CO$_2$。以上证据表明 CO（gdc）的脱附通过两种途径：①直接脱附；②一分子 CO 解离后与另一分子 CO 反应生成 CO$_2$。RML/SiO$_2$（SB）催化剂在小于 200℃时的 CO$_2$ 脱附量明显高于另外两者，表明该催化剂对吸附态 CO 的解离效应更强。

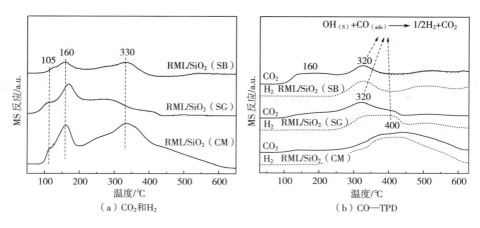

图 4.19　催化剂 CO—TPD 过程中 CO，CO_2 和 H_2 的脱附曲线

　　当温度超过 250℃ 时，CO_2 脱附峰变得更加宽化，同时还伴有 H_2 产生。这一过程一般认为是以下的反应产生：$CO_{(ad)} + OH_{(s)} \longrightarrow CO_2 + (1/2) H_2$。从图中可以发现，在 RML/SiO_2（CM）上的高温 CO_2 脱附峰位于 400℃，比在 RML/SiO_2（SB）和 RML/SiO_2（SG）上的 CO_2 脱附温度高出了 80℃。这进一步表明，RML/SiO_2（CM）表面羟基含量较小，羟基与 Rh 的作用较弱，因此不利于吸附态 CO 与羟基发生反应。

　　由于解离的 CO 在 Rh 基催化剂上加氢生成 CH_4 的速率非常快，所以 CH_4 的生成是表征催化剂 CO 解离能力的有效工具。图 4.20 给出了三种不同催化剂吸附 CO 后，在 H_2 气氛中程序升温过程中甲烷、一氧化碳和二氧化碳的脱出信号。如图所示，谱图出现了两个甲烷峰，一个在 255℃，另一个在 520℃ 左右。虽然出峰位置不变，但从峰面积上可以看出，在 RML/SiO_2（SG）上的甲烷生成量最大，而 RML/SiO_2（SB）的甲烷生成量最少。根据 Yuan 等的观点，甲烷生成量对应着催化剂表面生成甲烷的活性中心的数量，也就是说，三种催化剂表面甲烷生成中心的数量按以下顺序递减：RML/SiO_2（SG）>RML/SiO_2（CM）>RML/SiO_2（SB）。这一结论与各催化剂反应性能中表现出的甲烷选择性相一致。

　　结合 TPSR 和 CO—TPD 结果可以得到如下信息。①随着 TPSR 过程中 CH_4 的形成，原有 TPD 过程中桥式或更稳定的 CO 吸附物种的脱附峰完全消失，该现象表明 CH_4 是由强吸附的 CO 物种加氢形成的。②在 CO—TPD 过程中，当温度高于 250℃ 时，催化剂表面强吸附的 CO 容易与羟基反应生成 CO_2 及 H_2。但在 TPSR 过程中，250℃ 以后 CO_2 的脱附峰不再出现。这一现象表明，在大量 H_2 存在的条件下，强吸附的 CO 不再与羟基作用，而是直接加氢生成 CH_4。③当温度低于 250℃ 时，TPSR 过程中的 CO 脱附峰也与 CO—TPD 中的有所不同，只在 100～250℃ 间产

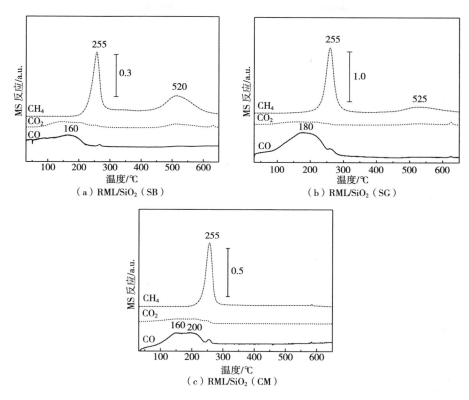

图 4.20　各催化剂在 TPSR 过程中 CO、CO₂ 及 CH₄ 的脱附曲线

生一个宽化的脱附峰。与催化剂 RML/SiO₂（SB）和 RML/SiO₂（CM）相比，催化剂 RML/SiO₂（SG）在 180℃左右形成了由孪式 CO 脱附产生的脱附峰，这跟在 H₂ 气氛中，通过红外观察到的 CO 解吸附现象相一致。这一结果表明，在 TPSR 过程中氢的溢流效应在较低的温度下就能发生，因此改变了原有 TPD 过程中吸附 CO 的脱附行为。同时，由于羟基与金属相互作用的差异会产生键强不同的吸附态 CO，这也会导致在氢溢流效应下不同催化剂上吸附态 CO 脱附行为的改变。

4.2.6　H₂—TPR 表征结果

图 4.21 给出了三个催化剂的 H₂—TPR 谱图。由图可见，在 RML/SiO₂（SB）催化剂上出现了三个还原峰。根据上文的讨论结果，高温峰为 Mn 氧化物的还原，两个低温峰分别归属于两种不同 Rh 氧化物的还原，根据温度由低到高区分为 Rh（Ⅰ）和 Rh（Ⅱ），而 Rh（Ⅱ）与 Mn 有较强的相互作用，因此受 Mn 的抑制作用较强，还原温度相对更高。与 RML/SiO₂（SB）相比，在 RML/SiO₂（CM）催化剂上 Rh（Ⅱ）还原的峰面积明显下降，Mn 的还原峰滞后，这表明该催化剂上 Rh、

Mn 的相互作用较弱。而在 RML/SiO₂（SG）催化剂上，Rh 与 Mn 的还原缩小到了一个很窄的范围，直接形成了一个还原峰，这表明 Rh、Mn 的相互作用较强。

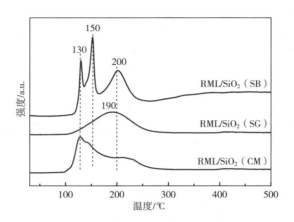

图 4.21　不同催化剂上的 TPR 曲线图

上述结果表明，在不同催化剂表面，金属活性组分间有着不同的相互作用。相互作用越强，Rh 与 Mn 的还原峰越靠近。丁云杰等认为，Rh 与 Mn 之间相对适中的相互作用更有利于 C₂₊ 含氧化合物的生成，这也与本节中的 H₂—TPR 结果相一致。

综合 H₂—TPR，FT—IR 及催化反应结果，提出了不同羟基—金属相互作用诱导下的催化反应模型（图 4.22）。SiO₂（CM）表面羟基较少，与金属之间的相互作用弱，使得 RML/SiO₂（CM）表面 Rh—Mn 的相互作用也很弱。与 RML/SiO₂

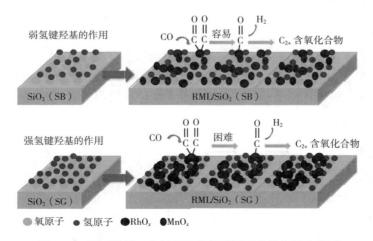

图 4.22　不同羟基—金属相互作用诱导下的催化反应模型

（CM）相比，SiO₂（SB）表面上的弱氢键羟基与金属之间的作用能使 Rh—Mn 之间达到一个适中的程度，同时也削弱了 Rh—CO 键的强度，可以促使 CO（gdc）向 CO（1）的转变，最终得到了较高的 CO 转化率和 C₂₊ 含氧化合物的选择性。在 RML/SiO₂（SG）上强氢键羟基会增强 Rh—Mn 的相互作用，这会抑制 CO（gdc）的转变，从而阻碍了 CO 转化及 C₂₊ 含氧化合物的生成。

4.2.7　小结

Rh—Mn—Li/SiO₂ 催化剂中载体 SiO₂ 的表面性质在很大程度上影响催化剂对 CO 加氢合成乙醇及其他含氧化合物的性能。与溶胶—凝胶法制备的 SiO₂ 和商业化的 SiO₂ 相比，以 Stöber 法合成的 SiO₂ 为载体的 Rh—Mn—Li/SiO₂ 催化剂表现出了最为优越的催化性能。在 300℃、3.0MPa 和 10000h⁻¹ 的反应条件下，该催化剂的 C₂₊ 含氧化合物的选择性及收率达到了 59.1% 和 146.8g/(kg·h)。

FT—IR 研究表明，不同方法制备的 SiO₂ 载体表面有着不同种类的羟基基团。H₂—TPR 结果表明，不同类型的羟基与负载金属的相互作用程度不同，从而进一步影响了 Rh、Mn 之间的相互作用。以 CO 作为探针分子的原位红外实验表明，在吸附态 CO 之中，CO（1）物种的反应活性相对更高。此外，SiO₂（SB）上弱氢键羟基有利于 Rh、Mn 之间发生较为适中的相互作用，同时也削弱了 Rh—CO 键的强度。这一效应促进了 CO（gdc）向 CO（1）的转变以及吸附 CO 的脱附或反应，最终加速了 RML/SiO₂（SB）催化 CO 转化生成 C₂₊ 含氧化合物。

4.3　Stöber 法制备条件对 SiO₂ 及 Rh—Mn—Li/SiO₂ 催化性能的影响

4.3.1　焙烧温度对 SiO₂ 及其催化剂性能的影响

4.3.1.1　催化剂的制备

载体 SiO₂ 利用 Stöber 法制得，具体制备步骤如下：在 15℃ 下将 50mL 20%（体积分数）正硅酸四乙酯的乙醇溶液缓缓滴加入由 76mL 氨水和 210mL 无水乙醇组成的混合液中，磁力搅拌 2h 后，静置陈化 4h。将所得悬浊液体用乙醇洗涤并离心分离三次，然后在 90℃ 烘箱内过夜干燥，所得 SiO₂ 最后分别在 90℃、350℃ 和 550℃ 焙烧 4h，分别标记为 SiO₂（90），SiO₂（350）和 SiO₂（550）。

催化剂利用等体积浸渍法制备。将 1.0g 载体 SiO₂ 等体积浸渍于 RhCl₃·3H₂O、Mn(NO₃)₂ 及 LiNO₃ 的混合溶液中，室温晾干后在 90℃ 干燥 8h，并继续在 110℃ 下干燥过夜，最后将催化剂置于马弗炉中 350℃ 焙烧 4h，得到的 Rh—Mn—

Li/SiO$_2$ 催化剂分别标记为 RML/SiO$_2$（90）、RML/SiO$_2$（350）和 RML/SiO$_2$（550），所有样品中 Rh、Mn、Li 的担载量（质量分数）均相同，分别为 1.5%、1.5%和0.075%。

采用 XRD、氮气吸脱附、SEM、TEM、FT—IR、H$_2$—TPR、CO—TPD 及 TPSR 等技术对制备好的催化剂进行表征。表征方法 2.1 所述，催化剂的活性测试方法如 2.2 中所述。

4.3.1.2 载体焙烧温度对 Rh—Mn—Li/SiO$_2$ 催化性能的影响

表 4.9 展示了不同温度焙烧的 SiO$_2$ 为载体制备的 Rh—Mn—Li/SiO$_2$ 催化剂在 300℃下催化 CO 加氢制 C$_2$ 含氧化合物的性能。由表可知，随着载体焙烧温度提高，CO 转化率逐步下降。以 SiO$_2$（90）为载体制得的催化剂的 CO 转化率高达 23.3%，而以 SiO$_2$（550）为载体制得的催化剂的 CO 转化率仅为 13.7%，相比前者下降了 41.2%。除此之外，三种催化剂上 C$_{2+}$ 含氧化合物的选择性也大不相同，大小顺序为：RML/SiO$_2$（350）> RML/SiO$_2$（550）> RML/SiO$_2$（90），对于 C$_{2+}$ 烃类的选择性大小顺序与之恰恰相反。比较三种催化剂的 CO 加氢反应性能可以得出，RML/SiO$_2$（350）催化剂获得了适中的 CO 转化率和最高的 C$_{2+}$ 含氧化合物选择性，最终使 C$_{2+}$ 含氧化合物的时空收率达到了最大，为 308.1g/（kg·h）。

表 4.9　不同 Rh—Mn—Li/SiO$_2$ 催化剂上的 CO 加氢反应性能

催化剂	CO 浓度/%	产物选择性/%					STY（C$_{2+}$ 含氧化合物收率）/（g·kg^{-1}·h^{-1}）
		CO$_2$	CH$_4$	MeOH	C$_{2+}$ Oxy	C$_{2+}$ HC	
RML/SiO$_2$（90）	23.3	8.2	14.2	7.0	22.4	48.1	165
RML/SiO$_2$（350）	18.7	2.0	11.2	2.5	53.4	30.9	308
RML/SiO$_2$（550）	13.7	5.5	10.1	3.5	48.8	32.0	208

4.3.1.3 形貌、织构和结构表征结果

为了研究载体焙烧温度引起的 Rh—Mn—Li/SiO$_2$ 催化剂催化性能差异的原因，对载体及相应催化剂的形貌、织构和结构特征进行了考察。图 4.23 给出了不同温度焙烧的 SiO$_2$ 载体的扫描电镜照。由图可以看出，Stöber 法制备的 SiO$_2$ 均为分散均匀的球体，小球的直径在 500~800nm。随着 SiO$_2$ 焙烧温度的升高，SiO$_2$ 球体表面的羟基缩合更加完全，因此小球表面逐渐光滑且形貌变得规整。

图 4.24 为 RML/SiO$_2$（90）和 RML/SiO$_2$（550）的透射电镜照片。如图所示，SiO$_2$ 载体呈明显的实心球体，这与 SEM 结果一致。从两者 Rh 粒子的负载及分布情况可以看出，RML/SiO$_2$（90）表面 Rh 颗粒尺寸分布较窄，分散度相对较高；

而 RML/SiO$_2$（550）表面 Rh 粒子尺寸分布较宽，分散度相对较低。此外，由于本 SiO$_2$ 载体为实心球体，球体整体的透光度较差，这导致了球体表面负载的 Rh 颗粒较难分辨。

（a）SiO$_2$（90）　　　　（b）SiO$_2$（350）　　　　（c）SiO$_2$（550）

图 4.23　不同温度焙烧后的 SiO$_2$ 载体的 SEM 照片

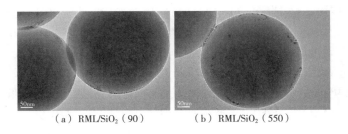

（a）RML/SiO$_2$（90）　　　　（b）RML/SiO$_2$（550）

图 4.24　不同催化剂的 TEM 照片

表 4.10 给出了各载体及相应 Rh 基催化剂的比表面积、孔径及孔容数据。结果表明，SiO$_2$（90）的比表面积（S_{BET}）达到了 268.3m^2/g，平均孔径只有 2.2nm。SiO$_2$（350）和 SiO$_2$（550）的 BET 比表面迅速减小，孔径增大。这是因为 SiO$_2$（90）焙烧温度低，表面 Si—OH 丰富且富集着大量的微小孔道，因此该样品比表面积大，孔径小。而当 SiO$_2$ 经 350℃ 或 550℃ 焙烧后，表面富集的 Si—OH 会进一步缩合，因此这些样品的比表面积较小（10～15m^2/g），孔径较大（6～10nm）。三种 SiO$_2$ 负载活性组分后，比表面积和孔径变得相当接近，原因是催化剂均经过 350℃ 焙烧了 4h。

表 4.10　载体及催化剂的比表面积（S_{BET}）、孔容（V_p）和孔径（D_p）

样品	S_{BET}/(m^2·g^{-1})	V_p/(cm^3·g^{-1})	D_p/nm
SiO$_2$（90）	268.3	0.053	2.2
SiO$_2$（350）	11.6	0.021	7.9

续表

样品	$S_{BET}/(m^2 \cdot g^{-1})$	$V_p/(cm^3 \cdot g^{-1})$	D_p/nm
SiO₂（550）	10.9	0.027	9.3
RML/SiO₂（90）	16.2	0.029	7.3
RML/SiO₂（350）	13.4	0.021	6.7
RML/SiO₂（550）	12.3	0.026	7.9

比较 SiO₂ 载体与相应催化剂的 XRD 谱图发现，负载金属后的催化剂均未出现 Rh 及其他金属的衍射峰。由此可见，虽然 Stöber 法制备的 SiO₂ 比表面积较小，但分散均匀的 SiO₂ 及圆滑的球体依然能使 Rh 及其他金属高度分散。结合反应数据也表明，催化剂的比表面积及孔径大小与催化性能没有直接的关联。

为了进一步探明焙烧温度对 SiO₂ 表面性质的影响，利用红外光谱对其表面结构进行了分析。如图 4.25（a）所示，随载体焙烧温度的升高，3600～3000cm⁻¹ 和 950cm⁻¹ 两个区域的吸收峰明显减弱，尤其当焙烧温度达到 550℃ 时，950cm⁻¹ 的吸收峰完全消失。研究表明，3600～3000cm⁻¹ 的吸收峰来源于吸附水及表面羟基的吸收振动峰，而 950cm⁻¹ 则归属于 Si—OH 的伸缩振动。焙烧温度较低时 SiO₂ 表面 Si—OH 丰富，经高温（550℃）焙烧后 SiO₂ 表面的 Si—OH 会缩合而脱水。另外，比较载体和相应催化剂的红外光谱（图 4.25）发现，负载金属之后的 SiO₂ 表面羟基数量有所减少，这表明金属在载体表面的铆合与载体表面羟基的作用密不可分。

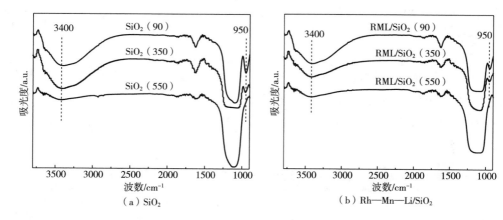

图 4.25　不同温度焙烧的 SiO₂ 载体及其催化剂的红外光谱

在上一章的讨论中可知，SiO₂ 表面的羟基与 Rh、Mn 之间有着较强的相互作用，因此羟基浓度的改变会影响金属分散状态和各组分之间的相互作用。陈建刚等在研究不同 SiO₂ 载体对 Co 基催化剂制烃的影响时也发现，SiO₂ 表面羟基的多少会影响负载金属的分散度，从而对其催化性能产生影响，这一结论与本文的结果基本一致。结合催化剂反应性能我们推测，SiO₂ 载体表面羟基及结构的变化可能是决定催化剂性能差异的关键因素。

4.3.1.4　H₂—TPD 表征结果

图 4.26 给出了不同样品的 H₂—TPD 谱图，而表 4.11 总结了各催化剂根据 H₂—TPD 峰面积计算出的氢吸附量。由图 4.26 可知，三个催化剂均只有一个 H₂ 吸附峰，峰面积随着载体焙烧温度的升高而下降。当 SiO₂ 的焙烧温度由 90℃ 升高至 550℃ 时，氢吸附量由 RML/SiO₂（90）时的 51.2μmol/g 降到了 RML/SiO₂（550）时的 29.8μmol/g。考虑到 SiO₂ 表面的羟基会在焙烧过程中脱除，因此较高焙烧温度的 SiO₂ 表面含有较低浓度的羟基基团。表面低浓度的羟基使载体和金属的相互作用减弱，从而导致了较低的 Rh 分散度或较大的 Rh 颗粒。由此表明，较高温度焙烧得到的 SiO₂ 会使负载 Rh 的分散度下降，从而使 Rh 的利用率降低，这与催化剂的催化性能相一致。

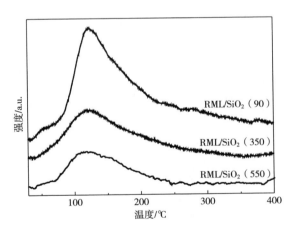

图 4.26　催化剂的 H₂—TPD 谱图

表 4.11　不同催化剂对 H₂ 的化学吸附量

催化剂	RML/SiO₂（90）	RML/SiO₂（350）	RML/SiO₂（550）
$H_{2ads}/(\mu mol \cdot g^{-1})$	51.2	37.1	29.8

4.3.1.5 CO吸附的原位红外表征结果

图4.27给出了各催化剂在30℃，经CO（80mbar）吸附饱和后的原位漫反射红外光谱。如图所示，三种催化剂均在2070cm⁻¹、2100cm⁻¹和2030cm⁻¹左右出现三个大小不等的吸收峰。由图可知，随着载体焙烧温度的升高，催化剂上各吸收峰的强度均逐渐减弱，这说明催化剂对CO的吸附能力随载体焙烧温度的升高而降低，而催化剂对CO的吸附能力与催化剂的催化活性有着直接的关系，三种催化剂上CO的转化率也印证了这一点。此外我们还可以看到，随着载体焙烧温度的升高，催化剂上CO（gdc）（约2100cm⁻¹和2030cm⁻¹）所占的比例逐步下降。在上一章中提到，CO（gdc）形成于孤立的Rh^+中心上，而CO（1）（约2070cm⁻¹）形成于Rh^0中心上。同时，Basu等认为表面羟基与铑的相互作用有利于将Rh^0的金属簇氧化成Rh^+。因此结合SiO₂表面的结构信息可以推断，表面Si—OH起着两种作用：①有助于负载金属在SiO₂表面的分散，从而提升催化剂吸附CO的效率；②能与金属Rh相互作用使其转变成为Rh^+中心，从而促进了CO（gdc）的形成。

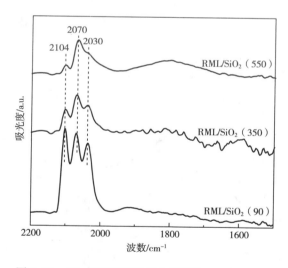

图4.27　CO在不同催化剂上吸附的FT—IR图谱

4.3.1.6 CO—TPD与TPSR表征结果

图4.28给出了三种催化剂在CO—TPD及TPSR过程中的CO脱附曲线。图中实线部分为CO—TPD过程中的CO信号，三种催化剂的CO脱附曲线非常相近。已有研究表明，不同种类的吸附CO的热稳定性为：CO（b）>CO（gdc）>CO（1）。因此，120℃左右的脱附峰来源于线式吸附的CO；160℃左右的脱附峰归因于孪式CO的脱附；高于230℃的脱附峰则可能是桥式或更稳定的CO吸附物种的脱附。此外，CO（1）和CO（gdc）的脱附量和红外结果相吻合。另一方面，TPSR过程中

的 CO 脱附曲线只在 100~250℃ 出现一个包峰，而在 CO—TPD 过程中出现的高于 230℃ 的 CO 脱附峰则不再出现。考虑到 TPSR 过程中 CH₄ 生成峰在 200℃ 之后，这说明 CH₄ 是由强吸附的 CO 物种加氢形成的。当然，相对 CO—TPD 过程，在 TPSR 过程中线式和孪式的 CO 吸附峰也会相应下降。这一现象表明，在较低的温度下 H₂ 就会在催化剂表面溢流，活化了吸附的 CO 物种，从而使其转变成了其他形式的吸附物种。

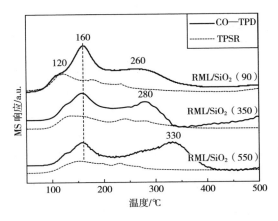

图 4.28　CO—TPD 和 TPSR 过程中 CO 的脱附曲线

图 4.29 给出了不同催化剂吸附 CO 后，在 H₂ 气氛中程序升温反应时 CH₄ 的变

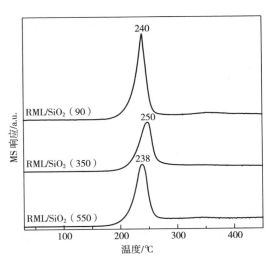

图 4.29　不同催化剂在 TPSR 过程中 CH₄ 的生成曲线

化曲线。如图所示，在催化剂 RML/SiO$_2$（90）和 RML/SiO$_2$（550）上形成的 CH$_4$ 峰对应的温度非常相近（约 240℃），而 RML/SiO$_2$（350）催化剂上 CH$_4$ 的产生温度则相对较高，峰的位置在 250℃ 左右。另外，三种催化剂上 CH$_4$ 的生成量相差较大，由大到小为：RML/SiO$_2$（90）＞RML/SiO$_2$（550）＞RML/SiO$_2$（350）。由于 CH$_4$ 的生成量对应着催化剂对吸附态 CO 的解离能力，因此以上结果也表明了三种催化剂对 CO 解离具有相同的强弱顺序。

根据 CO 加氢生成烃类和含氧化合物的反应机理可知，吸附态 CO 首先会解离成吸附 C 和吸附 O，然后碳物种加氢生成 CH$_x$ 中间体。CH$_x$ 可以直接加氢得到甲烷；若有 CO 插入则可生成含氧化合物的前驱体 CH$_x$CO，该前驱体进一步加氢得到含氧化合物；如果 CH$_x$ 与 CH$_x$ 之间发生链增长并进一步加氢就会生成多碳烃。一般认为，CH$_x$ 的直接加氢与 CO 插入是一对竞争反应，它们相互反应速率的快慢决定了 C$_2$ 含氧化合物的生成速率和选择性。因此，如要保持较高的 C$_2$ 含氧化合物生成活性，同时需要解离和未解离的 CO。结合催化剂的反应性能我们推断，正是由于 RML/SiO$_2$（350）催化剂适中的 CO 解离活性，平衡了 CH$_x$ 生成和 CO 插入反应的速率，从而促进了 C$_2$ 含氧化合物的生成。

4.3.1.7　H$_2$—TPR 表征结果

图 4.30 给出了不同催化剂的 H$_2$—TPR 谱图。由图可见，在三个催化剂上均出现了三个明显的还原峰。在第 3 章中已经提到，高温峰为 Mn 氧化物的还原，两个低温还原峰可分别归属于两种不同 Rh 氧化物的还原，根据温度由低到高区分为 Rh（Ⅰ）和 Rh（Ⅱ）的还原峰，而 Rh（Ⅱ）与 Mn 有较强的相互作用，因此还原温度相对更高。此外，随着载体焙烧温度的升高，Mn 的还原峰逐渐向低温方向移动并增强，同时与 Mn 存在较强相互作用的 Rh（Ⅱ）还原峰的面积也逐渐增强。

已有的研究表明，在 Rh 基催化剂中加入助剂 Mn 以后，原有的 Rh 氧化物的还原峰温度会上升，而 Mn 自身的还原峰温度则下降，根据 Rh 与 Mn 还原峰之间的温差可以推断催化剂中 Rh—Mn 相互作用的大小。H$_2$—TPR 结果表明，随着载体 SiO$_2$ 焙烧温度升高，催化剂中 Rh—Mn 相互作用会逐渐增强。结合红外分析中得到的信息可以推断，低温焙烧的 SiO$_2$ 表面存在较多的羟基，羟基的存在阻隔了载体表面 Rh 与 Mn 的相互接触并促进了金属在载体表面的分散，使得 Rh—Mn 相互作用减弱。随着载体焙烧温度的升高，羟基之间不断缩合，SiO$_2$ 表面羟基量逐渐减少，使得 Rh—Mn 相互作用增强。

综合上述 H$_2$—TPR、TPSR 及原位红外等表征结果，发现如果载体的焙烧温度太低（90℃），Rh—Mn 相互作用就会太弱，助剂 Mn 的协同效应很难显现，导致 C$_2$ 含氧化合物的生成速率较低。如果载体的焙烧温度太高（550℃），这时 Rh—Mn 相互作用太强，Mn 的氧化物在还原过程中会覆盖到 Rh 金属颗粒的表面，导致催化剂吸附 CO 能力的下降，使得催化剂的活性降低。只有当载体的焙烧温度到达

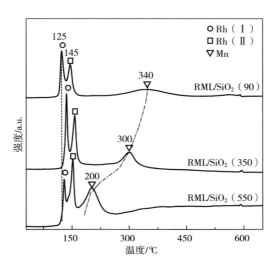

图 4.30　不同催化剂的 H₂—TPR 谱图

一个适当值（350℃）时，由于 Rh—Mn 相互作用适中，此时不仅有助于发挥 Mn 的助催化作用，又能获得合适的 CO 吸附和解离能力，从而提高了 CO 加氢反应活性和 C₂ 含氧化合物的选择性。陈维苗等在研究干燥时间对 Rh—Mn—Li—Ti/SiO₂ 催化性能影响时发现，适当强度的 Rh—Mn 相互作用可以提高 Rh 的催化活性。

4.3.2　氨水浓度对 SiO₂ 及其催化剂性能的影响

4.3.2.1　催化剂的制备

载体 SiO₂ 利用 Stöber 法制得，具体制备步骤如下：在 15℃ 下将 50mL 20%（体积分数）正硅酸四乙酯的乙醇溶液缓缓滴加入由 76mL 氨水（或 8mL 氨水）和 210mL 无水乙醇组成的混合液中，磁力搅拌 2h 后，静置陈化 4h。将所得悬浊液用乙醇洗涤并离心分离三次。离心产物在 90℃ 烘箱内过夜干燥，最后在 350℃ 焙烧 4h 得到 SiO₂ 载体。高浓度氨水制备的样品标记为 SiO₂（H）[该载体与 3.2.1 节中的 SiO₂（350）相同]，低浓度氨水制备的标记为 SiO₂（L）。

催化剂制备方法同 7.2.1，催化剂分别标记为 RML/SiO₂（H）和 RML/SiO₂（L），反应后的催化剂分别标记为 RML/SiO₂（H）—UD 和 RML/SiO₂（L）—UD。

采用 TEM、FT—IR、H₂—TPR 及 TPSR 等技术对制备好的催化剂进行表征。表征方法如 2.1 节所述，催化剂的活性测试方法如 2.2 节中所述。

4.3.2.2　氨水浓度对 Rh—Mn—Li/SiO₂ 催化性能的影响

图 4.31 给出了在两种氨水浓度下合成的 SiO₂ 为载体所制备的 Rh-Mn-Li/SiO₂ 催化剂上 CO 加氢反应的性能。结果发现，RML/SiO₂（L）与 RML/SiO₂（H）的

催化性能随时间变化差异很大，其中 RML/SiO$_2$（L）的催化性能随时间变化较大。随着反应的进行，CO 转化率先略有下降后慢慢上升，C$_2$ 含氧化合物的选择性则是随着烃类选择性的逐步上升而快速下降，最终 C$_2$ 含氧化合物的选择性稳定在 12% 左右。由于 C$_2$ 含氧化合物选择性的下降，C$_2$ 含氧化合物空时产率由最初的 300g/（kg·h）落到了 80g/（kg·h）左右。RML/SiO$_2$（H）与 3.2.1 节中所述的 RML/SiO$_2$（350）为同一样品。从图 4.31（b）可以看出，RML/SiO$_2$（H）的催化性能随时间增加表现平稳，CO 转化率保持在 13% 左右，C$_2$ 含氧化合物的选择性稳定在 57% 左右，而 C$_2$ 含氧化合物收率可以达到 280g/（kg·h）。而 RML/SiO$_2$（L）的催化性能随时间变化较大。为了明确 RML/SiO$_2$（L）催化活性下降的原因，对新鲜催化剂和反应过后的催化剂进行了表征。

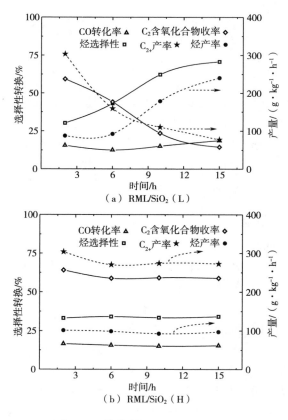

图 4.31　催化剂性能随时间的变化

4.3.2.3　TEM 表征结果

图 4.32 对比了 RML/SiO$_2$（H）、RML/SiO$_2$（L）及其使用后催化剂的透射电

镜照片。由于实验选用的 SiO₂ 载体为实心球体，球体整体的透光度较差，导致球体表面负载的 Rh 颗粒较难分辨。因此，主要以 SiO₂ 球体边缘观察到的现象为准。如图所示，RML/SiO₂（H）和 RML/SiO₂（L）两者均为实心球体，球体直径在 500nm 左右。进一步比较发现，RML/SiO₂（H）表面平整光滑；RML/SiO₂（L）表面则凹凸不平，而且黏附着一些未成形的小颗粒 SiO₂。比较两者 Rh 粒子的负载及分布情况可以看出，RML/SiO₂（H）表面 Rh 颗粒尺寸分布较窄，分散度相对较高；而 RML/SiO₂（L）表面 Rh 粒子尺寸分布较宽，分散度相对较低。经反应过后，RML/SiO₂（H）—UD 表面的 Rh 颗粒未发生明显的变化；而 RML/SiO₂（L）—UD 表面 Rh 颗粒团聚现象十分明显，Rh 颗粒的粒径显著增大。

上述结果表明，RML/SiO₂（H）催化剂表面光滑，Rh 颗粒在反应前后没有发生明显变化，因此催化剂随时间变化不明显，反应性能相对稳定。而 RML/SiO₂（L）催化剂表面凹凸不平，Rh 颗粒在反应中容易发生团聚，所以催化剂在反应过程中性能会不断发生变化。

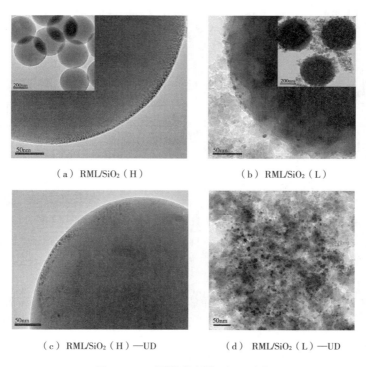

（a）RML/SiO₂（H）　　　　　　（b）RML/SiO₂（L）

（c）RML/SiO₂（H）—UD　　　　　（d）RML/SiO₂（L）—UD

图 4.32　不同催化剂的 TEM 照片

4.3.2.4　H₂—TPR 表征结果

图 4.33 给出了两种催化剂反应前后的 H₂—TPR 谱图。由图可见，在 RML/

SiO$_2$（H）催化剂上出现了三个还原峰，峰的归属如上文所述，320℃峰为 Mn 的还原，140℃和160℃的两个峰为 Rh 的还原。对于 RML/SiO$_2$（L）催化剂，Rh 与 Mn 的还原峰发生了明显靠拢，Mn 的还原峰明显往低温方向迁移。这一现象表明，SiO$_2$（L）表面的凹凸使其表面形成褶皱，这有利于 Rh、Mn 在局部区域内的充分接触，增加了 Rh 与 Mn 的相互作用。对反应后催化剂进行 TPR 表征时我们发现，还原峰都明显宽化，且还原峰的面积减小。比较 RML/SiO$_2$（H）—UD 和 RML/SiO$_2$（L）—UD 的还原峰位置可以发现，RML/SiO$_2$（L）—UD 的 Rh 还原峰明显高于 RML/SiO$_2$（H）—UD。另一方面，RML/SiO$_2$（L）—UD 中 Mn 的还原峰也严重滞后（350℃），这也说明 RML/SiO$_2$（L）催化剂反应后 Rh 与 Mn 颗粒均发生团聚，Rh、Mn 之间的相互作用反而减弱。

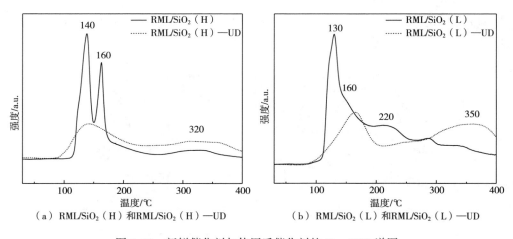

图4.33　新鲜催化剂与使用后催化剂的 H$_2$—TPR 谱图

上述结果表明，相对 RML/SiO$_2$（H）而言，RML/SiO$_2$（L）的表面金属在反应后更容易发生变化，使得 Rh、Mn 颗粒变大，因此在一定程度上抑制了 Rh、Mn 的还原，削弱了 Rh、Mn 的相互作用。

4.3.2.5　FT—IR 表征结果

图4.34给出了各催化剂在30℃下，经 CO（80mbar）吸附饱和后的原位漫反射红外光谱。各催化剂均在2070cm^{-1}、2100cm^{-1}和2030cm^{-1}左右出现三个大小不等的吸收峰，与之前所述一致，分别代表线式和孪式 CO 的吸附。由图4.34（a）可知，新鲜的两种催化剂存在着相同的吸附状态和强度。只是 RML/SiO$_2$（L）的孪式吸附峰位置比 RML/SiO$_2$（H）向低波数偏移了大约4cm^{-1}。从催化活性数据上来讲，在反应初期，两种催化剂确实具有类似的性能，C$_2$含氧化合物和烃类的收率分布也基本一致。

从反应后催化剂的红外谱图可以看出［图4.34（b）］，反应后催化剂对 CO

的吸附明显减弱。从红外吸收峰型上来看，RML/SiO₂（H）基本保持了原催化剂孪式与线式的比例；而 RML/SiO₂（L）上孪式吸附的比例明显减少。一般认为，孪式吸附的出现与催化剂活性组分的高分散度相关，这也证明了 RML/SiO₂（L）反应后更容易使 Rh 金属团聚，分散度下降，使得有利于形成孪式吸附 CO 的 Rh⁺中心减少。

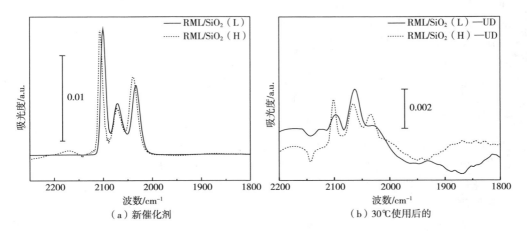

图 4.34　30℃下，CO 吸附稳定后的红外谱图

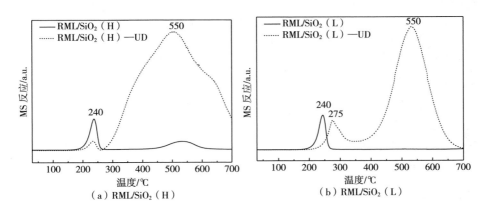

图 4.35　在催化剂 TPSR 过程中 CH₄ 的生成曲线

4.3.2.6　TPSR 表征结果

图 4.35 给出了不同催化剂吸附 CO 后，在 H₂ 气氛中程序升温反应生成 CH₄ 的曲线。由图可以看出，新鲜催化剂均在 240℃ 出现一个大小相当的 CH₄ 峰，同时 RML/SiO₂（H）还在 550℃ 左右有一个小峰。反应后催化剂的 TPSR 谱图明显发生了变化。如在 400～700℃ 出现了一个大包峰。由于此峰的峰面积过大，因此我们初

步判断该峰不是吸附 CO 加氢所致。为了解析该现象，做一组对照实验，在不进行预吸附 CO 的前提下进行相应的程序升温。结果发现，在这一过程中反应后催化剂在 400~700℃ 的大包峰依然存在，这表明该峰不是 CO 加氢所致，而极有可能是反应后催化剂表面的积碳加氢所致。相对 RML/SiO₂（H）而言，RML/SiO₂（H）—UD 的 CH₄ 峰位置基本没有变化（240℃），但峰面积明显变小。这表明，RML/SiO₂（H）反应后 Rh 的状态没有发生明显变化，但由于反应后的积碳覆盖了催化剂表面部分 Rh 颗粒，因此 Rh 的活性中心数量下降，CH₄ 峰面积减少。而 RML/SiO₂（L）原有的 240℃ 甲烷峰在反应过后明显向高温方向偏移（275℃）。由此推断，RML/SiO₂（L）—UD 表面金属颗粒发生了团聚，改变了 Rh 的状态及其对 CO 的吸附能力，最终导致 TPSR 过程中 CH₄ 生成温度的升高。

4.3.3 小结

本章在 Stöber 法合成 SiO₂ 载体的基础上，进一步考察了载体制备时焙烧温度、氨水浓度等制备条件对 SiO₂ 载体性质及其负载 Rh 催化剂催化性能产生的影响。

通过改变焙烧温度可有效调节 SiO₂ 表面羟基数量，从而影响 Rh、Mn 之间的相互作用，改变金属在 SiO₂ 表面的分散度。原位漫反射红外结果表明，载体表面羟基数量的增加有助于 Rh 颗粒在载体表面的分散和对 CO 的吸附，从而增强了 Rh—Mn—Li/SiO₂ 催化剂的催化活性。结合 TPSR 和 H₂—TPR 表征结果可以发现，SiO₂ 经 350℃ 焙烧后载体表面适当数量的羟基能获得适中的 Rh—Mn 相互作用，使 RML/SiO₂（350）催化剂得到合适的 CO 吸附和解离性能，有利于 CO 插入反应的进行，从而获得相对较高的 C₂₊ 含氧化合物选择性。

在研究氨水浓度对制备的 SiO₂ 性能的影响时发现，当制备过程中氨水浓度过低时，SiO₂ 小球表面凹凸不平，负载 Rh 后的催化剂在反应时表面 Rh 颗粒容易长大，Rh 与 Mn 的相互作用减弱，导致催化向加氢方向发展，不利于 C₂₊ 含氧化合物的生成。在制备过程中氨水浓度相对较高时，所制得的 SiO₂ 小球表面平整光滑，负载 Rh 后的催化剂在反应过程中性能稳定，从而有利于 C₂₊ 含氧化合物选择性的提高。

第5章 改性 Rh—Mn—Li/SiO$_2$ 催化 CO 加氢制备 C$_{2+}$ 含氧化合物及性能研究

5.1 PVP 改性的 SiO$_2$ 载体对 Rh—Mn—Li/SiO$_2$ 催化性能的影响

5.1.1 概述

乙醇和其他 C$_2$ 含氧化合物（如乙醛和乙酸）是重要的燃料添加剂。因此，合成气（来源于天然气、煤和生物质等）直接合成 C$_2$ 含氧化物是最重要的社会发展技术。目前，研究发现 Rh 基催化剂在催化合成气制备碳二含氧化合物方面表现出独特的催化性能。然而，单纯的 Rh 组分具有较差的催化性能，其主要的生成产物是烃类产物。因此，接下来的研究重点是通过添加助剂或改进载体来提高 Rh 基催化剂的催化活性。

由于 SiO$_2$ 有较大的比表面积和良好的稳定性，经常用作 Rh 基催化剂的载体。Solymosi 等认为 SiO$_2$ 表面的羟基基团在改变金属氧化物状态方面起重要的作用，并且认为 Rh$^+$ 活性位可以通过 SiO$_2$ 表面羟基氧化 Rh^0 簇来形成。Chen 等研究发现如果用 20～40 目 SiO$_2$ 代替 14～20 目 SiO$_2$ 为载体时，能得到具有更好分散度的 Rh 金属颗粒，而且颗粒尺寸大小比较均匀。在先前的研究中发现，相对于溶胶—凝胶法制备的 SiO$_2$ 和商业 SiO$_2$ 而言，用 Stöber 法合成的单分散的 SiO$_2$ 为载体负载 Rh—Mn—Li 催化剂在 CO 加氢制 C$_2$ 含氧化合物的反应中表现出了优异的催化性能。并且 Stöber 法合成的 SiO$_2$ 和一般 SiO$_2$ 相比，其表面有不同的羟基基团，使其与负载金属的相互作用程度不同。研究表明，Stöber 法合成的 SiO$_2$ 表面弱氢键的羟基能够削弱 Rh—CO 键的强度，加速 CO 转化生成 C$_2$ 含氧化合物，最终使得 C$_2$ 含氧化合物的选择性增加。该结果也证明了羟基—金属相互作用会影响 Rh 颗粒上 CO 吸附形式的变化，从而导致催化性能的改变。

Li 等在 Stöber 法合成 SiO$_2$ 的制备过程中掺杂 PVP，意在改变 SiO$_2$ 的孔道结构，再将制备了 Ni@SiO$_2$ 催化剂用于甲烷部分氧化制合成气的反应中。研究结果表明，PVP 掺杂提高了 SiO$_2$ 的孔隙率，进而优化了 Ni 颗粒的尺寸大小，促进了反应性能。基于这些研究结果推测 PVP-改进的 Stöber 法能够影响 SiO₂ 的表面性质，从而影响 Rh—Mn—Li/SiO₂ 催化剂催化 CO 加氢的反应活性。因此，本章主要研究了 PVP-改进的 Stöber 法制备的 SiO₂ 负载 Rh—Mn—Li 催化剂对 CO 加氢反应活性的影响。然后，进一步探究催化剂的 CO 加氢性能与 Rh、Mn 和 SiO₂ 之间相互作用的关系。

5.1.2 催化剂性能评价

表 5.1 给出了不同含量 PVP 改性的 Rh 基催化剂催化 CO 加氢制 C_2 含氧化合物的反应性能。从表中可以看出，添加 PVP 之后催化剂的催化性能得到明显改善，CO 的转化率和 C_2 含氧化合物的选择性均随着 PVP 含量的增加而增加，当 PVP 的掺杂量为 1g 时，CO 转化率和 C_2 含氧化合物的时空收率均达到最大，分别为 24.8% 和 290.4g/（kg·h）。如果 PVP 掺杂量进一步增加，催化剂的催化性能明显下降。此外，催化剂上 CO 转化的频率转化因子（TOF）与 CO 转化率的变化趋势是一致的。有趣的是，掺杂 PVP 之后乙醇的选择性却没有明显变化，但是乙醛的选择性急剧增加，这说明 PVP 的添加确实加速了乙醛的形成。对于 RML/SiO₂（0.5）和 RML/SiO₂（1）催化剂而言，烃类的选择性明显下降，表明加入适量 PVP 后催化剂的加氢能力受到抑制。

表 5.1 PVP 改性对 RML/SiO₂ 催化性能的影响

| 催化剂 | CO 转化率/% | TOF/ s^{-1} | 产物选择性/% | | | | | | | STY（C_{2+} 含氧化合物收率）/（g· kg^{-1} · h^{-1}） |
			CO_2	CH_4	MeOH	AcH	EtOH	C_{2+} HC	C_{2+} Oxy	
RML/SiO₂	18.9	0.152	3.8	17.1	4.3	18.6	14.4	37.6	37.2	192.3
RML/SiO₂（0.5）	22.3	0.169	3.4	13.8	3.0	22.1	14.4	36.4	43.4	262.5
RML/SiO₂（1）	24.8	0.183	3.6	14.1	2.7	21.5	14.7	36.1	43.5	290.4
RML/SiO₂（3）	19.8	0.154	2.9	14.4	2.5	21.0	13.6	39.3	40.9	222.2

图 5.1 是 RML/SiO₂（1）催化剂的 CO 转化率和 C_{2+} 氧化物选择性随时间的变化曲线。从图中可以看出，CO 转化率和 C_{2+} 含氧化合物选择性在反应前 15h 期间明显降低，但在 15h 后反应达到稳定，催化活性几乎没有下降，直到 300h。

5.1.3 热重分析结果

图 5.2 给出了未焙烧载体和 PVP 的失重曲线。如图可知，未焙烧载体从室温升温至 600℃发生连续的重量损失。重量损失的过程可以主要分为两个步骤：从室

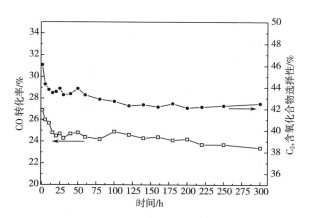

图 5.1　RML/SiO₂（1）催化剂上 CO 转化率与 C₂₊含氧化合物选择性随时间的变化

温到 150℃观察到的重量损失应该归因于吸附水的解吸；结合 PVP 的失重曲线 [图 5.2（b）]，重量损失的第二步从约 250℃开始至 600℃结束，这可归因于 PVP 分解以及催化剂表面氧化物的分解。

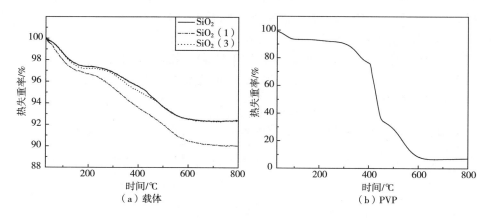

图 5.2　不同载体和 PVP 前驱体的热重曲线

5.1.4　催化剂的结构和结构性质

不同催化剂的 XRD 谱图如图 5.3 所示，在 $2\theta = 22.5°$ 处出现了一个宽化的 SiO₂ 包峰，这说明在催化剂样品中 SiO₂ 是以无定型的形式存在。图中没有发现其他金属粒子的衍射峰，这表明负载金属颗粒在 SiO₂ 载体表面高度分散，或者因其含量较低未能达到 XRD 检出限。

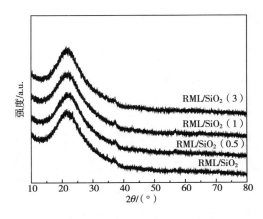

图 5.3　各催化剂的 XRD 谱图

表 5.2 给出了不同 SiO₂ 载体和相应 Rh 基催化剂的比表面积、孔容、孔径及化学吸附数据。从表中可以看出，所有载体的比表面在 8.0m²/g 左右，与文献相一致载金属颗粒之后比表面均有所降低。孔径方面，SiO₂ 孔径为 7.9nm，SiO₂（0.5）和 SiO₂（1）载体的孔径有所增加，表明在合成过程中适量 PVP 的添加能够掺杂进入 SiO₂ 中，焙烧过程中 PVP 的降解使得孔径增大。根据 H₂—TPD 计算的氢吸附量数据见表 5.2。随着 PVP 含量的增加，氢吸附量先增加后减少，RML/SiO₂（1）催化剂上氢的吸附量达到最大值。

负载金属颗粒之后，载体孔径并未发现明显变化，可能是因为催化剂上负载的 Rh 和助剂浓度较低。结合活性评价数据，催化剂的比表面和孔径大小与催化剂的催化性能没有直接联系。

表 5.2　样品的比表面积（S_{BET}）、孔容（V_p）、孔径（D_p）及化学吸附数据

样品	$S_{BET}/(m^2 \cdot g^{-1})$	$V_p/(cm^3 \cdot g^{-1})$	D_p/nm	H₂ 化学吸附/（μmol · g⁻¹）
SiO₂	8.0	0.050	7.9	—
SiO₂（0.5）	8.2	0.061	9.0	—
SiO₂（1）	8.5	0.062	8.9	—
SiO₂（3）	7.9	0.054	8.1	—
RML/SiO₂	4.5	0.037	7.4	23.1
RML/SiO₂（0.5）	4.6	0.041	8.4	24.6
RML/SiO₂（1）	4.4	0.038	8.5	25.2
RML/SiO₂（3）	4.3	0.042	7.7	23.9

　　图 5.4 是不同催化剂的 TEM 图和相应的 Rh 颗粒粒径分布图。如图 5.4（a）、5.4（c）、5.4（e）所示，载体均是直径为 500nm 左右表面光滑的单分散实心圆球。图 5.4（b）、5.4（d）、5.4（f）是所对应催化剂的形貌图。从图中看出，负载在 SiO₂（1）载体上的 Rh 颗粒尺寸大小比较均匀，颗粒尺寸在 17nm 左右。然而，与 RML/SiO₂（1）催化剂相比，负载在 SiO₂ 和 SiO₂（3）载体上的 Rh 金属颗粒尺寸分布较广，并且颗粒尺寸有增大的趋势。

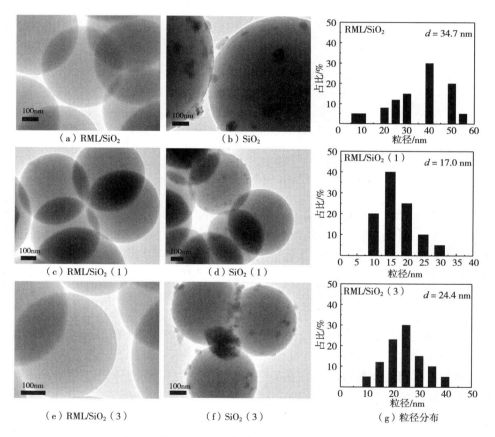

图 5.4　各个载体及相应催化剂的 TEM 图及 Rh 颗粒尺寸分布图

　　结合催化活性结果判断，Rh 的颗粒尺寸能影响 RML/SiO₂ 催化剂催化 CO 加氢性能和产物选择性。负载在适量 PVP 掺杂的 SiO₂ 载体上的 Rh 金属颗粒尺寸较小并且比较均匀，因此 RML/SiO₂（1）催化剂有优异的催化活性和较高的 C₂₊含氧化合物选择性。

　　为了研究载体表面性质对 RML/SiO₂ 催化剂催化 CO 加氢性能的影响，对载体和相应催化剂进行了红外分析。图 5.5 是 300℃、N₂ 气氛中不同 SiO₂ 载体和相应催化剂的红外谱图。如图所示，在谱图中有两个主要的吸附区域：第一个是由于弱氢键作用的羟基振动吸收峰，吸收峰的大致位置在 3672cm^{-1} 处；第二个是在 3500～2750cm^{-1} 区域内的 3465cm^{-1} 处的吸收峰，源于 H_2O 的吸收峰和强氢键的羟基振动峰。

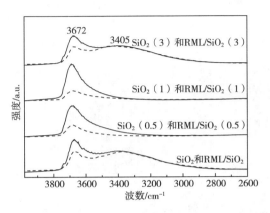

图 5.5　300℃下 N_2 气氛中不同 SiO_2 载体及相应催化剂的红外光谱

如图 5.5 所示，不同载体表面的各种羟基的吸收峰强度不同。在 SiO_2（0.5）和 SiO_2（1）载体表面几乎全是弱氢键作用的羟基，而 SiO_2 和 SiO_2（3）载体表面覆盖较多的强氢键作用的羟基和部分弱氢键作用的羟基。结果表明，SiO_2 和 SiO_2（3）载体具有类似的表面性质，并且结合热重的研究结果表明，过多含量 PVP（3g）的添加没有成功掺杂进 SiO_2 内部。此外，负载金属组分以后，各催化剂表面羟基发生了明显的改变：弱氢键作用的羟基迅速下降，强氢键作用的羟基几乎不变。这种现象可能是由于金属组分与载体表面弱氢键作用的羟基发生强的相互作用引起的。与 SiO_2 和 SiO_2（3）载体相比，SiO_2（0.5）和 SiO_2（1）载体表面被更多的弱氢键作用的羟基所覆盖，在催化剂制备过程中会与更多的金属组分发生相互作用，从而导致 SiO_2（0.5）和 SiO_2（1）负载的催化剂表面弱氢键作用的羟基迅速下降。

结合活性数据和 TEM 表征结果进一步推测，在 SiO_2（0.5）和 SiO_2（1）表面会发生更多的金属—羟基相互作用，这更有利于 Rh 颗粒的分散，并最终使得 RML/SiO_2（0.5）和 RML/SiO_2（1）催化剂有优异的催化性能。

5.1.5　催化剂的还原性能（H_2—TPR）

采用 H_2—TPR 表征来探究催化剂的还原性能。图 5.6 给出了不同 Rh—Mn—Li/SiO_2 催化剂的 H_2—TPR 谱图。如图所示，四种催化剂中均出现了三个耗氢峰，有文献报道，较低温度的两个峰是 Rh_2O_3 的还原峰，温度从低到高分别 Rh（Ⅰ）

的还原峰（与 Mn 物种没有紧密相互作用 Rh 氧化物的还原峰）、Rh（Ⅱ）物种的还原峰（与 Mn 物种有紧密相互作用 Rh 氧化物的还原峰），处于 200℃ 左右的较高温度的耗氢峰可归属为 MnO$_2$ 的还原峰。

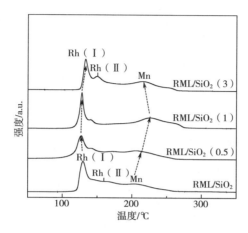

图 5.6　各个催化剂的 H$_2$-TPR 图

如图 5.6 所示，随着 PVP 掺杂量的增加，MnO$_2$ 的还原峰向高温处偏移，同时 Rh$_2$O$_3$ 的还原峰温度向低温处偏移。Rh 和 Mn 氧化物还原峰之间的温度宽度可以作为 Rh—Mn 相互作用强度的判断依据，Rh、Mn 氧化物的还原峰之间距离越远，表明 Rh—Mn 之间相互作用越弱。综上可知，不同催化剂上 Rh—Mn 相互作用强弱的顺序为：RML/SiO$_2$> RML/SiO$_2$（3）> RML/SiO$_2$（0.5）> RML/SiO$_2$（1），这说明适量 PVP 的添加能够削弱 Rh—Mn 之间的相互作用。

结合红外观察到的羟基信息和 TEM 研究结果，推测 SiO$_2$（0.5）和 SiO$_2$（1）表面较多的弱氢键作用的羟基能够使金属颗粒在催化剂表面更加分散，使得金属组分和弱氢键羟基之间的相互作用增强，这些作用能够明显减弱 Rh—Mn 相互作用。

5.1.6　CO—IR 表征结果

图 5.7 是不同 Rh—Mn—Li/SiO$_2$ 催化剂在 30℃ 下吸附 CO 饱和后的原位红外光谱图。四种催化剂均在 2068cm^{-1}、2100cm^{-1} 和 2037cm^{-1} 附近出现吸收峰。根据文献，2068cm^{-1} 左右的吸收峰可归属为线式吸附态 CO（l）的伸缩振动，而 2100cm^{-1} 和 2037cm^{-1} 左右这一对肩峰可归属于孪式吸附态 CO（gdc）的对称和反对称伸缩振动。一般认为，线式 CO 主要吸附在 Rh^0 上，而孪式 CO 主要吸附在 Rh$^+$上。从图中看出 CO 的吸附强度按以下顺序增加 RML/SiO$_2$<RML/SiO$_2$（3）< RML/SiO$_2$（0.5）<RML/SiO$_2$（1）。CO 的吸附强度与 Rh 的分散度相一致，也就

是说适量 PVP 的添加能够增加载体表面 Rh 的分散性，抑制大颗粒 Rh 的形成，此结果与 TEM 相符。RML/SiO$_2$（1）催化剂上 CO 吸附峰面积最大，那么吸附的 CO 数量也是最多的。CO 吸附数量的增加意味着可参与反应的 CO 数量增加，这与催化剂的活性评价结果相一致。

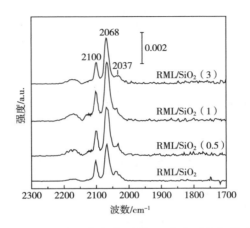

图 5.7　30℃下 He 气氛中吸附 CO 饱和后的红外光谱

图 5.8 是 300℃流动状态下，催化剂吸附 CO 进而与 H$_2$ 反应的红外谱图。由图可知，300℃下，CO 的吸附形式主要是线性吸附，并且随着时间的变化，CO（1）的吸附强度逐渐降低。CO（1）吸附强度按以下顺序降低：RML/SiO$_2$（1）≈ RML/SiO$_2$（0.5）< RML/SiO$_2$ ≈ RML/SiO$_2$（3）。这可能是由于 SiO$_2$（0.5）和 SiO$_2$（1）表面较强的羟基—金属相互作用削弱了 Rh—Mn 之间的相互作用，而弱的 Rh—Mn 相互作用抑制了 Rh 颗粒的加氢活性，减少了因为加氢反应过程中吸附态 CO 的消耗，从而导致 RML/SiO$_2$（0.5）和 RML/SiO$_2$（1）催化剂的加氢活性比较弱，进而有利于含氧化合物的生成。

5.1.7　TPSR 表征结果

不同 PVP 掺杂量的 RML/SiO$_2$ 催化剂的 TPSR 曲线如图 5.9 所示。甲烷形成峰温度可以作为检测 CO 解离能力强弱的手段。从图中可以看出，随着 PVP 含量的增加甲烷的形成温度有所降低，这表明 PVP 掺杂促进了 CO 的解离，使得 CO 转化率提高。

表 5.3 计算了不同催化剂上 CH$_4$ 的峰面积。从表中可以看出，催化剂添加 PVP 之后 CH$_4$ 峰面积减少，说明 PVP 的添加降低了 CH$_x$ 的加氢能力。由于 CH$_x$ 加氢生成 CH$_4$ 与 CH$_x$ 羰基化生成 C$_2$ 含氧化合物的前驱物种是一对竞争反应，所以 CH$_4$ 峰面积的减少更有利于 C$_2$ 含氧化合物的生成。当 PVP 含量为 1g 时，甲烷峰

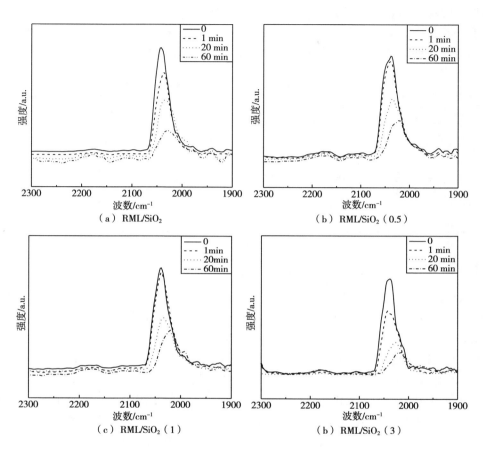

（a）RML/SiO₂

（b）RML/SiO₂（0.5）

（c）RML/SiO₂（1）

（b）RML/SiO₂（3）

图 5.8　300℃流动态下不同催化剂吸附 CO 饱和及加氢反应的红外光谱

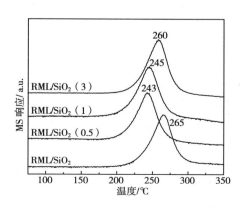

图 5.9　不同催化剂的 TPSR 图

的形成温度适中且相比于其他催化剂而言峰强度适中。这说明 RML/SiO$_2$（1）催化剂具有适中的 CO 解离活性和温和的加氢性能，平衡了 CH$_4$ 的生成和 CO 插入反应的速率，使该催化剂拥有最高的 C$_2$ 含氧化合物的选择性。

表 5.3　不同催化剂中甲烷的形成峰面积数据

样品	A_{CH_4}
RML/SiO$_2$	1
RML/SiO$_2$（0.5）	0.74
RML/SiO$_2$（1）	0.80
RML/SiO$_2$（3）	0.85

5.1.8　XPS 表征结果

通过 XPS 表征来研究 400℃ 还原前后催化剂表面 Rh 的化学状态。焙烧后催化剂 Rh 3d 轨道的 XPS 谱图如图 5.10（a）所示。各催化剂的 Rh 3d$_{5/2}$ 的结合能均在 309.8eV 左右，说明焙烧后催化剂中的铑基本是以 Rh$_2$O$_3$ 的形式存在。催化剂 400℃ 原位还原后的 Rh 3d 轨道的 XPS 谱图如图 5.10（b）所示。催化剂还原之后，Rh 3d$_{5/2}$ 的结合能位于 306.8~307.0eV，说明催化剂还原之后铑基本是以 Rh^0 的形式存在。但相对而言，RML/SiO$_2$ 和 RML/SiO$_2$（3）催化剂中 Rh 3d$_{5/2}$ 的结合能偏高，说明该两种催化剂中 Rh—Mn 相互作用较强，由于 Mn 的吸电子效应使得还原后的 Rh 表现出部分 Rh$^{\delta+}$（电正性）的性质，这与 TPR 结果相一致。

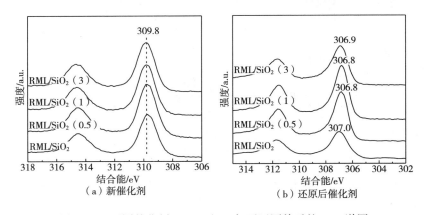

图 5.10　不同催化剂 400℃ 下 H$_2$ 气下还原前后的 XPS 谱图

5.1.9　小结

本章主要研究了经过 PVP 改性的 SiO_2 载体对 Rh—Mn—Li/SiO_2 催化剂催化 CO 加氢合成 C_{2+} 含氧化合物性能的影响。结果表明，PVP 的添加明显改变了 Rh—Mn—Li/SiO_2 催化剂催化 CO 加氢性能。相比其他催化剂而言，RML/SiO_2（1）催化剂具有最高的 CO 转化率和 C_{2+} 含氧化合物的选择性。

结合催化剂的织构表征和 TG 结果表明，在制备过程中只有添加合适含量的 PVP 才能够成功掺杂进 SiO_2 载体，并且适当含量 PVP 的添加有利于 SiO_2 表面形成弱氢键的羟基基团。

H_2—TPR 和 TEM 表征进一步表明，金属与弱氢键羟基的相互作用能够促进 Rh 颗粒的分散、削弱 Rh—Mn 之间的相互作用强度。

结合 IR 与 TPSR 数据结果推测，高分散的 Rh 颗粒、弱的 Rh—Mn 相互作用能促进 CO 的吸附、增强 CO 的解离能力和抑制其加氢活性，从而促进了 CO 插入反应的进行，进而提高了 C_{2+} 含氧化合物的选择性。

5.2　TiO₂ 助剂对 Rh—Mn—Li/SiO₂ 催化性能的影响

5.2.1　概述

除了载体对 Rh 基催化剂催化 CO 加氢性能有影响外，助剂的添加（包括过渡金属和稀土元素）对乙醇和其他 C_2 含氧化合物的选择性也有显著的影响。众所周知，添加助剂如 Mn 和 Li 将大大提高 Rh 基催化剂的催化性能。因此到目前为止，Rh—Mn—Li/SiO_2 催化剂被证明是用于 CO 加氢合成 C_{2+} 含氧化合物的最有效的催化剂之一。在 Rh—Mn—Li/SiO_2 催化剂的基础上，相关人员研究了 Fe 助剂对 Rh—Mn—Li/SiO_2 催化剂催化 CO 加氢性能的影响，发现 Fe 的添加能够促进 Rh^+（CO）₂向 H—Rh—CO 吸附形式的转化，这有利于 C_2 含氧化合物的形成，从而提高了 C_2 含氧化合物选择性。王等人研究了 ZrO_2 助剂对 Rh—Mn—Li/SiO_2 催化性能的影响，发现 Zr 的添加能够增加搭式 CO 物种的吸附，搭式 CO 物种不仅是 CO 解离的前驱体，而且是形成乙醇的前驱体，故 Zr 的添加能明显提高催化剂的催化性能。

TiO_2 在许多文献中经常被用作 Rh 基催化剂的载体，其为载体时有利于 C_2 含氧化合物的形成，但很少有人研究 TiO_2 作为助剂对 Rh 基催化剂的影响。所以本节研究了 TiO_2 做助剂时对 Rh—Mn—Li/SiO_2 催化剂催化 CO 加氢性能的影响。

5.2.2 催化性能评价

表 5.4 给出了不同 Ti 含量对 Rh—Mn—Li/SiO$_2$ 催化剂催化 CO 加氢反应性能的影响。随着 Ti 含量的增加，CO 转化率逐渐下降。C$_{2+}$ 含氧化合物的选择性先增加后减小，在 Ti 含量为 0.1%~0.5% 时，C$_{2+}$ 含氧化合物选择性最高。当 Ti 含量增加至 3% 时，C$_2$ 含氧化合物的选择性和产率急剧下降，与此同时甲烷的选择性升高。

活性结果表明，与 RML/SiO$_2$ 催化剂相比，适当含量 TiO$_2$ 的掺杂能够明显提高 C$_{2+}$ 含氧化合物的选择性。

表 5.4　不同催化剂的 CO 加氢反应活性

催化剂	CO 转化率/%	产物选择性/%							STY（C$_{2+}$ 含氧化合物收率）/ (g·kg^{-1}·h^{-1})
		CO$_2$	CH$_4$	MeOH	AcH	EtOH	C$_{2+}$ HC	C$_{2+}$ Oxy	
RML/SiO$_2$	24.8	3.6	14.1	2.7	21.5	14.7	36.1	43.5	290.4
RML/0.1Ti/SiO$_2$	14.5	2.8	15.9	2.3	29.3	16.8	28.1	50.9	201.4
RML/0.5Ti/SiO$_2$	13.9	3.8	14.5	2.5	25.1	17.2	27.9	51.3	193.7
RML/3Ti/SiO$_2$	8.8	5.1	18.6	4.5	21.4	15.8	28.0	43.8	105.2

5.2.3 XRD 表征结果

图 5.11 给出了不同催化剂焙烧后的 XRD 谱图。所有催化剂在 $2\theta = 23°$ 左右处出现了一个宽化的 SiO$_2$ 的包峰，这说明催化剂样品的 SiO$_2$ 以无定型的形式存在。此外由于 RML/3Ti/SiO$_2$ 催化剂中 Ti 的含量较高，所以在该催化剂上 $2\theta = 25°$ 左右处出现了 TiO$_2$ 锐钛矿相的晶型峰。所有催化剂中均未发现其他金属的衍射峰，说明金属颗粒在载体表面高度分散。

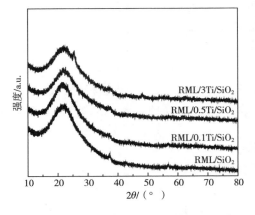

图 5.11　不同催化剂的 X-射线衍射图

5.2.4　H₂—TPR 表征结果

图 5.12 给出了不同催化剂的 H₂—TPR 曲线。如图所示，250℃ 以下所有催化剂均有三个 H₂ 的消耗峰（对峰的归属前文已有描述）。此外，掺杂 Ti 助剂之后的催化剂在 265℃ 左右出现了新的耗氢峰。Han 等人认为此处的还原峰为少量 Ti 金属氧化物的还原峰。从图中可以看出，掺杂 Ti 之后 Rh 的还原峰向低温偏移。一般认为，较小的 Rh 金属氧化物颗粒能够在较低的温度下还原，这说明掺杂 Ti 之后 Rh 颗粒尺寸变小，即分散性提高。

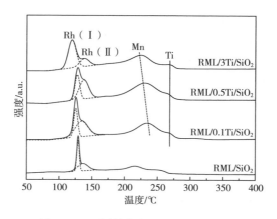

图 5.12　不同催化剂的 H₂—TPR 谱图

表 5.5 给出了不同催化剂 Rh（Ⅰ）/Rh（Ⅱ）还原峰的面积比，RML/0.1 Ti/SiO₂ 和 RML/0.5 Ti/SiO₂ 催化剂的 Rh（Ⅰ）/Rh（Ⅱ）面积比较小，也就说明 Rh（Ⅱ）物种的还原峰面积较大。由于 Rh（Ⅱ）是与 Mn 物种有紧密的相互作用的 Rh_2O_3 的还原峰，所以说明这两个催化剂 Rh—Mn 之间相互作用较强，即适当含量 Ti 的掺杂提高了 Rh—Mn 之间的相互作用。

表 5.5　不同形式 Rh_2O_3 的还原峰面积比

催化剂	RML/SiO₂	RML/0.1Ti/SiO₂	RML/0.5Ti/SiO₂	RML/3Ti/SiO₂
Rh（Ⅰ）/Rh（Ⅱ）	1.60	0.55	0.66	3.01

5.2.5　CO—IR 表征结果

图 5.13 展示了不同催化剂在 30℃ 和反应温度（300℃）下吸附 CO 饱和后的红外光谱图。如图所示，30℃ 下各催化剂线式 CO 吸附峰基本不变，但是掺杂 Ti 之后的催化剂孪式吸附态 CO 的数量明显增加，这意味着添加 Ti 助剂之后 Rh⁺ 中心

的数量增加。有报道称 Rh^+ 是 CO 插入反应生成 C_{2+} 含氧化合物中间体的活性中心，因此更多的 Rh^+ 能够提高催化剂 C_{2+} 含氧化合物的选择性。

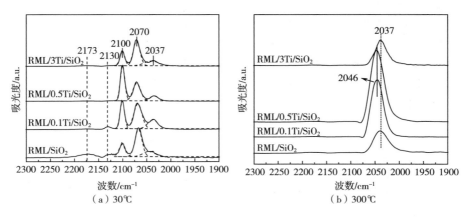

图 5.13　在 30℃、300℃下 He 气氛中不同催化剂吸附 CO 饱和后的红外光谱

由于线式 CO 吸附于 Rh^0 中心，而孪式 CO 吸附于 Rh^+ 中心。因此孪式 CO 与线式 CO 的峰面积比可近似等于 Rh^+/Rh^0。此外，Rh^0 和 Rh^+ 都是 CO 的吸附活性位，而 H_2 的吸附解离只发生在 Rh^0 活性位。由此推断，相比于其他催化剂而言，$RML/0.5Ti/SiO_2$ 催化剂上 Rh^+/Rh^0 的比值最高（表 5.6），因此该催化剂表面有着较低的 H^* 覆盖率。文献表明，H^* 助的 CO 解离是 CO 加氢反应的速控步骤，因此 Ti 的掺杂降低了催化剂表面 H^* 的覆盖率，从而降低了 CO 解离速率，导致了 CO 转化率的下降，该结论与催化剂的催化性能相一致。

表 5.6　CO 吸附物种的峰面积比

催化剂	RML/SiO_2	$RML/0.1Ti/SiO_2$	$RML/0.5Ti/SiO_2$	$RML/3Ti/SiO_2$
CO（gdc）/CO（l）	0.31	0.99	1.95	0.50

反应温度（300℃）下，所有催化剂的孪式 CO 吸附峰均消失，只出现了线式 CO 吸附峰。这表明反应温度下，CO 的吸附以线式吸附为主。与 RML/SiO_2 和 $RML/3Ti/SiO_2$ 催化剂相比，$RML/0.1Ti/SiO_2$ 和 $RML/0.5Ti/SiO_2$ 催化剂上 CO（l）吸附峰位置向高频转移。这表明 Rh^0 向 CO 分子的 π^* 轨道反馈电子的能力减弱，从而增强了 C—O 键的强度，导致 C—O 的伸缩振动频率发生了蓝移。C—O 键的增强抑制了 CO 的解离，使得 CO 的转化率随着 Ti 含量的增加而降低。

图 5.14 给出了 300℃下 CO 加氢反应的红外谱图。从图中可以看出，随着通入 H_2 时间的延长，RML/SiO_2 和 $RML/3Ti/SiO_2$ 催化剂上吸附态 CO 明显减少。这

表明，在没有 TiO_2 助剂的添加或者 TiO_2 助剂添加过多时，Rh 对 H_2 有较强的解离能力，导致 CO 有较强的加氢性能。而在 RML/0.5Ti/SiO₂ 和 RML/1Ti/SiO₂ 催化剂表面，Rh 对 H_2 的解离能力较弱，CO 加氢性能也较弱。那就说明适当含量的 Ti 的引入能得到比较温和的加氢能力。

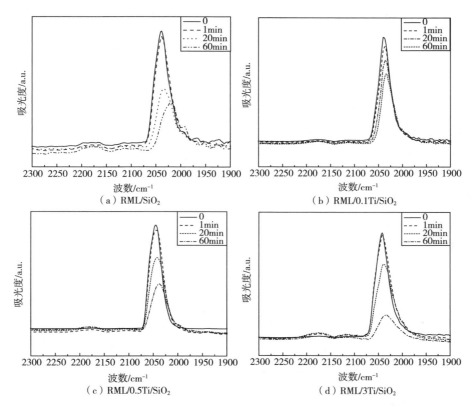

图 5.14　300℃ 流动态下不同催化剂吸附 CO 饱和及加氢反应的红外光谱

5.2.6　TPSR 表征结果

图 5.15 给出了不同催化剂的 TPSR 曲线。从甲烷形成峰的位置来看，RML/SiO₂ 催化剂的甲烷峰出现在 245℃ 左右，而掺杂 Ti 助剂以后的 RML/xTi/SiO₂ 催化剂的 CH_4 峰的位置明显向高温处偏移。也就是说，随着 Ti 的引入，甲烷的形成温度升高，这表明 Ti 的掺杂抑制了 CO 的解离。

表 5.7 是不同催化剂中甲烷的形成峰面积，从甲烷的形成峰面积可以明显看出 RML/0.5Ti/SiO₂ 催化剂中 CH_4 的形成峰面积最小，甲烷形成峰面积大小对应与甲烷生成活性位数量的多少。由表 5.7 可以看出各个催化剂甲烷形成活性位数量

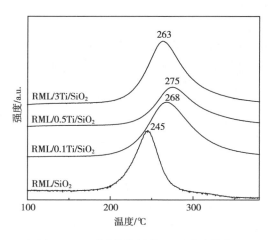

图 5.15 不同催化剂的 CH_4 形成曲线

由小到大为：$RML/0.5Ti/SiO_2 < RML/SiO_2 < RML/0.1Ti/SiO_2 < RML/3Ti/SiO_2$。

表 5.7 不同催化剂中甲烷的形成峰面积数据

样品	A_{CH_4}
RML/SiO_2	1
$RML/0.1Ti/SiO_2$	1.24
$RML/0.5Ti/SiO_2$	0.83
$RML/3Ti/SiO_2$	1.35

CO 加氢反应制备 C_2 含氧化合物的第一步是 CO 解离形成 C 物种和 O 物种，然后 C 物种通过加氢反应形成 CH_x 物种中间体。陈维苗等认为 CH_x 物种加氢生成 CH_4 和 CH_x 物种羰基化生成 C_2 含氧化合物的前驱体是一对竞争反应，故 $RML/0.5Ti/SiO_2$ 催化剂中甲烷的形成峰面积最小，这说明适量 Ti 的掺杂会促进 CO 插入 CH_x 形成 C_2 含氧化合物的前驱体，从而导致 C_{2+} 含氧化合物选择性的增加。

5.2.7　XPS 表征结果

图 5.16 给出了不同催化剂在 400℃ 还原前和还原后的 Rh3d 轨道的 XPS 谱图。从图 5.16（a）中看出，各催化剂的 $Rh3d_{5/2}$ 的结合能均在 309.8eV 左右，这说明所有催化剂还原之前铑以 Rh_2O_3 的形式存在。从图 5.16（b）中看出，催化剂 400℃ 还原 2h 之后 $Rh3d_{5/2}$ 的结合能均位于 306.7~307.0，说明催化剂还原之后铑基本以 Rh^0 的形式存在。

掺杂 Ti 之后的 RML/0.1Ti/SiO₂ 和 RML/0.5Ti/SiO₂ 催化剂的 $Rh3d_{5/2}$ 的结合能向高结合能处偏移，说明由于 Ti 的拉电子效应使得这两种催化剂中的 Rh 表现出部分 Rh^+ 的性质，即 Rh^+ 是 CO 插入反应的活性位，也就说明适当 Ti 含量的掺杂促进了 CO 插入反应的进行。

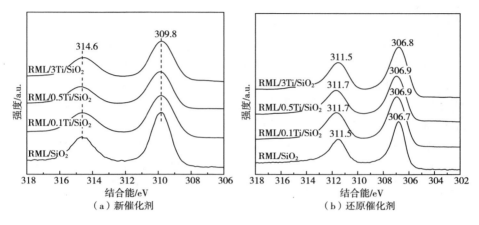

图 5.16　不同催化剂 400℃下还原前后 Rh3d 轨道的 XPS 图

5.2.8　小结

本节着重研究了助剂 TiO₂ 及其添加量对 RML/SiO₂ 催化剂催化性能的影响。TiO₂ 的掺杂对 RML/SiO₂ 催化剂催化 CO 加氢的反应性能产生了明显的影响。与 RML/SiO₂ 催化剂相比，Ti 改性后的铑基催化剂的 C₂ 含氧化合物的选择性得到了明显提升。也就是说，Ti 的掺杂能够促进 C₂₊含氧化合物的形成，但 CO 的转化率却逐渐降低。

FT—IR 和 XPS 研究结果表明，适量 Ti 的添加能够稳定 Rh^+ 的形成，增加了 CO 发生插入反应的活性位，最终使得 RML/0.1Ti/SiO₂ 和 RML/0.5Ti/SiO₂ 催化剂拥有较高的 C₂ 含氧化合物的生成活性。

H₂—TPR 和 TPSR 结果表明，合适 Ti 含量的添加能够增强 Rh—Mn 之间的相互作用，这种相互作用能够削弱 CO 的加氢能力，促进 CO 发生插入反应，从而使得 RML/0.5Ti/SiO₂ 催化剂拥有最高的 C₂ 含氧化合物选择性。

5.3 碳纳米管助剂对 Rh—Mn—Li/SiO₂ 催化性能的影响

5.3.1 概述

合成气催化合成乙醇、乙醛等 C_2 含氧化合物是重要的化工原料。助剂促进的 Rh 基催化剂对 C_2 含氧化合物的形成具有独特的选择性，因而现在的研究热点是探讨助剂对催化 CO 加氢性能的影响。很多文献报道，Rh 基催化剂不同助剂的添加（如 Mn、Li、Fe 等）会影响催化剂活性组分的分散性、助剂与载体的相互作用等，进而影响催化剂的织构性质和反应活性。

近年来，碳纳米管的应用得到了越来越多的关注。碳纳米管（CNTs）作为一种新型的碳材料拥有一系列特征，如较大的比表面积、优良的电子传导性能、特殊的孔道结构以及其表面优异的氢吸附性等。这些特征使得碳纳米管被广泛用于催化领域，成为一种具有研究前景的载体和助剂。Zhang 等人报道了一种高活性的 CNTs 负载的 Cu 基催化剂，并用于 CO/CO_2 加氢制甲醇反应。研究结果表明，相比于 AC、$\gamma\text{-}Al_2O_3$ 载体而言，以碳纳米管为载体的 Cu 基催化剂在较低温度下能得到最大的时空收率。Xin 等人研究了以 CNTs 为助剂的 Cu 基催化剂对催化 CO/CO_2 加氢制甲醇反应性能的影响。通过一系列表征发现 CNTs 的掺杂能够显著提高催化剂的比表面积，尤其是 Cu 的比表面，并且 CNTs 是 H_2 的吸附剂、活化剂、和储存库，这有利于在催化剂的表面形成较高氢浓度的稳定态环境，从而提高了 CO/CO_2 的加氢反应性能。

基于以上 CNTs 在催化领域的应用，本节制备了 CNTs 促进的 Rh—Mn—Li/SiO₂ 催化剂，并考察了 CNTs 助剂对 Rh 基催化剂催化 CO 加氢制 C_{2+} 含氧化合物反应性能的影响。

5.3.2 催化性能评价

表 5.8 给出了不同含量 CNTs 助剂掺杂的 Rh—Mn—Li/SiO₂ 催化剂在 300℃下 CO 加氢反应性能。由表可知，随着碳纳米管的引入虽然 CO 转化率有所降低，但是 C_{2+} 含氧化合物的选择性明显增加，烃类的选择性明显下降，并且含氧化合物的时空收率也逐渐增大。当碳纳米管的掺杂量为 5% 时，即 RML-5%CNT/SiO₂ 催化剂的时空收率达到 287.6g/（kg·h），C_{2+} 含氧化合物的选择性达到 64.6%。当碳纳米管含量提高到 10% 时，时空收率、C_{2+} 含氧化合物的选择性明显有下降的趋势。碳纳米管为载体的 Rh—Mn—Li/CNTs 催化剂，C_{2+} 含氧化合物的选择性为 44.3%，与 RML/SiO₂ 的催化性能相似。以上结果说明，碳纳米管的加入抑制了

CO 的解离，但促进了以乙醇为主的 C_{2+} 含氧化合物的形成。

表 5.8　不同催化剂的 CO 加氢反应性能

催化剂	CO 转化率/%	产物选择性/%							STY（C_{2+}含氧化合物收率）/($g \cdot kg^{-1} \cdot h^{-1}$）
		CO_2	CH_4	MeOH	AcH	EtOH	$C_{2+}H$	$C_{2+}Oxy$	
RML/SiO₂	18.9	3.8	17.1	4.3	18.6	14.4	37.6	37.2	192.3
RML-2.5%CNTs/SiO₂	16.5	11.0	10.5	1.8	12.2	39.8	18.6	58.2	266.3
RML-5%CNTs/SiO₂	16.2	8.4	8.9	1.1	18.2	36.6	16.9	64.6	287.6
RML-10%CNTs/SiO₂	10.6	11.9	11.1	2.0	12.6	33.4	21.9	53.1	154.3
RML/CNTs	12.5	18.3	9.8	1.8	5.1	36.8	25.9	44.3	155.8

5.3.3　XRD 表征结果

图 5.17 给出了不同催化剂焙烧后的 XRD 谱图。从图中可以看出，RML/SiO₂、RML-5%CNTs/SiO₂、RML-10%CNTs/SiO₂ 催化剂均在 $2\theta = 22.5°$ 处有一个宽化的包峰，可归为无定形态的 SiO₂ 特征峰。在 RML/CNTs 催化剂中，$2\theta = 26.1°$，43.1°和 53.5°处的衍射峰可归为石墨碳的特征衍射峰。四个催化剂中均没有发现其他金属颗粒的衍射峰，则说明金属在载体表面上是高度分散的。

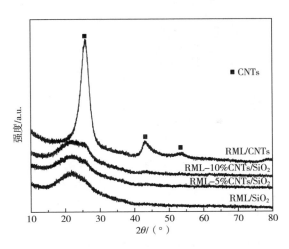

图 5.17　不同催化剂的 XRD 谱图

5.3.4　TEM 表征结果

为了探究碳纳米管对铑基催化剂催化性能影响的原因，对催化剂的形貌特征进行了考察。图 5.18 给出了 RML/SiO$_2$、RML-5%CNTs/SiO$_2$、RML-10%CNTs/SiO$_2$ 和 RML/CNTs 四种催化剂的 TEM 图。从图 5.18（a）中可以看出，在 RML/SiO$_2$ 催化剂中，金属颗粒主要分布在球形 SiO$_2$ 的表面，而且金属颗粒有明显的聚集现象，这表明金属颗粒的分散性不好，并且尺寸大小不可控。当加入适当含量 CNTs 做助剂时（5%CNTs），如图 5.18（b）所示，发现碳纳米管会均匀地附着在 SiO$_2$ 载体表面。由于碳纳米管特殊的孔道结构改善了 SiO$_2$ 比表面积小等缺点，大大提高了金属颗粒的分散性，并且能够较好地控制金属颗粒尺寸。但当掺杂过量的 CNTs 时，如图 5.18（c）所示（CNTs 的掺杂量为 10%），碳纳米管在 SiO$_2$ 表面发生堆积阻碍了金属颗粒与 SiO$_2$ 的接触，从而降低了催化剂的催化性能。如图 5.18（d）所示，Rh 能均匀负载在 CNTs 的内外表面，金属颗粒没有团聚。

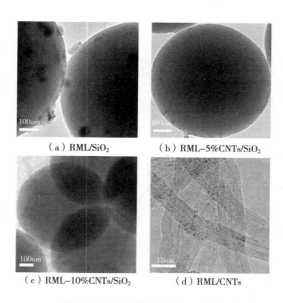

（a）RML/SiO$_2$　　　　　（b）RML-5%CNTs/SiO$_2$

（c）RML-10%CNTs/SiO$_2$　　　　　（d）RML/CNTs

图 5.18　不同催化剂的 TEM 图

5.3.5　N$_2$ 吸脱附表征结果

表 5.9 给出了不同催化剂样品的比表面积、孔容、孔径数据。从表中可以看出，在 Rh—Mn—Li/SiO$_2$ 催化剂中引入 CNTs 后，随着 CNTs 含量的增加样品的比表面积、孔容、孔径均有所增加。随着碳纳米管掺杂量的增大，比表面逐渐增大。但比表面的增大并不能决定催化剂的催化性能。虽然 RML/CNTs 催化剂拥有最大

的比表面，但是催化性能较差。Fan 等研究了 SBA-15 性质对 Rh 基催化剂催化 CO 加氢性能的影响，发现催化性能的改变并不仅取决于载体的比表面，而是其化学性质的变化。前文已经提到，对于 SiO$_2$ 载体而言其表面羟基对催化性能起重要作用。故 RML-5%CNTs/SiO$_2$ 催化剂结合了 SiO$_2$ 合适含量的表面羟基和 CNTs 比表面较大的优点，表现出了优越的催化性能。

表 5.9　样品的比表面积、孔容、孔径数据

催化剂	比表面积/（m^2·g^{-1}）	孔容/（cm^3·g^{-1}）	孔径/nm
RML/SiO$_2$	4.5	0.007	9.4
RML-5%CNTs/SiO$_2$	20.2	0.067	13.1
RMi-10%CNTs/SiO$_2$	30.9	0.110	14.2
RML/CNTs	288.2	1.357	18.8

5.3.6　H$_2$-TPR 表征结果

图 5.19 展示了不同催化剂的 H$_2$-TPR 谱图。从图中可以看出，四个催化剂均有三个 H$_2$ 的消耗峰。从前文知道，高温峰为 MnO$_2$ 的还原峰，两个低温峰分别是 Rh（Ⅰ）和 Rh（Ⅱ）的还原峰。RML/SiO$_2$ 催化剂的 Rh（Ⅰ）还原温度为 130℃ 左右，峰形比较尖锐。向 RML/SiO$_2$ 催化剂中加入 CNTs 后，催化剂的耗氢峰明显宽化并发生裂分，而且还原峰的峰位置均向高温处偏移，这说明碳纳米管的掺杂抑制了 Rh 的还原。

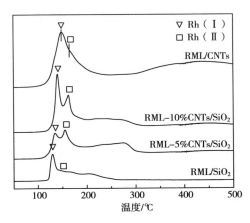

图 5.19　各个催化剂的 H$_2$-TPR 图

从 H_2-TPR 谱图中可以明显看出，RML-5%CNTs/SiO$_2$ 催化剂中 Rh（Ⅱ）/Rh（Ⅰ）还原峰面积比值大于 1，而其他催化剂的面积比均小于 1。这说明在 RML-5%CNTs/SiO$_2$ 催化剂中与 Mn 有紧密接触的 Rh（Ⅱ）物种比较多，也表明该催化剂上 Rh—Mn 之间有较强的相互作用。

5.3.7 CO-TPD 表征结果

图 5.20 给出了不同催化剂吸附 CO 饱和后升温脱附曲线图。如图所示，所有的催化剂均有两个 CO 的脱附峰，一般认为低温处的脱附峰是弱吸附 CO 的脱附峰，高温脱附峰是强吸附 CO 的脱附峰。RML/SiO$_2$、RML-5%CNTs/SiO$_2$、RML-10%CNTs/SiO$_2$ 三个催化剂中的 CO 低温脱附峰脱附强度变化不大；但是随着碳纳米管的引入以及碳纳米管掺杂量的增大，CO 高温脱附峰面积迅速增大。

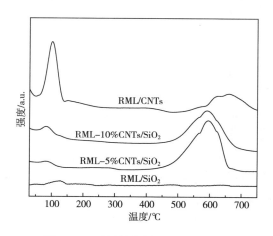

图 5.20　不同催化剂 CO-TPD 图谱

有文献报道称，强吸附 CO 物种是发生 CO 插入反应的前驱体。在 CO 加氢反应中，吸附了的 CO 首先解离加氢形成 CH_x 物种，然后在 CH_x 物种中插入 CO 从而形成 C_2 含氧化合物的前驱体 CH_xCO。RML-5%CNTs/SiO$_2$ 催化剂中强吸附 CO 的脱附峰最大，也就说明该催化剂有更多的吸附态 CO 可以发生插入反应，从而大大提高了 C_2 含氧化合物的选择性。而对于 RML/CNTs 催化剂而言，弱吸附的 CO 脱附峰增大，强吸附 CO 脱附峰减小，因为强吸附的 CO 是参与反应的活性物种，因此该催化剂表现出了较低的催化性能。

5.3.8 TPSR 表征结果

不同含量 CNTs 掺杂催化剂的 TPSR 曲线如图 5.21 所示。由图得知，三种催化剂上形成的甲烷峰对应的温度非常相近（265℃左右）。但是随着碳纳米管的掺杂，甲烷的峰面积先减小后增加，RML-5%CNTs/SiO$_2$ 催化剂上甲烷形成峰面积最小。

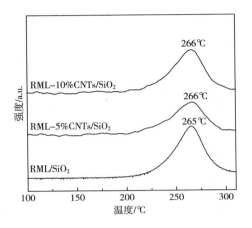

图 5.21　不同催化剂 TPSR 图谱

根据 CO 加氢反应机理可知，吸附了的 CO 会先解离成 C* 和 O* 物种，然后 C* 物种加氢形成 CH$_x$ 中间体。由于 RML-5%CNTs/SiO$_2$ 催化剂上 CH$_4$ 生成量最少，那就说明有更多吸附态的 CO 可以发生插入反应，进而促进 C$_2$ 含氧化合物的形成。

5.3.9　XPS 表征结果

图 5.22 给出了不同催化剂 400℃下 H$_2$ 气氛中还原前后的 Rh 3d 轨道的 XPS 谱

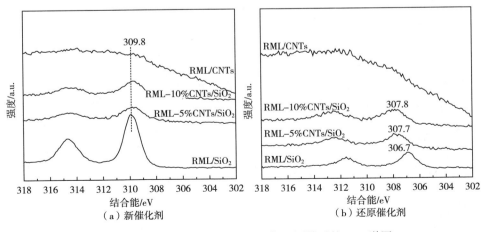

图 5.22　不同催化剂 400℃下 H$_2$ 气还原前后的 XPS 谱图

图。从图 5.22（a）中可以看出，所有催化剂还原之前 Rh $3d_{5/2}$ 的结合能均在 309.8eV 左右，说明还原之前催化剂中铑以 Rh^{3+} 的形式存在。如图 5.22（b）所示，催化剂还原之后的 $Rh3d_{5/2}$ 结合能均位于 306.7~307.8，说明催化剂还原之后铑基本以 Rh^0 的形式存在。

但是很明显，RML-5%CNTs/SiO$_2$ 和 RML-10%CNTs/SiO$_2$ 催化剂 $Rh3d_{5/2}$ 的结合能向高结合能处偏移，说明由于 Mn 的拉电子效应使得这两种催化剂中的 Rh 表现出部分 Rh^+ 离子的性质。Rh^+ 离子是 CO 插入的活性位，说明碳纳米管的掺杂促进了 CO 插入反应的进行。此结论与 CO-TPD 结果相一致。

5.3.10 小结

CNTs 作为 Rh 基催化剂的助剂，其含量对铑基催化剂的催化性能有显著的影响。所以本节采用普通浸渍法制备了 CNTs 作助剂的 Rh—Mn—Li/SiO$_2$ 催化剂，研究了 CNTs 含量对催化剂催化 CO 加氢反应性能的影响，并在此基础上探讨了碳纳米管的作用机理。

（1）与 RML/SiO$_2$、RML/CNTs 催化剂相比，RML-5%CNTs/SiO$_2$ 催化剂具有最高的 C$_{2+}$ 含氧化合物的选择性和时空收率。

（2）TEM 和 N$_2$ 吸脱附结果表明，碳纳米管的掺杂明显促进了催化剂表面 Rh 金属颗粒的分散。

（3）CO-TPD 结果表明，催化剂掺杂碳纳米管之后强吸附的 CO 物种数量显著增加，弱吸附的 CO 物种数量减少。由于强吸附的 CO 物种是 CO 插入反应的活性位，所以 RML-5%CNTs/SiO$_2$ 催化剂上强吸附 CO 的增加提高了 C$_{2+}$ 含氧化合物的选择性。

第6章　Rh 基/UiO-66 催化剂的制备及性能研究

6.1　Rh 基/UiO-66 催化剂的制备

6.1.1　实验所用药品、气体和仪器

催化剂制备过程中使用的化学试剂见表 6.1。

表 6.1　实验中所用药品

药品名称	分子式	药品纯度	生产厂家
三水合氯化铑	$RhCl_3 \cdot 3H_2O$	AR	上海久岳化工有限公司
50%硝酸锰水溶液	$Mn(NO_3)_2$	AR	国药集团化学试剂有限公司
九水合硝酸铁	$Fe(NO_3)_3 \cdot 9H_2O$	AR	国药集团化学试剂有限公司
无水氯化锆	$ZrCl_4$	99.95%以上	阿达玛斯贝塔
对苯二甲酸	$HOOCC_6H_4COOH$	99%	阿达玛斯贝塔
N，N-二甲基甲酰胺	C_3H_7NO	AR	阿达玛斯贝塔
浓盐酸	HCl	AR	阿达玛斯贝塔
去离子水	H_2O	—	自制

催化剂测试及表征过程中所用气体见表 6.2。

表 6.2　实验中所用气体

气体名称	气体组分	气体浓度	生产厂家
高纯氮气	N_2	99.999%	上海浦江特种气体有限公司
高纯氢气	H_2	99.999%	上海浦江特种气体有限公司
氦气	He	99.999%	上海伟创标准气体有限公司

气体名称	气体组分	气体浓度	生产厂家
一氧化碳	CO	99.99%	上海伟创标准气体有限公司
原料气	$CO/H_2/N_2$	$60\%H_2-30\%CO-10\%N_2$	上海伟创标准气体有限公司
还原气	H_2/N_2	$10\%H_2-90\%N_2$	上海伟创标准气体有限公司
CO/Ar 混合气	CO/Ar	5%CO-95%Ar	上海伟创标准气体有限公司
甲烷	CH_4	$50\%CH_4-50\%N_2$	上海伟创标准气体有限公司

催化剂制备及测试过程中所用到的仪器见表6.3。

表6.3 实验中所用仪器

仪器	型号	生产厂家
恒温鼓风干燥箱	DHG-9050A	上海慧泰仪器制造有限公司
电子天平	BS 224 S	北京赛多利斯仪器系统有限公司
高速台式离心机	TGL-18C	济南恒 化科技有限公司
超声波清洗器	KQ-250E	昆山市超声仪器有限公司
马弗炉	SX_2-4-10	上海贺德实验设备厂
压片机	HY-12	天津天光光学仪器有限公司
标准筛	40、60、80、100 目	上海宝蓝实验仪器制造有限公司
质量流量计	D07 系列	北京七星华创电子股份有限公司
恒温加热磁力搅拌器	DF-101S	上海予英仪器有限公司
空气泵	SGK-5LB	北京东方精华苑科技有限公司
高纯氢气发生器	SGH-300	北京东方精华苑科技有限公司

6.1.2 催化剂的制备

6.1.2.1 UiO-66 的制备

参考文献制备 UiO-66。具体过程如下：用500mL的量筒量取450mL的 N,N-二甲基甲酰胺（DMF）置于600mL的烧杯中；一边搅拌，一边加入30mL的浓 HCl 使其混合均匀；称取3.69g的对苯二甲酸（H_2BDC）和3.75g的 $ZrCl_4$ 加入到上述混合液中，再超声 10~20min 至溶液澄清。将澄清的溶液倒入密封的玻璃瓶中置于恒温干燥箱中80℃下反应10h。用离心法将白色沉淀分离，并用 DMF 洗涤3次去

除未反应的 $ZrCl_4$ 和 H_2BDC，然后用甲醇洗涤 6 次除去 DMF。洗涤完成后，将成品置于 80℃ 干燥箱中干燥 10h 左右，得到备用的 UiO-66。

6.1.2.2　UiO-66 负载不同含量 Rh、Mn 催化剂的制备

制备催化剂使用的是等体积浸渍法。制备过程如下：首先，根据浸渍金属的百分比计算出每个催化剂所需的 $RhCl_3 \cdot 3H_2O$ 和 $Mn(NO_3)_2 \cdot 6H_2O$ 的体积；然后，使用移液枪将每个催化剂所需的金属水合物分别移至几个 50mL 的坩埚中同时搅拌均匀；分别称取 2g 制备好的 UiO-66 载体等体积浸渍于几个 $RhCl_3 \cdot 3H_2O$ 与 $Mn(NO_3)_2 \cdot 6H_2O$ 的混合溶液中，在室温下静置风干；移至 80℃ 的烘箱中干燥 12h；最后在马弗炉中 300℃ 下焙烧 4h。通过改变 Rh、Mn 的负载量制备了六种不同的 RM/UiO-66 催化剂，例如负载 1.5% 的 Rh 和 1.5%（质量分数）的 Mn 时记作 1.5R1.5M/UiO-66。依此类推，根据不同的含量及比例，分别记作 1.5R1.5M/UiO-66、3R1.5M/UiO-66、3R3M/UiO-66、3R6M/UiO-66、4R4M/UiO-66、5R5M/UiO-66。

6.1.2.3　改性 UiO-66 载体负载 Rh—Mn 催化剂的制备

使用与 UiO-66 相同的制备方法，只是将对苯二甲酸（H_2BDC）分别换成 2-氨基对苯二甲酸、2,5-二羟基对苯二甲酸制备出 UiO-66-NH_2、UiO-66-$(OH)_2$。类似地，将 2g 上述制备的不同载体等体积浸渍于 $RhCl_3 \cdot 3H_2O$、$Mn(NO_3)_2 \cdot 6H_2O$ 的混合溶液中，不改变 Rh 与 Mn 的含量，相对于载体均为 3%。在室温下静置风干，在 80℃ 的烘箱中干燥 12h，最后在马弗炉中 300℃ 下焙烧 4h，得到 RM/UiO-66，RM/UiO-66-NH_2，RM/UiO-66-$(OH)_2$ 三种不同催化剂。

6.1.2.4　不同含量 Fe 掺杂的 3R3M/UiO-66 催化剂的制备

首先分别称取不同含量的 $Fe(NO_3)_3 \cdot 9H_2O$ 置于三个坩埚中；然后使用移液管将定量的 $RhCl_3 \cdot 3H_2O$ 与 $Mn(NO_3)_2 \cdot 6H_2O$ 移至坩埚中同时搅拌均匀；将 2g 上述制备的 UiO-66 等体积浸渍于三种金属的混合水溶液中，室温风干后在 80℃ 下干燥 12h，然后 300℃ 下焙烧 4h，得到 Fe-Rh-Mn/UiO-66 催化剂。所有催化剂中 Rh、Mn 的负载量相同，均为 3%。不同的 Fe 负载量分别为 0.1%、0.3%、0.5%，分别记为 0.1FeRM/UiO-66、0.3FeRM/UiO-66、0.5FeRM/UiO-66。

6.1.3　催化剂活性测试

6.1.3.1　评价装置及流程

图 6.1 为催化剂的性能评价装置图，表 6.4 列出了装置中所用到的所有仪器信息。实验中所用的还原气为 10% H_2/N_2 混合气，反应气为 60% CO、30% H_2 和 10% N_2 的混合气。还原气与反应气的流量分别由七星 D07 系列质量流量计与美国布鲁克生产的 5850E 流量计控制，实验过程中控制压力所使用的背压阀是由美国塞科仪器公司生产的。气相色谱仪使用的是带有自动进样阀同时能对产物进行在

线分析的 FL 9720 型气相色谱仪。将产物分为两路分析：一路使用 HP-Plot-Q 毛细管柱作为氢火焰离子化检测器，主要分析产物中的烃类、醇类等有机化合物；另一路使用碳分子筛填充柱作为热导检测器，主要分析 CO、N_2、CO_2 等气体分子。气相色谱所用的空气和氢气分别由北京东方精华苑科技有限公司生产的 SGK-2LB 低噪声空气泵压缩和 SGH-300 氢气发生器电解水所得。

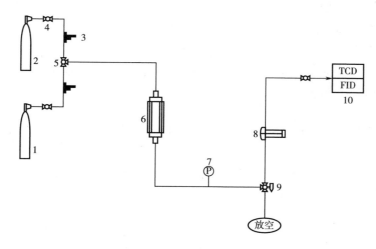

图 6.1　合成气制乙醇的路线图

1—还原气钢瓶　2—原料气钢瓶　3—质量流量计　4—两通管件　5—三通管件
6—微型固定床反应器　7—精密压力表　8—背压阀　9—三通球阀　10—气相色谱

表 6.4　活性评价所用仪器设备

仪器名称	生产厂商	型号
反应器	无锡英雄绘图仪器有限公司	LW-4
气相色谱仪	福立色谱仪器有限公司	FL9720
气体质量流量控制器	布鲁克斯仪器	5850E
气体质量流量显示器	布鲁克斯仪器	0152
氢气发生器	北京东方精华苑科技有限公司	SGH-300
空气发生器	北京东方精华苑科技有限公司	SGK-2LB
背压阀	美国塞科公司	29303

6.1.3.2　活性评价方法

将 2.2 中制备好的催化剂用于 CO 催化加氢测试。所有反应均在微型固定床流动反应装置上进行，并且催化剂使用量及处理方式均相同。取适量石英棉垫入不锈钢反应管的恒温区底部并将其压实；对催化剂过筛；称取 0.3g 过筛至 40~60 目的催化剂与 0.5g 石英砂混合均匀并填入反应管中；将反应管固定在反应器中同时确保催化剂所在位置恰好处于恒温区。在反应过程中，首先通入 10% H_2/N_2（50mL/min）混合气以 3℃/min 的速率升至 400℃ 在 400℃ 下预处理 2h；降温至 300℃ 后，切换为反应气（50mL/min）的同时将反应压力升至 3.0MPa。待各项反应参数稳定之后对产物进行在线分析。

6.1.3.3　产物分析

采用气相色谱仪（福立 9720）对产物进行分析检测，CO 加氢产物主要有 CO_2、烃类、含氧化合物。利用 FID 检测器中的毛细管柱通过分离烃类和含氧化合物来检测；TCD 检测器中的碳分子筛通过分离永久性气体检测。

CO 的转化率和产物的选择性用下式计算：

CO 转化率：

$$Conv. = \left(\sum n_i M_i / M_{CO} \right) \times 100\% \tag{6-1}$$

产物选择性：

$$S_i = A_i F_i n_i / \sum A_i F_i n_i \times 100\% \tag{6-2}$$

式中：n_i 为产物 i 的碳原子数；M_i 为检测到的产物 i 的摩尔数；M_{CO} 为原料气中 CO 的摩尔数；A_i 为产物 i 的色谱峰面积；F_i 为产物 i 的摩尔校正因子。

6.1.4　催化剂表征

6.1.4.1　热重—差示扫描量热法

热重分析（Thermogravimetry，简称 TG）是在程序控制温度下测量获得物质的质量与温度关系的一种技术。在程序控制温度下，测量输入试样和参比物的功率差与温度的关系被称为示差扫描量热法（differential scanning calorimetry，DSC）。测试过程中使用德国 NETZSCH 公司生产的 STA 449-F3 型热分析仪进行。分析时使用约 15mg 样品，在流量为 50mL/min 的空气气氛下从 30℃ 升至 850℃。

6.1.4.2　粉末 X 射线衍射

X 射线衍射（X-Ray Diffraction）通常用于分析晶体的结构，X 射线对于晶体的衍射强度是由晶体晶胞中原子的元素种类、数目及其排列方式所决定。使用荷兰 PANalytical 公司生产的 X′Pert Pro 型 X 射线衍射仪进行粉末 X 射线衍射（PXRD）。分析过程中采用 Cu-K α 射线（$\lambda = 0.15418$nm），Ni 滤片，电压和电流分别为 40kV 和 40mA。扫描范围从 5°~80°，速率为 6°/min。催化剂的平均晶粒大小由 Scherrer 方程式计算所得。

Scherrer 公式：

$$D = \kappa \lambda / \beta \cos\theta \tag{6-3}$$

式中：β 为半峰宽度；κ 为常数；θ 为衍射角；λ 为 X 射线入射波长。采用不同晶面的 θ 衍射角及对应的半峰宽就可以计算该晶面对应物相的晶粒尺寸。

6.1.4.3　电感耦合等离子体光学发射光谱法

电感耦合等离子体光学发射光谱法（inductively coupled plasma optical emission spectrometry，ICP-OES）是利用由高频电感耦合产生的等离子体放电的光源进行的原子发射光谱分析法，该发射强度表示样品中元素的浓度。实验使用 PerkinElmer Optima 7000DV 设备确定催化剂的元素组成。

6.1.4.4　N₂ 低温吸脱附

利用美国 Micromeritics 公司生产的 ASAP 2020 HD88 型自动物理化学吸附仪对催化剂的孔结构信息进行分析，首先于 200℃ 的真空条件下进行 10h 的脱气处理，然后以高纯 N_2 作为吸附质，并在 -196℃ 下进行检测。催化剂比表面积通过 N_2 吸脱附等温曲线结合 Braunauer-Emmett-Teller（BET）方程求得，而样品的孔径以及孔容则是利用 Non-Local Density Functional Theory（NLDFT）模型计算。

6.1.4.5　透射电子显微镜

透射电子显微镜（Transmission Electron Microscope，TEM）可以看到在光学显微镜下无法看清的小于 0.2μm 的细微结构，目前 TEM 的分辨力可达 0.2nm。使用 Tecnai G2 F20 S-Twin TEM 仪器在 200kV 的加速电压下获得透射电子显微镜（TEM）图像。能量色散 X 射线光谱（Energy Dispersive X-Ray Spectroscopy）借助于分析试样所发出的元素特征 X 射线波长和强度，波长可以测定试样中所含元素，强度可以作为元素含量的依据。通常情况下，TEM 仪器也可用来分析 EDX 确定样品具有化学分布的相应元素图。

6.1.4.6　X 射线光电子能谱分析

X 射线光电子能谱分析（X-ray photoelectron spectroscopy，XPS）是利用 X 射线辐射样品，使原子或分子的内层电子或价电子发射出来的一种技术。被光子激发出来的电子称为光电子，可以测量光电子的能量，以光电子的动能为横坐标，相对强度（脉冲/s）为纵坐标做出光电子能谱图，从而获得待测物组成。在实验中使用美国 Thermo Fisher Scientific 公司生产的 ESCALAB 250Xi 型多功能光电子能谱仪，采用 Al K α 射线，对催化剂中所含元素进行检测。实验测得的元素结合能以 C 1s＝284.6eV 为标准进行校正。

6.1.4.7　原位漫反射傅里叶变换红外光谱

利用漫反射傅里叶变换红外光谱（DRIFT）可以对催化剂表面现场反应吸附态进行跟踪从而获得一些很有价值的表面反应信息，因此该表征技术在针对反应机理的剖析方面备受重视。实验使用由美国热电公司生产的 Nicolet 6700 型智能红外光谱仪中，所用检测器为碲镉汞检测器。表征过程中实验条件归纳如下：首先，将 10% H_2/N_2 混合气通入装有样品的原位反应池中在 400℃ 下预处理 1h；关掉 H_2 在 N_2 气氛下高温吹扫 0.5h；在 N_2 气氛中冷却至室温（30℃）同时在此过程中采集一系列不同温度下的背景文件；在室温下通入 CO（1% CO/N_2，50mL/min）并随着温度的变化在相应温度的条件下采集样品吸收 CO 的红外数据直至 300℃。此时，通入一定量的 H_2 来模拟反应时的状态并采集随时间变化的红外数据。另外，光谱的扫描次数为 64 次，光谱分辨率为 4cm^{-1}。

6.1.4.8　程序升温脱附和程序升温表面反应

程序升温脱附（TPD）是在程序升温过程中发生的脱附反应，而程序升温表面反应（TPSR）是指在程序升温过程中表面反应与脱附同时发生的一种反应。文中的两个相关表征均是在常压微型石英反应器中进行，分别测试催化剂的 CO 吸附性能及表面反应产生甲烷的情况。实验过程中所有催化剂的用量均为 0.1g。具体的操作步骤如下：首先，通入 10% H_2/N_2 混合气（50mL/min）在 400℃下将催化剂还原 1h；切换至 He 气（50mL/min）高温吹扫 30min；降温至 30℃后通入 CO 气体吸附 30min；再次切换至高纯 He 气（TPD）或者再次切换成 10% H_2/N_2 混合气（TPSR）走基线，待基线稳定之后以 10℃/min 的升温速率升至 650℃。升温过程中产生的尾气使用德国 OMATSTAR 公司生产的 OmniStar 200 型质谱仪来检测。另外，也尝试了将红外与 TPSR 结合的表征手段。

6.1.4.9　程序升温还原

程序升温还原（H_2—TPR）实验可以有效获得样品的还原性能，包括表面吸附中心的类型、活性组分与载体之间的协同关系等信息。本书中的相关表征在常压微型石英反应器中进行。将 0.1g 待测样品置于反应管的恒温区；20% O_2/N_2（50mL/min）气氛下在 350℃预处理 1h（升温速率为 10℃/min）；待温度降至 50℃后切换成 10% H_2/N_2 混合气（流速 50mL/min）并将尾气通入色谱稳定基线信号；待基线平稳之后，以 10℃/min 程序升温至 650℃。实验中 H_2 的消耗量由 TCD 检测器进行检测。另外，在还原过程中生成的水用 5A 分子筛去除。

6.2　铑锰含量及铑锰比对 Rh—Mn/UiO-66 催化剂活性的影响

6.2.1　概述

MOF 作为一种新型多孔材料成为当今研究的热点。UiO-66 由于其制备简单以及结构稳定等特点逐步应用于催化领域。Yang 等采用浸渍法制备了单原子分散的 Ir/UiO-66，并考察了其催化乙烯加氢的性能。结果表明，不饱和金属 Zr 节点上的羟基的种类和性质会影响负载 Ir 的电子效应及其催化乙烯加氢的性能。Cohen 等采用后合成交换法成功将邻苯二酚基团替代进入 UiO-66 骨架并使其金属化，制备得到的 UiO-66—CrCAT 催化剂可催化系列醇的氧化，具有较高的催化活性和目标产物选择性。Yaghi 课题组制备了 UiO-66 负载 Pt 催化剂并用于甲基环戊烷（MCP）

的氢解反应。研究发现，当 Pt 纳米粒子主要分布在载体的外表面时（Pt—on—UiO-66），MCP 只进行脱氢和异构化反应；当 Pt 纳米粒子被封装在 UiO-66 结构中（Pt∈UiO-66）时，反应主产物则是 C_6 环烃。

从以上研究可以得出，使用 UiO-66 作为载体制备负载型催化剂时，通过调控 UiO-66 与负载金属的构成关系可以改变不同反应中目标产物的选择性。

本节采用一种具有高比表面积、高热稳定性的 MOFs 材料 UiO-66 为载体，通过浸渍法制备了不同 Rh—Mn 比和不同 Rh—Mn 含量的催化剂，以考察催化剂活性变化规律，并讨论 UiO-66 对催化剂结构及 CO 加氢制乙醇性能的影响。

6.2.2 催化剂的反应性能

表 6.5 列出了在 300 ℃下 Rh/Mn = 1 时不同 Rh—Mn 含量负载 UiO-66 对催化 CO 加氢反应性能的影响。由表可知，CO 的转化率随着金属负载量的增加而提高，当 Rh 质量分数为 3% 时达到最佳，Rh 质量分数超过 3% 时反而有所下降。对于 1.5R1.5M/UiO-66，CH_4 和 C_{2+} 含氧化合物的选择性非常低，而 C_{2+} 烃类的选择性较高；随着总金属负载量（Rh—Mn）的增多，CH_4 和 C_{2+} 含氧化合物的选择性提高，同时 CO_2、甲醇和 C_{2+} 烃类的选择性降低；当 Rh 质量分数超过 3% 时，C_{2+} 含氧化合物的选择性没有明显变化。另外值得注意的是 3R3M/UiO-66 催化剂的 C_{2+} 含氧化合物的时空收率（STY）也达到 200.1g/（kg·h）的最大值。

表 6.5 Rh—Mn 不同含量负载 UiO-66 对催化 CO 加氢反应性能的影响

| 催化剂 | CO 转化率/% | 产物选择性/% | | | | | | | STY（C_{2+} 含氧化合物收率）/（g·kg^{-1}·h^{-1}） |
		CO_2	CH_4	MeOH	ACH	EtOH	C_{2+}HC	C_{2+}Oxy	
1.5R1.5M/UiO-66	4.8	5.8	16.0	6.6	3.9	7.1	58.0	13.5	45.8
2R2M/UiO-66	12.1	1.9	36.1	1.4	12.7	16.0	25.0	35.7	118.2
3R3M/UiO-66	16.8	2.4	29.6	1.5	9.5	25.2	23.2	43.2	200.1
4R4M/UiO-66	15.4	2.4	31.1	1.3	9.0	29.1	19.9	45.3	193.3
5R5M/UiO-66	11.6	2.9	28.6	2.0	7.1	32.0	21.6	44.9	145.6

当 Rh 质量分数确定（3%）时不同含量 Mn 助剂对 Rh—Mn/UiO-66 催化剂的催化性能影响见表 6.6。可以看出，随着 Mn 的增加，CO 转化率逐渐增加，且在 Rh/Mn = 1 时达到最大值。Mn 负载量的提高 CH_4 的选择性也增加，表明 Mn 有助于提高加氢速率；另外随着 Mn 的增加，甲醇的形成受到限制，乙醛选择性增加，使得在催化剂 3R3M/UiO-66 和 3R6M/UiO-66 上得到较高的 C_{2+} 含氧化合物选择性。

表 6.6　Rh—Mn/UiO-66 上 Mn 负载量对催化 CO 加氢反应性能的影响

催化剂	CO 转化率/%	选择性/%							STY（C_{2+}含氧化合物收率）/（g·kg^{-1}·h^{-1}）
		CO_2	CH_4	MeOH	ACH	EtOH	C_{2+}HC	C_{2+}Oxy	
3R1.5M/UiO-66	10.2	3.7	24.9	9.1	6.6	25.9	25.3	37.1	120.7
3R3M/UiO-66	16.8	2.4	29.6	1.5	9.5	25.2	23.2	43.2	200.1
3R6M/UiO-66	8.7	3.1	29.7	2.6	10.7	24.6	22.3	42.4	102.4

　　3R3M/UiO-66 和 3R3M/ZrO$_2$ 催化性能见表 6.7。相比 3R3M/UiO-66，3R3M/ZrO$_2$ 活性较差，对 C$_{2+}$ 含氧化合物的选择性也不如 3R3M/UiO-66。因此，UiO-66 的三维孔结构有利于金属分散，并在高比表面积的多孔固体中提供了高密度的催化位点。

表 6.7　3R3M/UiO-66 和 3R3M/ZrO$_2$ 的 CO 加氢性能

催化剂	CO 转化率/%	选择性/%							STY（C_{2+}含氧化合物收率）/（g·kg^{-1}·h^{-1}）
		CO_2	CH_4	MeOH	HAc	EtOH	C_{2+} HC	C_{2+} Oxy	
3R3M/UiO-66	16.8	2.4	29.6	1.5	9.5	25.2	23.2	43.2	200.1
3R3M/ZrO$_2$	3.6	3.3	15.6	10.6	10.8	24.4	31.7	38.5	38.3

　　图 6.2 展示了 3R3M/UiO-66 催化剂上 CO 转化率和 C$_{2+}$ 含氧化合物的选择性随时间的变化。CO 转化率和 C$_{2+}$ 含氧化合物的选择性在反应的前 10h 过程中有明显下降的趋势，然而在 10h 后保持稳定，直到反应至 150h 催化活性几乎没有降低。

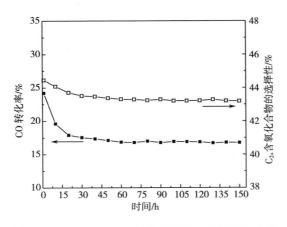

图 6.2　3R3M/UiO-66 的催化性能随时间变化曲线

6.2.3　催化剂的结构性质

图 6.3 给出了不同样品的 N_2 吸脱附曲线及其孔径分布。如图 6.3（a）所示，UiO-66 的 N_2 吸脱附曲线为 I 型等温线，与典型的 MOFs 材料的 N_2 吸脱附曲线类型相一致。负载 Rh、Mn 之后，催化剂的 N_2 吸附量急剧下降。但当 Rh、Mn 的负载量均达到 3% 时，催化剂的 N_2 吸附量逐渐保持稳定。图 6.3（b）和（d）展示了由 NLDFT 分析得到的 UiO-66 及催化剂的孔径分布。UiO-66 的孔径主要集中在 0.6~1.2nm 和 1.5~2.5nm 两区间内。据文献可知，理想的 UiO-66 孔道结构由约 1.1nm 的正八面体笼和约 0.8nm 的正四面体笼组成，这与孔径分布图中 0.6~1.2nm 区间的孔道相一致。但实际制备过程中存在 Zr 节点配位不饱和现象，由此可以推断，1.5~2.5nm 区间的孔道由 Zr 节点配位不饱和所导致的 UiO-66 结构缺陷形成。与载体相比，负载 Rh、Mn 之后，催化剂的孔含量大幅下降。当 Rh、Mn 的负载量均超过 3% 时，所有微孔几乎完全消失，这可归因于金属颗粒的填充堵塞了 UiO-66 中大量的微孔孔道。

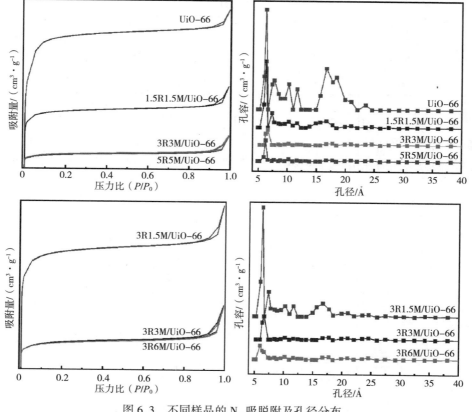

图 6.3　不同样品的 N_2 吸脱附及孔径分布

表 6.8 列出了不同样品的比表面积及孔容数据。UiO-66 的比表面积为 1320.8cm²/g，大部分由其微孔表面积贡献，与文献结果相一致。负载 Rh、Mn 之后，催化剂的比表面积随着金属负载量的增加而下降。当 Rh、Mn 的负载量均超过 3% 时，催化剂的比表面积不再下降且维持在 130cm²/g 左右。由此表明，UiO-66 对负载金属的最大承载能力约为 6%，这与孔径分析结果相一致。

表 6.8　不同催化剂的 BET 表面积以及孔容

样品	比表面积/(m² · g⁻¹)			孔容/(cm³ · g⁻¹)		
	总	微孔	介孔	总	微孔	介孔
UiO-66	1320.8	1115.8	205.0	0.79	0.57	0.22
1.5R1.5M/UiO-66	539.5	437.2	102.3	0.38	0.22	0.16
3R1.5M/UiO-66	519.8	421.3	98.5	0.38	0.22	0.16
3R3M/UiO-66	129.4	83.5	45.9	0.15	0.04	0.11
3R6M/UiO-66	124.8	83.5	41.3	0.14	0.04	0.10
5R5M/UiO-66	137.9	90.8	47.1	0.16	0.05	0.11

图 6.4 为 UiO-66 及相关催化剂的 XRD 谱图。载体 UiO-66 展示了其特有的特征衍射峰。与载体相比，随着催化剂上金属负载量的增加，UiO-66 的特征衍射峰逐渐消失。当 Rh 和 Mn 负载量均达到 3% 时，UiO-66 的特征衍射几乎完全消失同时在 $2\theta = 30.3°$、$50.5°$、$60.3°$ 等处出现了归属于 ZrO_2（PDF 17-0923）的特征衍射峰。这一现象表明，由于 Rh 和 Mn 粒子的引入导致 UiO-66 自身的连接体扭曲或缺失，破坏了 MOF 结构的有序性。此外，在所有 XRD 谱图中均未发现 Rh 和 Mn 的特征衍射峰，表明 Rh 和 Mn 金属在 UiO-66 的孔道中高度分散。

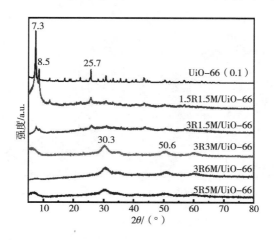

图 6.4　UiO-66 及典型催化剂的 XRD 谱图

图 6.5 和图 6.6 分别为 TEM 图像及相应的 EDX 元素图。如图 6.5（a）可知，UiO-66 是一种透明光滑的近似八面体晶体，粒径约为 80nm，这与文献报道一致。负载 Rh—Mn 之后，UiO-66 形貌有所破坏。当 Rh 和 Mn 的负载量较低时（1.5R1.5M/UiO-66 和 3R1.5M/UiO-66Rh），UiO-66 的形貌为粒径约 75nm 的类球形，进一步观察未发现 ZrO$_2$ 的晶格条纹，表明 UiO-66 晶体基本保持，Zr 节点没有团聚。同时，TEM 图像中未出现暗点，元素映射数据也表明金属在载体中高

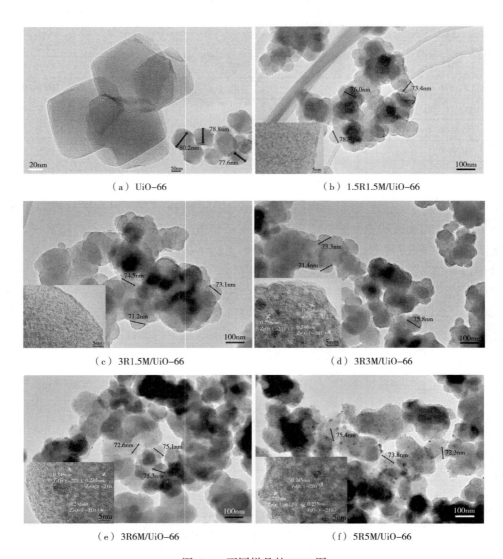

（a）UiO-66

（b）1.5R1.5M/UiO-66

（c）3R1.5M/UiO-66

（d）3R3M/UiO-66

（e）3R6M/UiO-66

（f）5R5M/UiO-66

图 6.5　不同样品的 TEM 图

度分散且尺寸分布在 1.0nm 以下。当 Rh 和 Mn 的负载量超过 3% 时，MOF 的结构发生坍塌，ZrO_2 的晶格条纹证实了这一点。同时 TEM 图像中出现了一些黑点，结合元素映射数据推测黑点为部分 Rh 粒子团聚所致。这些团聚的 Rh 粒子理应在 XRD 的检测范围之内，然而在 XRD 谱图中并未发现 Rh 的特征衍射峰，表明团聚的 Rh 粒子含量极小。

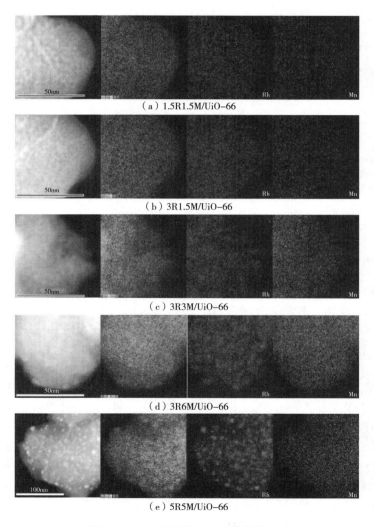

（a）1.5R1.5M/UiO-66

（b）3R1.5M/UiO-66

（c）3R3M/UiO-66

（d）3R6M/UiO-66

（e）5R5M/UiO-66

图 6.6　EDX 元素图（包含化学分布）

金属的体相含量与表面含量见表 6.9。对于 1.5R1.5M/UiO-66 和 3R1.5M/UiO-66，其体相金属含量与催化剂制备时的理论含量基本一致。但元素映射分析时 EDX 测定的 Rh 和 Mn 的含量远低于实验值，这是由于大部分金属进入 UiO-66

的笼内。当 Rh 和 Mn 的负载量均达到或超过 3% 时，体相金属含量远高于实验值，这也表明较大的金属负荷破坏了 MOF 的结构，使得其在被烧过程中部分连接体缺失。对于金属的表面含量，可以看出 3R3M/UiO-66、3R6M/UiO-66 和 5R5M/UiO-66 催化剂中 Mn 的含量远低于理论值。相反，Rh 的含量高于理论值。由此表明当负载量较高时，Mn 更容易进入笼内而 Rh 更易聚集在载体表面，这与元素图的结果相一致。

表 6.9   金属的体相和表面含量

催化剂	表面金属含量		体相金属含量	
	Rh/%	Mn/%	Rh/%	Mn/%
1.5R1.5M/UiO-66	0.70	0.32	1.63	1.59
3R1.5M/UiO-66	2.17	0.35	3.22	1.70
3R3M/UiO-66	3.54	0.86	4.73	4.85
3R6M/UiO-66	4.15	3.77	4.87	8.12
5R5M/UiO-66	5.44	1.67	7.36	7.51

6.2.4   XPS 表征结果

XPS 研究是为了获得催化剂在 400℃ 下还原后表面 Rh、Mn 及 Zr 的化学位点变化。Rh^0、Rh^+ 和 Rh^{3+} 的键能分别为 307.2eV，307.6～309.6eV 和 308.8～311.3eV。如图 6.7（a）所示，根据 Rh $3d_{5/2}$ 的键能 Rh 的化学态分为两大区域，约 307.2eV 处的主峰为 Rh^0 物种，308.4～308.6eV 处的肩峰主要为 $Rh^{\delta+}$ 物种。在不同催化剂上，Zr $3d_{5/2}$ 的键能均集中在 182.6eV 左右，与纯 UiO-66 中 Zr 的键能一致。Mn $2p_{3/2}$ 的峰集中在约 642.0eV，从 NIST 可知：$MnO = 640.3～642.5eV$，$MnO_2 = 641.1～643.4eV$，$Mn_2O_3 = 641.2～642.8eV$，$Mn_3O_4 = 641.1～641.9eV$，由此得出 Mn 在催化剂中以 Mn^{2+} 或更高价态存在。

相比 1.5R1.5M/UiO-66 和 3R1.5M/UiO-66，3R3M/UiO-66、3R6M/UiO-66 和 5R5M/UiO-66 中 Rh $3d_{5/2}$ 的肩峰向高价态偏移，表明其中存在更多的 $Rh^{\delta+}$。另外，在 3R3M/UiO-66、3R6M/UiO-66 和 5R5M/UiO-66 催化剂上 Mn $2p_{3/2}$ 的键能转向低价态。考虑到 Rh 原子中的电子会受到 Mn 的吸电子效应的影响，氧化铑物种的存在表明 Rh 氧化物与 Mn 之间存在强相互作用，同时随着 Rh—Mn 负载量或 Mn/Rh 比例的增加，Rh—Mn 相互作用增强。

6.2.5 H_2-TPR 表征结果

图 6.8 展示了 UiO-66 以及相关催化剂的 H_2-TPR 曲线图。首先可以看到 UiO-

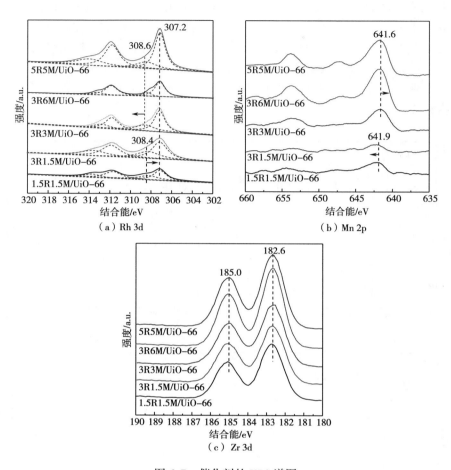

图 6.7　催化剂的 XPS 谱图

66 在 500~600℃有明显的峰，根据 UiO-66 的热稳定性判定此峰是 UiO-66 骨架结构中连接 Zr 节点之间的有机配体（BDC）分解所导致。负载 Rh—Mn 之后，曲线上的峰被分为两部分。高于 450℃的峰归属为 UiO-66 结构的坍塌，但与纯 UiO-66 相比，此峰均向低温偏移（400~580℃），这是由于金属的引入导致 UiO-66 内部连接体（BDC）的变形和断裂。450℃以下的峰归属为 Rh 与 Mn 的还原峰，为更好地观察分析，将其放大至图 6.8（b）和（d）。

在 1.5R1.5M/UiO-66 的 TPR 曲线中，消耗的 H$_2$ 在 450℃以下有两个明显的峰。结合文献，伴随着 UiO-66 骨架结构的分解在约 380℃处出现的小峰归属为 MnO$_2$ 的还原；约 216℃处出现的峰为 Rh$_2$O$_3$ 的还原峰。随着 Rh—Mn 含量或 Mn/Rh 比例的增加，Mn 的还原峰向低温偏移，同时 Rh$_2$O$_3$ 的还原峰分裂成两部分：较高温度（160~180℃）的峰为与 Mn 紧密接触的 Rh（记为 Rh Ⅱ）的还原峰，较低温度（约 130℃）的峰为与 Mn 相互作用较弱的 Rh 的还原峰（记为 Rh Ⅰ）。另外，Rh（Ⅱ）与 Rh（Ⅰ）的峰面积比随着 Rh—Mn 含量或 Mn/Rh 比例的增加明显增大，表明 Rh—Mn 之间相互作用增强，这与 XPS 结果一致。据文献报道，Rh-Mn 之间适当的相互作用会优化活性位点的状态，从而更好地提高 CO 的加氢性能。结合催化活性得出 3R3M/UiO-66 中 Mn 与 Rh 之间适当的协同作用促进了 C_{2+} 含氧化合物的合成。

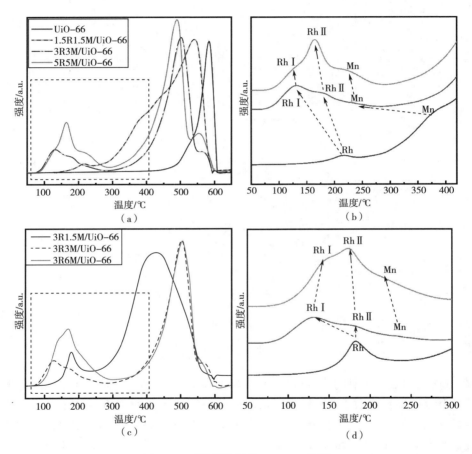

图 6.8 不同催化剂的 H$_2$-TPR 曲线

6.2.6 FT-IR 表征结果

图 6.9 为催化剂在流动 CO/N$_2$ 气氛中 30℃时吸附 CO 的红外谱图。所有催化剂均在 2090cm^{-1}、2050cm^{-1}、2025cm^{-1} 和 1870cm^{-1} 左右处出现四个峰。一般认为，2050cm^{-1} 左右的吸收峰对应于线式吸附态 CO［CO（1）］的伸缩振动，2090cm^{-1}

和 2025cm^{-1} 左右的一对肩峰为孪式吸附态 Rh$^+$（CO）$_2$［CO（gdc）］的对称和反对称伸缩振动，1870cm^{-1} 左右对应于 CO 的桥式吸附态 CO［CO（b）］。如图可知，CO 的吸附强度随着 Rh—Mn 含量的增加而增大，当 Rh 和 Mn 均超过 3% 时又随之减小。另外，随着 Mn/Rh 比的增加 CO 的吸附强度减小，表明过量的 Mn 覆盖了 Rh 的活性位，从而使得吸附活性位点减少。此外，随着 Rh—Mn 含量或 Mn/Rh 比例的增加 CO 的吸附位置明显向高频移动，这是由于随着 Rh—Mn 含量或 Mn/Rh 比例的增加 Rh—Mn 之间的相互作用增强，Mn 的较强的吸电子效应使得 Rh 对 π*$_{co}$ 轨道的反馈作用减小，从而削弱了 CO-Rh 键强度。由于 C$_{2+}$ 含氧化合物的形成首先需要 CO 插入 M-CH$_x$ 键（M 为金属）之后才能进行后续反应，因此削弱 CO-Rh 键有助于进行 CO 插入反应，从而提高 C$_{2+}$ 含氧化合物的选择性。以上分析高度诠释了催化剂的催化性能。

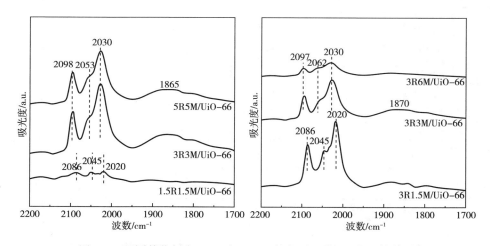

图 6.9　不同催化剂在 30℃ 时 CO/N$_2$ 气氛下吸附 CO 的红外谱图

图 6.10 给出了不同催化剂上吸附 CO 状态随温度变化的曲线。如图 6.10（a）和（b）可知，对于 1.5R1.5M/UiO-66 和 3R1.5M/UiO-66 催化剂，在较低温度（≤150℃），CO（1）和 CO（gdc）为主要的吸附物种；随着温度的升高，2045cm^{-1} 处的 CO（1）逐渐消失，但是整体的 CO 吸附强度持续增加，且主要是由于 CO（gdc）物种的吸附量增加。当温度继续升至反应温度（300℃），吸附强度再次减弱，且 2020cm^{-1} 处的峰作为主峰留了下来，推测 Rh$^+$（CO）$_2$ 上的 CO 部分解吸或者转变成了 CO（1）。

对于 3R3M/UiO-66、5R5M/UiO-66 和 3R6M/UiO-66，CO（1）和 CO（gdc）吸附强度起初随着温度升高明显增强。当温度超过 200℃ 时，CO（gdc）迅速减弱而 CO（1）强度没有明显变化。当温度升至 300℃ 时，CO（1）的位置移至 2045cm^{-1}。

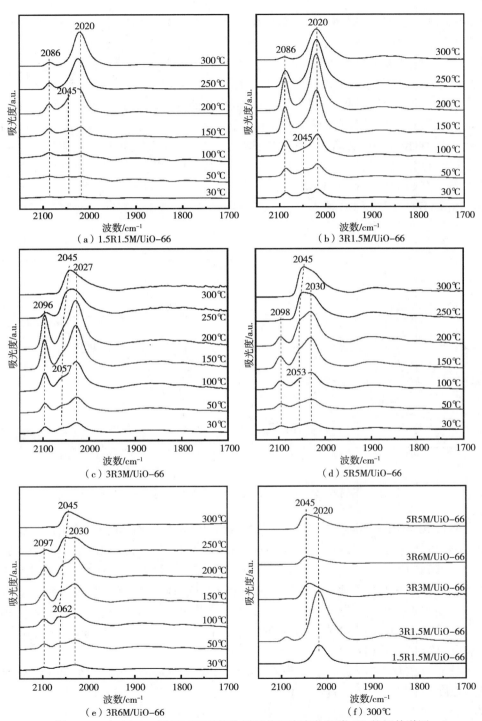

图 6.10　在 CO/N$_2$ 气氛下不同催化剂随着温度变化吸附 CO 的红外谱图

另外，图 6.10（f）比较了这些催化剂在 300℃时 CO 的吸附强度，其强度满足如下递减规律：3R1.5M/UiO-66 > 1.5R1.5M/UiO-66 > 3R3M/UiO-66 > 5R5M/UiO-66 > 3R6M/UiO-66。

基于以上结果可知，随着温度的变化 CO 吸附有两种不同的方式。对于 3R1.5M/UiO-66 和 1.5R1.5M/UiO-66，在反应温度下，2020cm^{-1} 处的主峰频率较低，表明 3R1.5M/UiO-66 和 1.5R1.5M/UiO-66 中 Rh-CO 键强度较强，不利于 CO 插入反应，导致含氧化合物的形成能力较低。对于 3R3M/UiO-66、5R5M/UiO-66 和 3R6M/UiO-66，在反应温度下，原有的线式吸附 CO 仍然存在，其较高的频率表明 Rh-CO 键强度较弱。较弱的 Rh-CO 键有利于 CO 插入反应进行，由此提高了 C_{2+} 含氧化合物的选择性。值得注意的是，在 300℃时 3R1.5M/UiO-66 和 1.5R1.5M/UiO-66 的 CO 吸附强度远高于其他催化剂，但它们的催化活性并不是最强。这表明，催化剂的催化活性并不仅与 CO 的吸附能力有直接关联。

6.2.7　TPSR 表征结果

图 6.11 展示了在 TPSR 测试中由四极质谱仪测得的不同催化剂的 CH_4 形成曲线图以及随着温度的变化催化剂吸附 CO 的红外谱图。随着温度的升高，CO 在 H_2 气氛下逐渐减少；与此同时，随着 CO 的解吸或消耗，CH_4 逐渐形成。另外，结合吸附 CO 的红外谱图以及甲烷形成曲线可知，CH_4 主要是由吸附 CO（gdc）形成的。

1.5R1.5M/UiO-66 和 3R1.5M/UiO-66 的 CH_4 形成集中在 250~300℃，高于其他催化剂的形成温度，表明 1.5R1.5M/UiO-66 和 3R1.5M/UiO-66 催化剂上的 CO 解离能力较弱。另外，由于在 Rh 基催化剂上脱附 CO 加氢形成 CH_4 的速度很快，而 CH_4 在 Rh 基催化剂上一旦形成就会从其表面脱附，因此 TPSR 中的 CH_4 脱

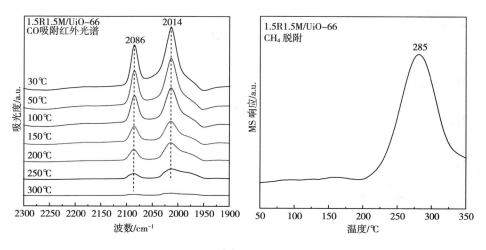

图 6.11

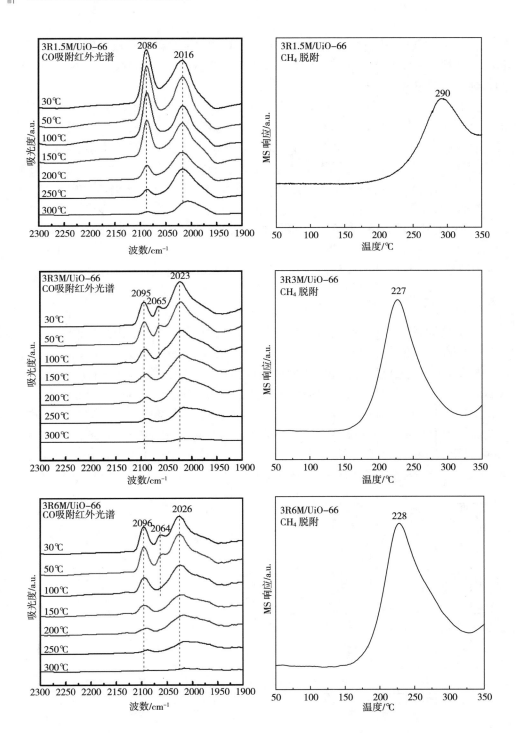

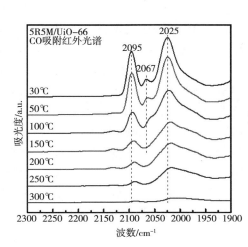 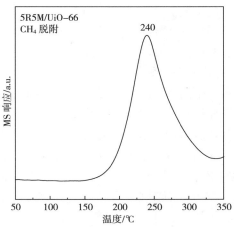

图 6.11　在 30℃下吸附 30min CO 后通 10% H_2/He，升温所得的红外光谱，以及相应的 CH_4 解吸曲线

附量可视为测量催化剂上 CO 解离及加氢能力的工具。由于不同催化剂的 CO 吸附强度不同，CH_4 形成的峰面积不能直接用来比较不同催化剂的加氢能力。在每个催化剂上 CH_4 的峰均从 150℃开始逐渐出现，使用不同催化剂 150℃时吸附 CO 的峰面积作为形成 CH_4 的原料，然后将 TPSR 中所得的 CH_4 与之相除所得的比值用来比较加氢能力。从表 6.10 中可以看出，CH_4/CO 的比例按如下顺序递减：3R3M/UiO-66 > 5R5M/UiO-66 > 3R6M/UiO-66 ≈ 3R1.5M/UiO-66 > 1.5R1.5M/UiO-66，也就是说，不同催化剂上 CO 的解离能力以同样的顺序下降。这也恰好解释了在 300℃时，虽然 3R1.5M/UiO-66 和 1.5R1.5M/UiO-66 的 CO 吸附强度远高于其他催化剂但反应活性并不佳的原因。

表 6.10　TPSR 实验中相关 CO 吸附量与 CH_4 形成量以及所对应的 CH_4/CO 比值

催化剂	CO	CH_4	CH_4/CO
1.5R1.5M/UiO-66	1.00	1.00	1.00
3R1.5M/UiO-66	3.79	8.11	2.14
3R3M/UiO-66	1.19	7.18	6.03
3R6M/UiO-66	1.33	3.64	2.74
5R5M/UiO-66	2.63	8.75	3.33

6.2.8　小结

本节主要考察了使用浸渍法将不同含量的 Rh—Mn 负载在 UiO-66 上所制得的催化剂对 CO 加氢的活性影响。催化剂的组织和结构性能清楚地说明 UiO-66 有助于负载金属的高度分散，由此促进了高度分散的 Rh 与 Mn 之间的相互作用，但是 Rh 与 Mn 之间的相互作用也会受金属负载量的影响。对于 1.5R1.5M/UiO-66 和 3R1.5M/UiO-66，较低的金属含量不利于 Rh 与 Mn 之间的相互作用。此时，虽然 Rh 的 CO 吸附能力非常强，但其导致 Rh—CO 键强度较强同时 CO 解离能力较弱，不利于中间体 CH_x 的形成以及 CO 插入反应进行，因此 CO 转化率及含氧化合物的选择性均较低。对于 3R3M/UiO-66、5R5M/UiO-66 和 3R6M/UiO-66，较高的金属负载量有利于 Rh 与 Mn 之间的协同作用。此时，Rh—CO 键强度被削弱，同时 Rh 位点上的 CO 解离增强，有助于 C_{2+} 含氧化合物的生成。基于以上结果，3R3M/UiO-66 催化剂 C_{2+} 含氧化合物的产量最高，达到 200.1g/(kg·h)。综上所述，UiO-66 的三维孔隙结构有利于金属的分散和 Rh 活性位点的形成，为 Rh—Mn 双金属催化剂的设计合成提供了新思路。

6.3 UiO-66 改性对 Rh—Mn/UiO-66 催化剂活性的影响

6.3.1 概述

在 6.2 节的研究中，我们探究了 UiO-66 作为载体时对 CO 加氢活性的影响。研究结果表明，UiO-66 上负载的 Rh 和 Mn 含量不同，Rh—Mn 之间的协同效应也会受影响。当 Rh 和 Mn 的负载量均达到 3% 时，反应活性达到最佳。有研究表明，各种官能团或金属离子可以通过原位合成或后处理对 UiO-66 结构进行修饰，使其具有特殊的化学性质。以含有某些官能团的对苯二甲酸为连接剂可使 MOF 具有新的性质。例如，Vermoortele 等人使用 UiO-66 及 UiO-66-NH$_2$ 催化苯甲醛（BA）与庚醛（HA）之间的交叉醇缩合反应显著提高了催化活性，而 UiO-66-NH$_2$ 促进的反应产率比 UiO-66 高约 10%。Hu 等人将 UiO-66(Hf)-(OH)$_2$ 作为填充料高度分散在聚苯并咪唑（PBI）中所制备的混合基质膜（MMMs）展现出卓越的 H_2/CO_2 分离性能。

因此，本节使用含有不同官能团的对苯二甲酸作为连接剂，制备了 UiO-66-NH$_2$、UiO-66-OH，分别使用 UiO-66-NH$_2$、UiO-66、UiO-66-OH 作为载体负载 3% Rh、3% Mn，通过浸渍法制得的催化剂用于 CO 加氢，考察其对反应活性及选择性的影响。

6.3.2 催化剂的反应性能

表 6.11 列出了在 300℃ 下各催化剂对 CO 催化加氢的反应性能。由表可知，不同载体所制备的三种催化剂对 CO 转化率的顺序为：RM/UiO-66 > RM/UiO-66-NH$_2$ > RM/UiO-66-OH。另外，RM/UiO-66-NH$_2$ 对甲烷的选择性远高于 RM/UiO-

66-OH 和 RM/UiO-66，而其对乙醇的选择性恰好相反。进一步计算得出三种催化剂的 C_{2+} 含氧化物的时空收率（STY）从大到小依次为：RM/UiO-66 > RM/UiO-66-OH > RM/UiO-66-NH$_2$。

表 6.11　不同催化剂的 CO 加氢性能

催化剂	CO 转化率/%	产物选择性/%							STY（C_{2+} 含氧化合物收率）/ $(g \cdot kg^{-1} \cdot h^{-1})$
		CO_2	CH_4	MeOH	ACH	EtOH	C_{2+}HC	C_{2+}Oxy	
RM/UiO-66-NH$_2$	8.3	5.2	49.7	2.5	4.5	20.7	14.0	28.5	66.1
RM/UiO-66	14.7	2.4	29.5	1.7	8.1	33.2	16.6	49.7	203.0
RM/UiO-66-OH	6.3	2.8	35.7	2.9	9.0	29.4	15.1	44.3	77.6

6.3.3　载体的结构和组织特征

图 6.12 展示了三种载体的 N_2 吸脱附曲线及其孔径分布。由图 6.12（a）可见，所有的 N_2 吸脱附曲线均为 I 型等温线，符合 MOF 材料的结构特征。UiO-66 的 N_2 吸附量最大，而 UiO-66-OH 的 N_2 吸附量明显低于 UiO-66 和 UiO-66-NH$_2$。由图 6.12（b）可知，UiO-66-NH$_2$ 与 UiO-66 的孔径分布基本类似，均集中在 0.6~1.2nm 和 1.5~2.5nm 两区间内，而 UiO-66-OH 的孔径分布只有 0.6~1.2nm 一个范围。据文献可知，孔径分布图中 0.6~1.2nm 区间的孔道对应 UiO-66 中约 1.1nm 的正八面体笼和约 0.8nm 的正四面体笼，1.5~2.5nm 区间的孔道是由实际制备过程中 Zr 节点配位不饱和所导致的连接体缺失引起的。由图 6.12（b）以及

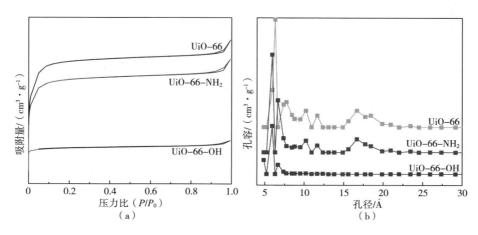

图 6.12　不同载体的 N_2 吸附及孔径分布

表 6.12 可知，UiO-66-OH 的孔容及比表面积都远低于另外两种载体，这可归因为极性较高的羟基与金属离子和溶剂之间的相互作用较强，使得结构中的有机物连接体的移动和孔道的形成受到障碍，导致了比表面积大大降低。另外，三种样品的比表面积均主要由微孔表面积贡献，这与文献结果相一致。

表 6.12　不同载体的比表面积及孔容

样品	比表面积/($m^2 \cdot g^{-1}$)			孔容/($cm^3 \cdot g^{-1}$)		
	总	微孔	介孔	总	微孔	介孔
UiO-66	1320.8	1115.8	205.0	0.79	0.57	0.22
UiO-66-NH$_2$	1105.8	924.8	181.0	0.68	0.48	0.20
UiO-66-OH	282.8	228.4	54.1	0.19	0.12	0.07

通过 XPS 表征获得三种载体在还原前和 400℃ 还原后表面 Zr 的化学状态。从图 6.13 中可以看到，在还原前后三种载体中 Zr 均以 Zr^{4+} 的形式存在，且其结合能也保持一致，这一现象符合 UiO-66 的配位结构。

图 6.14 列出了三种载体的 XRD 谱图。由图可知，三种载体均在 $2\theta = 7.3°$、$8.5°$、$25.7°$、$43.3°$ 等处有较为明显的 UiO-66 系列材料特有的特征衍射峰，但 UiO-66 的峰强度远高于另外两个，这是由于相关官能基团的插入改变了 UiO-66 原有结构的特有连接状态。

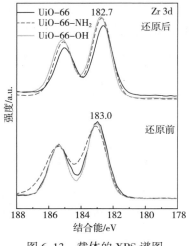

图 6.13　载体的 XPS 谱图

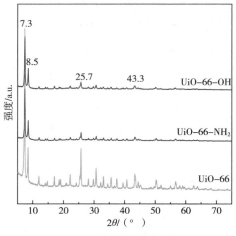

图 6.14　载体的 XRD 谱图

6.3.4　催化剂的组织结构及特性

图 6.15 展示了不同催化剂的 N_2 吸脱附及其孔径分布。表 6.13 展示了三种催化剂的比表面积及孔容数据。分析数据可知，负载 Rh-Mn 之后，相应催化剂的 N_2 吸附量、孔容以及表面积均有减小同时满足以下规律：RM/UiO-66 > RM/UiO-66-NH$_2$≈RM/UiO-66-OH。由图 6.15（b）可知催化剂的微孔几乎被负载金属填满，表 6.13 的数据进一步佐证了这一结果。

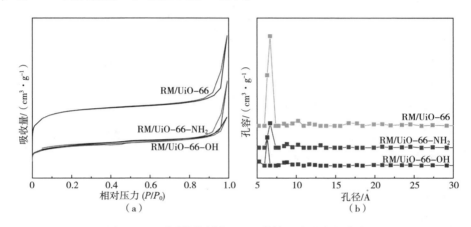

图 6.15　不同催化剂的 N_2 吸附等温线及孔径分布

表 6.13　不同催化剂的比表面积及孔容

样品	比表面积/$(m^2 \cdot g^{-1})$			孔容/$(cm^3 \cdot g^{-1})$		
	总	微孔	介孔	总	微孔	介孔
RM/UiO-66	129.4	83.5	45.9	0.15	0.04	0.11
RM/UiO-66-NH$_2$	47.2	21.3	25.9	0.10	0.01	0.09
RM/UiO-66-OH	45.6	18.5	27.1	0.06	0.01	0.05

图 6.16 展示了催化剂在还原前和 400℃ 还原后的表面化学状态。如图 6.16（a）所示，在还原之前，所有催化剂中的 Rh 物种均以 Rh_2O_3 的形式存在（310.0eV）；还原之后该峰值向低结合能方向偏移，表明 Rh^{3+} 存在向金属 Rh^0 转变的趋势，积分可知此峰为 Rh^0（306.8~307.4eV）和 $Rh^{\delta+}$（307.7~308.5eV）的混合物，且 Rh^0 远多于 $Rh^{\delta+}$。与此相反，Mn 在还原前后并没有明显变化，如图 6.16（b）所示，表明 Mn 一直以锰氧化物的形式存在。由 XPS 可知，未经修饰的 MOF 更有助于 Rh 的还原从而促进催化反应。

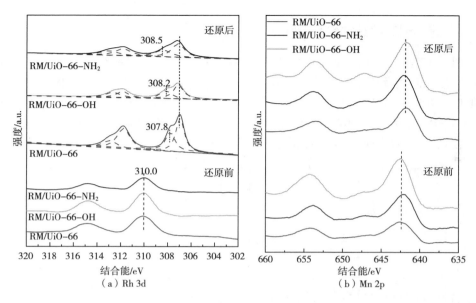

图 6.16 催化剂的 XPS 光谱

图 6.17 展示了不同催化剂的 XRD 谱图。与载体相比，负载金属之后 UiO-66 的特征峰被削弱，同时在 $2\theta = 30.5°$、$50.6°$、$60.3°$（PDF 17-0923）处出现了 ZrO_2 的衍射峰。这一现象表明 Rh-Mn 的引入使得载体中部分连接体扭曲或缺失，破坏了其特有的结构。另外，在 XRD 谱图中未观察到 Rh 与 Mn 的特征峰，表明 Rh 与 Mn 在 MOFs 的孔道中高度分散。

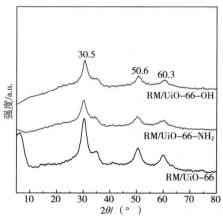

图 6.17 不同催化剂的 XRD 谱图

红外表征展现了活性 Rh 位点上吸附 CO 的多种 C-O 伸缩频率，根据红外谱图中 CO 吸附峰的变化可推测出不同催化剂中活性组分 Rh 的变化。图 6.18 给出了催化剂在流动 CO/N$_2$ 气氛中 30℃ 与 300℃ 时 CO 吸附饱和的红外谱图。如图 6.18 （a）所示，在 30℃ 时，所有催化剂在 2100cm^{-1} 和 2036cm^{-1} 左右处均有两个强峰，这一对肩峰归属为孪式吸附态 Rh$^+$（CO）$_2$［CO（gdc）］的对称和反对称伸缩振动。2060cm^{-1} 处和 1860cm^{-1} 左右处的两个峰分别对应与 Rh（111）键合的线式 CO ［CO（1）］和桥式 CO。不同催化剂的总 CO 吸附量由大到小依次为：RM/UiO-66 > RM/UiO-66-NH$_2$ > RM/UiO-66-OH。然而，在 300℃ 时 RM/UiO-66 的 CO 吸附量远少于另外两个催化剂。

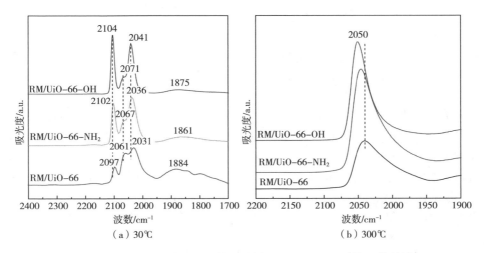

图 6.18 CO/N$_2$ 气氛下不同催化剂在 30℃ 和 300℃ 时的红外谱图

从图 6.18（a）中可明显看出 RM/UiO-66 中 CO（gdc）/CO（1）（Rh$^+$/Rh^0）的比值远小于其他两个催化剂，这一结果与 XPS 中 Rh 的状态分布比例吻合（表 6.14）。在活性位点 Rh$^+$ 和 Rh^0 中，H$_2$ 更容易吸附在 Rh^0 上，因此可以推断在反应条件下 RM/UiO-66 上 H* 物种的覆盖度（θ_H）会更高。在 Rh 基催化剂上进行的 CO 加氢制低碳醇的反应中，CO 加氢生成甲酰基物种（HCO*）的反应速率最慢，为总反应的限速步骤（图 6.19），由此推断在 RM/UiO-66 上的高 θ_H 很有可能是 CO 转化率高的原因。

表 6.14 XPS 中 Rh$^+$/Rh^0 的比值

催化剂	Rh$^+$/Rh^0 XPS
RM/UiO-66	0.54
RM/UiO-66-NH$_2$	0.63
RM/UiO-66-OH	0.70

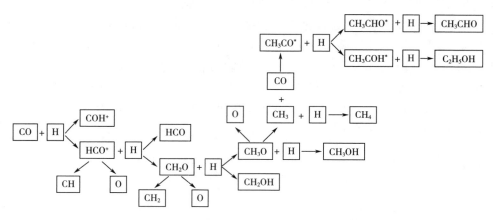

图 6.19　Rh 基催化剂上合成气（CO+H₂）的反应机理

为了进一步探究合成气在催化剂上反应时的状态，在 300℃下 CO 吸附饱和后继续通入 H₂，即通入 CO+H₂ 的混合气（CO：H₂＝1：2）来跟踪 CO 的变化。图 6.20 分别记录了不同催化剂通入 H₂ 后 5min、10min、15min、20min、25min、30min 的红外变化谱图。可以发现，由于 H₂ 与 CO 之间的反应 CO 的吸附峰不断减弱，30min 后基本保持不变。RM/UiO-66 中 CO 吸附峰的减弱程度远大于另外两种催化剂，这一现象也进一步证明 RM/UiO-66 上的高 θ_H 促进了 CO 的转化。

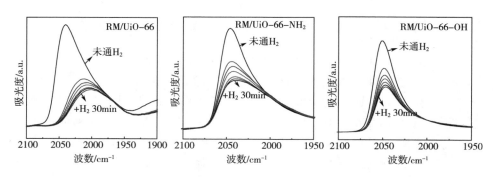

图 6.20　不同催化剂在 300℃下吸附 CO 饱和之后通 H₂ 所得的红外谱图

图 6.21 展示了在 TPSR 测试中由四极质谱仪测得的不同催化剂的 CH₄ 形成曲线图。由于在 Rh 基催化剂上的 CO 加氢形成 CH₄ 的速度很快，而 CH₄ 在 Rh 基催化剂上一旦形成就会从其表面脱附，因此 TPSR 中的 CH₄ 的脱附情况可用来评判催化剂上 CO 的解离及加氢能力。由图可知，CH₄ 形成的温度由低到高依次为：RM/UiO-66<RM/UiO-66-NH₂<RM/UiO-66-OH，很明显在三种催化剂中 RM/UiO-66 的 CO 解离加氢能力最强，这一结果与红外结果相一致，同时进一步验证了 RM/

UiO-66 催化剂上的高 θ_H 促使反应的转化率达到最佳。

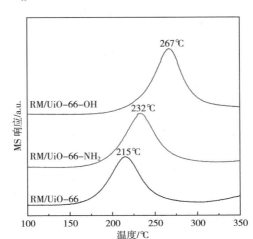

图 6.21　由 TPSR 测试所得的 CH$_4$ 脱附曲线

6.3.5　小结

本节使用浸渍法制备了三种以 Zr 基 MOF（UiO-66、UiO-66-NH$_2$ 和 UiO-66-OH）为载体负载相同金属含量的 Rh-Mn 催化剂，并考察了其对 CO 加氢合成以乙醇为主的 C$_{2+}$ 含氧化合物的催化性能。活性测试结果表明，三种催化剂中 RM/UiO-66 的活性最佳。由 XPS 的结果可知，未经修饰的 UiO-66 能有效促进高度分散的 Rh 与 Mn 之间的相互作用，提高催化剂中 Rh^0 物种的比例。而 FT-IR 测试中各催化剂上吸附态 CO（gdc）和 CO（l）的比值也充分印证了 XPS 的结果。RM/UiO-66 表面较高的 Rh^0 含量促进了 H$_2$ 的吸附解离，使得 CO 加氢能力提升，CO 转化率因此提高。

6.4　Fe 掺杂对 RM/UiO-66 催化剂的影响

6.4.1　概述

众所周知，助剂对 Rh 基催化剂有着重要的影响。目前已有许多助剂（Fe、Ce、V、La、Mn、Ag、Ti、Ir）被证明可以提高乙醇的选择性，其中 Fe 对于 Rh 基催化剂上 CO 加氢的促进作用有多种解释。Yin 等人表明 Fe 的促进作用主要是由于其在催化剂内高度分散并且与 Rh 和 Mn 之间有较强的相互作用。一些研究指出 Rh/Fe 界面会促进 H 从 Rh 表明溢流至 Fe，促进了乙醛加氢。另外，金属 Fe 被认为可以通过增加形成甲烷的势垒同时减弱 CO 插入的势垒从而提高催化性能。基于以上结论，使用 Fe 作为助剂进一步提升 RM/UiO-66 催化剂的催化性能。

本节采用共浸渍法制备了不同 Fe 含量掺杂的 RM/UiO-66 催化剂用于 CO 加氢的活性测试。通过表征研究了 Fe 的加入对 RM/UiO-66 催化剂催化 CO 加氢反应进程的影响。

6.4.2　催化剂的反应性能

表 6.15 列出了在 300℃下不同 Fe 含量添加对 RM/UiO-66 催化剂催化 CO 加氢反应性能的影响。如表所示，CO 的转化率随 Fe 的含量增多而增加，且在 Fe 负载量为 0.3% 时达到最大；当 Fe 含量超过 0.3% 时迅速减小。在选择性方面，乙醇的选择性随 Fe 含量的增多而增大，同样地，Fe 含量超过 0.3% 后又减小；而甲烷和乙醛呈现出与乙醇相反的规律。另外，C_{2+} 含氧化合物的时空收率（STY）在 0.3FeRM/UiO-66 催化剂上达到 300.1g/（kg·h）的最大值。

表 6.15　Fe 的加入对 RM/UiO-66 催化剂 CO 加氢性能的影响

催化剂	CO 转化率/%	产物选择性/%							STY（C_{2+}含氧化合物收率)/（g·kg^{-1}·h^{-1}）
		CO_2	CH_4	MeOH	ACH	EtOH	C_{2+}HC	C_{2+}Oxy	
RM/UiO-66	14.8	1.9	33.2	1.4	9.9	24.8	21.8	41.7	180.9
0.1FeRM/UiO-66	19.7	1.6	31.8	2.6	9.3	26.6	20.6	43.4	239.7
0.3FeRM/UiO-66	24.8	2.0	29.6	2.4	8.7	28.4	19.3	46.7	300.1
0.5FeRM/UiO-66	7.6	2.3	32.2	2.8	10.3	24.2	22.7	40.0	84.3

6.4.3　XPS 表征结果

图 6.22 展示了由 XPS 测得的不同催化剂中金属元素的化学状态变化。观察 Rh 3d、Mn 2p 及 Zr 3d 的 XPS 谱图可知，这些金属元素的峰强度均随着 Fe 加入量的增多而减弱。由此可知，Fe 的加入覆盖了部分活性金属组分。另外，由于 Fe 在催化剂上含量极少，Fe 2p 的 XPS 谱图并没有明显的峰型。

6.4.4　催化剂的反应机理研究

图 6.23 展示了催化剂在 CO/N_2 气氛下 30℃时 CO 吸附饱和的红外谱图。如图所示，$2100cm^{-1}$ 和 $2030cm^{-1}$ 左右处的一对肩峰分别为孪式 CO 吸附态 ［CO（gdc）］ 的对称和反对称的伸缩振动，$2065cm^{-1}$ 左右处为线式 CO ［CO（1）］ 的

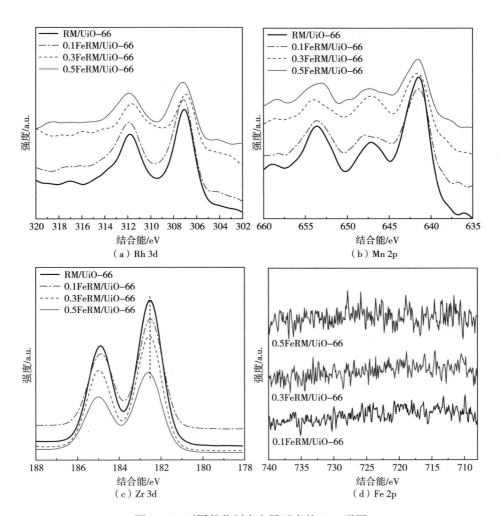

图 6.22　不同催化剂中金属元素的 XPS 谱图

吸附峰。1885cm⁻¹ 左右处的峰为 Rh⁰ 上的桥式吸附［CO（b）］，由于 CO（b）吸附在 Rh（100）和 Rh（111）等不同的 Rh 晶体表面上，因此该峰相对较宽。观察不同催化剂中 CO 吸附峰的变化可知，随着 Fe 加入量的增多，CO 吸附峰逐渐增强。

　　图 6.24 给出了不同催化剂在 CO/N₂ 气氛下吸附 CO 随温度的变化情况。首先可以看到，所有催化剂中较高频率（约 2100cm⁻¹）的 CO（gdc）吸附峰均满足这样的规律：从 30~150℃，吸附峰随着温度的升高而不断增强；继续升高温度，该峰强度逐渐减弱同时向低频偏移，直到 300℃ 时此峰几乎完全消失。根据过去研究经验，这是由于催化剂表面分子运动加剧导致了 CO 脱附速率加快或者 Rh⁺（CO）₂ 对称伸缩振动的夹角改变所引起。然而 CO（b）吸附峰随温度升高的变化极小，

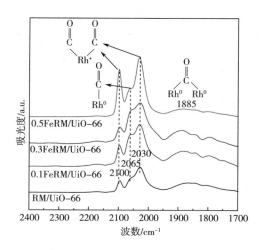

图 6.23　CO/N₂ 气氛下不同催化剂在 30℃时吸附 CO 的红外谱图

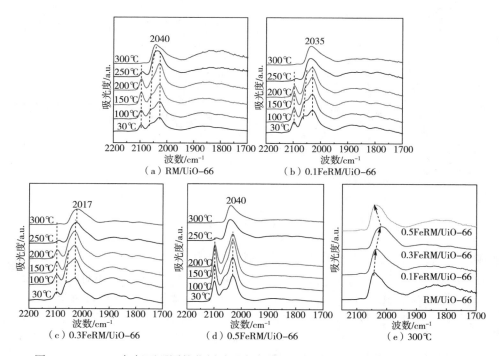

（a）RM/UiO-66　　（b）0.1FeRM/UiO-66

（c）0.3FeRM/UiO-66　　（d）0.5FeRM/UiO-66　　（e）300℃

图 6.24　CO/N₂ 气氛下不同催化剂随温度变化的红外谱图以及 300℃时的红外谱图

仅有少量脱附。这一现象与过去对 Rh/SiO₂ 催化剂上吸附的不同种类 CO 的研究结果一致，即 CO（b）的稳定性远高于 CO（gdc）和 CO（1）。

在这里重点分析不同催化剂上 CO（gdc）和 CO（1）吸附峰的变化情况。所有催化剂中的 CO（1）均随着温度的升高不断向低频偏移。对于 RM/UiO-66，CO（1）在 250℃ 与仍保留的 CO（gdc）在 2040cm^{-1} 处形成一个宽峰；添加 0.1% Fe（质量分数）后，宽峰偏移至 2035cm^{-1} 处；继续添加 Fe 至 0.3% 时，该峰的偏移程度进一步增加，移至 2017cm^{-1} 处；然而当 Fe 含量达到 0.5% 时，又回到 2040cm^{-1}。

将 300℃ 时不同催化剂上 CO 的吸附情况汇总于图 6.24（e）同时将图中两种典型 CO 的峰强度的数据记录至表 6.16。随着 Fe 含量的增加，较高频的 Rh_x^0（CO）峰强度有增大的趋势，而处于较低频的 CO（b）峰强度恰好相反。

表 6.16　图 6.24E 中 CO 吸附峰的峰面积

催化剂	$A_{Rh_x^0(CO)}$	$A_{CO(b)}$
RM/UiO-66	4.57	4.26
0.1FeRM/UiO-66	4.65	2.00
0.3Fe/RM/UiO-66	4.73	1.01
0.5Fe/RM/UiO-66	4.72	3.01

为了进一步探究合成气在催化剂上反应时的状态，在 300℃ 下 CO 吸附饱和后继续通入 H_2，即通入 CO+H_2 的混合气（CO：H_2 = 1：2）来跟踪催化剂表面 CO 的变化。图 6.25 分别记录了不同催化剂通入 H_2 后 5min、10min、15min、20min、25min、30min 的红外变化谱图。由于 H_2 与 CO 之间的反应，所有催化剂中的 Rh_x^0（CO）吸附显著减弱，30min 后基本保持不变，而在这过程中 CO（b）吸附峰的变化较不明显。

因此探究不同催化剂上 Rh_x^0（CO）的变化情况。随着 Fe 加入量的增多，催化剂上与 H_2 反应的 CO 反而减少，当 Fe 含量超过 0.3% 时，参与反应的 CO 又大幅增加。进一步观察发现，不同催化剂上 CO 的反应程度与峰的频率有一定关联：高频的 Rh_x^0（CO）吸附物种更容易进行加氢反应。在对 Rh_x^0（CO）物种进行红外研究时发现 Rh_x^0（CO）的频率越高，Rh—CO 之间键能越弱，因此加氢反应能力越强。结合过去的研究，当催化剂中只存在 Rh 与 Mn 活性组分时，Rh—Mn 之间相互作用较强，Mn 对 Rh 较强的吸电子效应使得 Rh 对 $\pi *_{co}$ 轨道的反馈作用减小，CO—Rh 键强度较弱。加入适量 Fe 之后，Mn 对 Rh 的吸电子效应被 Fe 削弱，使得 Rh 的电子重新反馈给 $\pi *_{co}$ 轨道，CO—Rh 键强度增强。H_2—TPR 结果很好地对应了以上结论（图 6.26）：所有催化剂在 400~600℃ 的峰为载体 UiO-66 的结构坍塌峰，300℃ 以内为 Rh 与 Mn 的还原峰。当催化剂中 Fe 含量极少时 Rh 与 Mn 之间

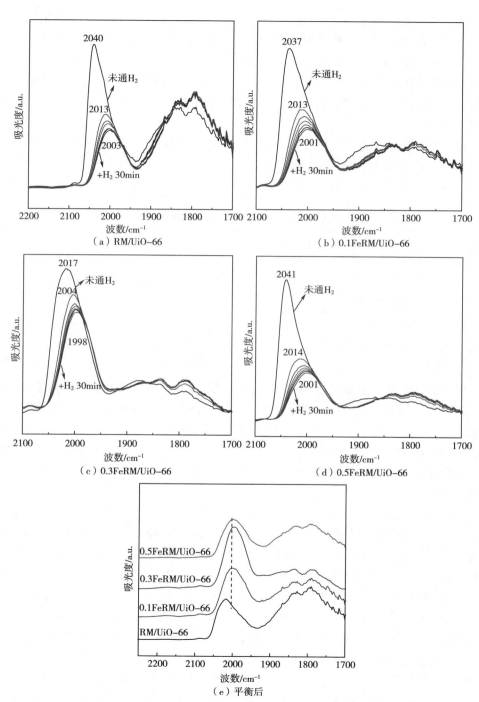

图 6.25　催化剂在 300℃ 吸附饱和后继续通 H₂ 所得的红外谱图及加氢平衡之后的红外谱图

较强的相互作用使两种金属的还原峰混为一体，而 Fe 含量达到 0.3% 时 Rh—Mn 的还原峰有所分离。这一现象表明加入适量 Fe 之后 Rh—Mn 之间相互作用被削弱，CORh 键强度增强，从而在一定程度上减弱了 CO 的加氢性能。根据 CO 的反应机理，催化剂的加氢性能要适度，如果加氢能力过强则产物基本为 CH_4，C_{2+}oxy 的选择性会降低，但是加氢能力太弱，则催化剂的转化率又会很低。因此，适量 Fe 的加入通过抑制 CH_4 的形成提高了乙醇的选择性。

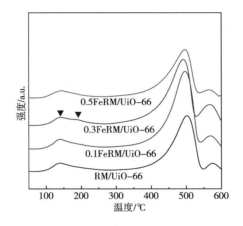

图 6.26　不同催化剂的 TPR 曲线

对比所有催化剂加氢反应平衡之后的 CO 吸附峰（表 6.17），发现不同催化剂中剩余的 Rh_x^0（CO）与 CO（b）吸附峰面积的变化规律恰好与加氢之前的相一致，而 Rh_x^0（CO）和 CO（b）的变化规律分别又与反应转化率和加氢性能相对应。由此推断，在反应条件下催化剂所吸附的 CO 中，Rh_x^0（CO）有利于提高 CO 转化率，CO（b）会促进 CO 的加氢性能。

表 6.17　图 6.25（e）中吸附 CO 的峰面积

催化剂	$A_{Rh_x^0(CO)}$	$A_{CO(b)}$
RM/UiO-66	1.91	3.15
0.1FeRM/UiO-66	2.21	2.19
0.3Fe/RM/UiO-66	2.75	1.19
0.5Fe/RM/UiO-66	1.87	2.42

图 6.27 展示了在 TPSR 测试中随着温度的变化催化剂表面吸附 CO 的红外谱图。图 6.28 展示了由四极质谱仪测得的 TPSR 测试中，不同催化剂的 CH_4 形成曲

线图以及不同催化剂在 He 气氛下的 CO-TPD 谱图。结合图 6.27 及图 6.28 可知，CH_4 是由吸附在催化剂上的 CO 形成的，并且每个催化剂上的 CH_4 峰均从 150℃左右开始陆续出现，而吸附 CO 从 60℃左右开始脱附；CO 的脱附主要是由吸附较弱的 CO［CO（gdc）和 CO（l）］脱附引起的，而 CH_4 主要是由强吸附的 CO 以及部分弱吸附的 CO 解吸形成的。

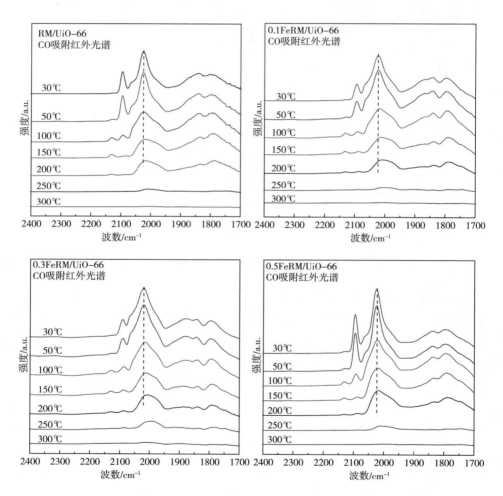

图 6.27 TPSR 测试过程中记录的红外谱图

由于 CH_4 在 Rh 基催化剂上一旦形成就很容易从催化剂表面脱落，因此 CH_4 的形成温度可对应 CO 的解离能力，而 CH_4 的峰强度可代表 CO 的加氢能力。由图 6.28 中 CH_4 形成曲线可知，随着 Fe 的加入，CH_4 形成温度降低，在 0.3FeRM/UiO-66 时达到最低。这一现象表明适量 Fe 的加入提高了 CO 的解离能力，反应转

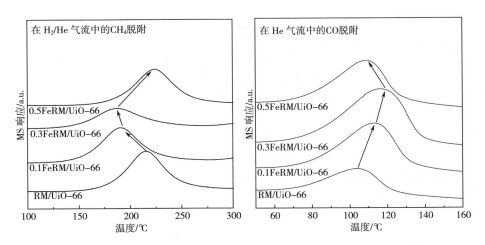

图 6.28　H_2/He 气氛下所得的 CH_4 形成曲线及 He 气氛下所得的 CO 脱附曲线

化率由此提升。而 CH_4 的形成量先减少后增加，在 0.3FeRM/UiO-66 上实现最小值。这表明适量的 Fe 减弱了 CO 的加氢性能。

由图 6.28 中 CO 脱附曲线可知，随着 Fe 的增加，CO 脱附温度升高，结合不同催化剂在 TPSR 中吸附 CO 在 100~150℃的红外谱图变化情况可知，脱附的 CO 中包含部分 CO（b）。对比 FT-IR 分析中 30℃及 300℃时吸附 CO 的情况，更可明确地观察到适量 Fe 的加入会减弱 CO（b）的吸附并且稳定 Rh_x^0（CO）。由于 TPSR 中吸附 CO 的红外谱图在 300℃时所有的峰均会消失，再结合不同催化剂在 TPSR 及 FT-IR 中的加氢性能测试，更为有力地证明了吸附在催化剂表面的 CO（b）容易直接加氢形成 CH_4。而 Rh_x^0（CO）是促进 CO 解离的关键要素，从而保证了反应的转化率。因此，在 RM/UiO-66 催化剂中加入适量的 Fe 不仅提高了反应的转化率还有效提高了乙醇的选择性。

6.4.5　小结

本节考察了 Fe 的加入对 RM/UiO-66 催化剂催化 CO 加氢性能的影响。通过活性测试得出，加入适量的 Fe 有助于提高反应的转化率，并且进一步提高了乙醇的选择性。在所有催化剂中，0.3FeRM/UiO-66 的活性达到最佳。结合 FT-IR 及 TPSR 的研究表明，适量 Fe 的加入在抑制 CO（b）吸附的同时稳定 Rh_x^0（CO）。进一步深入研究发现，Rh_x^0（CO）可以提升 CO 的解离能力而 CO（b）利于 CH_4 的形成。因此，RM/UiO-66 催化剂中加入适量的 Fe 有效地提升反应活性。

第7章 Zr 基载体负载的 Rh 基催化剂的制备及性能研究

7.1 MOFs 负载的 Rh 基催化剂的制备

7.1.1 催化剂的制备

7.1.1.1 实验所用药品、仪器和气体

本书实验所用试剂见表 7.1。

表 7.1 实验中所用药品

药品名称	分子式	药品纯度	生产厂家
氯化铑	$RhCl_3 \cdot 3H_2O$	≥99.9%	上海久岭化工有限公司
硝酸锰（Ⅱ）溶液	$Mn(NO_3)_2$	49%~51%	上海泰坦科技股份有限公司
硝酸铈铵	$H_8CeN_8O_{18}$	≥98%	上海泰坦科技股份有限公司
无水氯化锆	$ZrCl_4$	≥99.95%	Strem Chemicals
硝酸锆五水合物	$Zr(NO_3)_4 \cdot 5H_2O$	≥98%	上海泰坦科技股份有限公司
对苯二甲酸	$C_8H_6O_4$	99%	上海泰坦科技股份有限公司
4,4'-联苯二甲酸	$C_{14}H_{10}O_4$	97%	上海阿拉丁生化科技股份有限公司
甲酸	$HCOOH$	≥98%	上海泰坦科技股份有限公司
乙酸	$C_2H_4O_2$	99%	上海泰坦科技股份有限公司
丙酮	C_3H_6O	≥99.5%	上海泰坦科技股份有限公司
N,N-二甲基甲酰胺	C_3H_7NO	≥99.5%	上海泰坦科技股份有限公司
盐酸	HCl	36%~38%	上海泰坦科技股份有限公司
硅酸四乙酯	$C_8H_{20}O_4Si$	98%	上海阿拉丁生化科技股份有限公司

续表

药品名称	分子式	药品纯度	生产厂家
无水乙醇	C_2H_5OH	≥99.7%	上海泰坦科技股份有限公司
氨水	NH_4OH	25%~28%	上海泰坦科技股份有限公司
异丙醇	C_3H_8O	≥99.5%	上海阿拉丁生化科技股份有限公司
3-氨丙基三乙氧基硅烷（APTES）	$C_9H_{23}NO_3Si$	98%	百灵威科技有限公司
去离子水	H_2O	——	自制

7.1.1.2　实验仪器

催化剂制备和评价过程中所用到的仪器见表 7.2。

表 7.2　实验仪器

仪器	型号	生产厂家
恒温鼓风干燥箱	DHG-9050A	上海慧泰仪器制造有限公司
电子天平	BS 224 S	北京赛多利斯仪器系统有限公司
离心机	H-1600	上海江东仪器有限公司
超声波清洗机	F-080s	苏州迈弘电器有限公司
反应釜	YZHR-100	岩征仪器
马弗炉	SX_2-4-10	上海贺德实验设备厂
压片机	HY-12	天津天光光学仪器有限公司
标准筛	40、60 目	上海宝蓝实验仪器制造有限公司
质量流量计	D07 系列	北京七星华创电子股份有限公司
背压阀	BP60-1A11QCK1Q1	美国 GO 公司
磁力搅拌器	DF-101S	上海予英仪器有限公司
加热磁力搅拌器	DF-101S	上海豫康科教仪器设备有限公司
空气发生器	LCA-3	邦西仪器科技（上海）有限公司
高纯氢气发生器	SGH-300	北京东方精华苑科技有限公司
反应炉	YKRL	宝应县电热电器厂
气相色谱	FL-GC9720	浙江福立分析仪器有限公司

续表

仪器	型号	生产厂家
气体质量流量控制器	5850E	美国布鲁克斯公司
气体质量流量显示器	Control Electronics 0152	美国布鲁克斯公司

7.1.1.3 实验所用气体

催化剂评价和表征过程中所用气体见表 7.3。

表 7.3 实验中所用气体

气体名称	气体组分	气体浓度	生产厂家
高纯氮气	N_2	99.999%	上海申中气体有限公司
高纯氢气	H_2	99.999%	上海浦江特种气体有限公司
高纯氦气	He	99.999%	上海伟创标准气体有限公司
高纯空气	O_2/N_2	20%O_2—80%N_2	上海申中气体有限公司
一氧化碳	CO	99.99%	上海伟创标准气体有限公司
原料气	$CO/H_2/N_2$	30%CO—60%H_2—10%N_2	上海伟创标准气体有限公司
还原气	H_2/N_2	10%H_2—90%N_2	上海伟创标准气体有限公司
CO 混合气	CO/Ar	5%CO—95%Ar	上海伟创标准气体有限公司
甲烷	CH_4	10%CH_4—90%N_2	上海申中气体有限公司
液氮	N_2	99.999%	上海申中气体有限公司

7.1.1.4 载体的制备

UiO-66/67 的制备：将 5mmol $ZrCl_4$、5mmol 对苯二甲酸（H_2BDC）/联苯二甲酸（H_2BPDC）溶解在 55mL N,N-二甲基甲酰胺（DMF）和 6.8mL 甲酸混合溶液中，随后转移至 50mL 的聚四氟乙烯内衬中，然后将聚四氟乙烯内衬转移到反应釜中拧紧，最后将反应釜在 120℃ 烘箱中静置 24h。待溶液自然冷却至室温后，用 DMF 和甲醇离心洗涤几次，洗涤后的固体于 80℃ 烘箱中干燥过夜分别得到 UiO-66 和 UiO-67。此外，第 3 章还考察了制备条件对 UiO-66 和 UiO-67 性质的影响，具体制备条件的调变过程可详见第 3 章的讨论。

Ce-UiO-66 的制备：Ce-UiO-66 的制备过程基本与文献一致。将 7mmol H_2BDC 溶解在 80mL DMF 和 20mL 甲酸的混合溶液中，随后逐滴滴加 30mL（NH_4）Ce（NO_3）$_6$ 溶液（0.3mol/L），将得到的混合溶液转移至 60℃ 烘箱中静置 2h。待溶液冷却至室温后，用 DMF 和甲醇离心洗涤，将得到的固体于 80℃ 烘箱中干燥过夜得到 Ce—UiO—66。此外，第 3 章还考察了制备条件对 Ce—UiO—66 性质的影响，具体制备条件的调变过程可详见第 3 章的讨论。

（1）ZrO_2 的制备。ZrO_2 是将硝酸锆五水合物在 500℃ 马弗炉中焙烧 4h 制备。

（2）SiO_2 的制备。取 20mL 异丙醇、0.5mL 去离子水、1mL 氨水于 50mL 烧杯中混合均匀，将混合物置于室温下搅拌 4h。然后用去离子水离心洗涤 2 次，将得到的固体于 60℃ 烘箱中烘干，即可得到 SiO_2。

（3）SiO_2 氨基化。称取 40mg 固体 SiO_2 超声溶解于 20mL 无水乙醇中，随后添加 20μL APTES，将得到的混合物于 60℃ 水浴中搅拌 4h。随后用乙醇洗涤数次，将得到的固体置于 60℃ 烘箱中烘干，即可得到氨基化的 SiO_2（SiO_2—NH_2）。第 7 章中制备催化剂时使用的 SiO_2 是氨基化后的 SiO_2。

（4）UiO—66@ SiO_2 的制备。称取 0.64g $ZrCl_4$ 于圆底烧瓶，加入 40mL DMF 超声至溶解，随后加入 0.5g SiO_2—NH_2 于室温下搅拌 1h，接下来称取 0.456g H_2BDC 同时量取 5mL 乙酸和 40mL DMF 依次加入圆底烧瓶中，将圆底烧瓶置于 120℃ 油浴中搅拌 24h。反应结束后，将得到的固体用 DMF 和甲醇洗涤数次，最后于 60℃ 烘箱中烘干即可得到 UiO—66@ SiO_2，具体调变步骤将在第 7 章进行详细讨论。

7.1.1.5 催化剂的制备

同形貌 MOFs 负载的 Rh—Mn 催化剂的制备：$RhCl_3$ 水溶液（Rh 质量分数约 39%）和 Mn（NO_3）$_2$ 水溶液作为前驱体，Rh 和 Mn 的负载量均为 3%，等体积浸渍到载体——UiO—66、UiO—67 和 Ce—UiO—66，室温下浸渍老化 12h 后于 80℃ 烘箱中干燥 12h，然后在 300℃ 的马弗炉中焙烧 4h。制备的催化剂分别命名为 3R3M/UiO—66、3R3M/UiO—67 和 3R3M/Ce—UiO—66。

不同浸渍次序的 Rh—Mn/UiO—67 催化剂的制备：$RhCl_3$ 水溶液（Rh 约 39%）和 Mn（NO_3）$_2$ 水溶液作为前驱体，Rh 和 Mn 的负载量均为 3%。先将 $RhCl_3$ 水溶液浸渍到载体 UiO—67 上，室温下静置老化 12h 随后转移至 120℃ 烘箱中干燥 12h。然后将 Mn（NO_3）$_2$ 水溶液浸渍到上述得到的含有 Rh 的 UiO—67 载体中，室温下静置老化 12h，随后转移至 120℃ 烘箱中干燥 12h。最后在 300℃ 的马弗炉中焙烧 4h，制备的催化剂命名为 M/R/UiO—67。调换 $RhCl_3$ 水溶液和 Mn（NO_3）$_2$ 水溶液的浸渍顺序，其余程序不变，得到的催化剂命名为 R/M/UiO—67。

Zr 基载体负载的 Rh 单金属催化剂的制备：$RhCl_3$ 水溶液（Rh 约 39%）作为前驱体，Rh 的负载量为 3%，等体积浸渍到 Zr 基载体——UiO—66、UiO—67 和 ZrO_2，室温下浸渍老化 12h 后于 80℃ 烘箱中干燥 12h，然后在 300℃ 的空气中焙烧 4h。制备的催化剂分别命名为 3Rh/UiO—66、3Rh/UiO—67 和 3Rh/ZrO_2。

UiO—67 负载不同 Rh 含量的催化剂的制备：$RhCl_3$ 水溶液（Rh 约 39%）作为前驱体，Rh 的负载量分别为 1.5%、3%、4% 和 5%，等体积浸渍到 UiO—67 上，室温下浸渍老化 12h 后于 80℃烘箱中干燥 12h，然后在 300℃的马弗炉中焙烧 4h。制备的催化剂分别命名为 1.5Rh/UiO - 67、3Rh/UiO - 67、4Rh/UiO - 67 和 5Rh/UiO - 67。

不同焙烧温度的 3Rh/UiO - 67 催化剂的制备：RhCl$_3$ 水溶液（Rh 约 39%）作为前驱体，Rh 的负载量为 3%，等体积浸渍到 UiO - 67 上，室温下浸渍老化 12h 后于 80℃烘箱中干燥 12h，分别在 300℃、500℃和 700℃的马弗炉中焙烧 4h。制备的催化剂分别命名为 R/UiO-67-300、R/UiO-67-500 和 R/UiO-67-700。

UiO-66 包裹 SiO$_2$ 催化剂的制备：RhCl$_3$ 水溶液（Rh 约 39%）作为前驱体，Rh 的负载量为 3%，等体积浸渍到载体——UiO - 66、UiO - 66@ SiO$_2$ 和氨基化的 SiO$_2$ 上，室温下浸渍老化 12h 后于 80℃烘箱中干燥 12h，然后在 300℃的马弗炉中焙烧 4h。制备的催化剂分别命名为 3Rh/UiO-66、3Rh/UiO-66@ SiO$_2$ 和 3Rh/SiO$_2$。

7.1.2 催化剂的评价与表征

7.1.2.1 评价装置及评价流程

催化剂评价装置图参见图 6.1。实验中所用的还原气为 10% H$_2$/N$_2$ 混合气，反应气为 30% CO、60% H$_2$ 和 10% N$_2$ 的混合气。还原气和反应气的流量分别由七星 D07 系列质量流量计与美国 Brooks 生产的 5850E 流量计控制，实验过程中控制压力所使用的背压阀是由美国 GO 公司生产的 BP60-1A11QCK1Q1。气相色谱仪使用的是带有自动进样阀同时能对产物进行在线分析的 FL 9720 型气相色谱仪。将产物分为两路分析：一路使用 HP-Plot-Q 毛细管柱链接氢火焰离子化检测器，主要分析产物中的烃类、醇类等有机化合物；另一路使用碳分子筛填充柱链接热导检测器，主要分析 CO、N$_2$、CO$_2$ 等气体分子。气相色谱所用的空气由邦西仪器科技（上海）有限公司生产的 LCA-3 空气发生器提供，气相色谱所用的氢气由北京东方精华苑科技有限公司生产的 SGH-300 氢气发生器电解水所得。

7.1.2.2 活性评价方法

将 7.1.1.5 节中制备好的催化剂用于 CO 催化加氢测试。所有反应均在微型固定床流动反应装置上进行，并且催化剂使用量及处理方式均相同。取适量石英棉垫入不锈钢反应管的恒温区底部并将其压实；对催化剂过筛；称取 0.3g 过筛至 40~60 目的催化剂与 0.5g 石英砂混合均匀并填入反应管中；将反应管固定在反应器中同时确保催化剂所在位置恰好处于恒温区。在反应过程中，首先通入 10% H$_2$/N$_2$（45mL/min）混合气，以 3℃/min 的速率升至还原温度并保持 2h，随后降至反应温度，将气体切换至反应气（50mL/min）的同时将反应压力升至 3.0MPa。待各项反应参数稳定之后对产物进行在线分析。

7.1.2.3 产物分析

采用气相色谱仪（FL GC9720）对产物进行分析检测，CO 加氢产物主要有

CO_2、烃类、含氧化合物。利用 FID 检测器，通过毛细管柱分离烃类和含氧化合物进行检测；通过碳分子筛分离永久性气体，利用 TCD 检测器检测。

CO 的转化率和产物的选择性用下式计算：

CO 转化率：

$$Conv. = \left(\sum n_i M_i / M_{CO} \right) \cdot 100\% \tag{7-1}$$

产物选择性：

$$S_i = A_i F_i n_i / \sum A_i F_i n_i \cdot 100\% \tag{7-2}$$

式中：n_i 为产物 i 的碳原子数；M_i 为检测到的产物 i 的摩尔数；M_{CO} 为原料气中 CO 的摩尔数；A_i 为产物 i 的色谱峰面积；F_i 为产物 i 的摩尔校正因子。

7.1.2.4　热重

热重分析（thermogravimetry，TG）是在程序控制温度下测量获得物质的质量与温度关系的一种技术。在程序控制温度下，测量输入到试样和参比物的功率差与温度的关系被称为示差扫描量热法（differential scanning calorimetry，DSC）。测试过程中使用德国 NETZSCH 公司生产的 STA 449-F3 型热分析仪进行。分析时使用约 15mg 样品，在流量为 50mL/min 的空气气氛下从 30℃升至 650℃。

7.1.2.5　粉末 X 射线衍射

X 射线衍射（X-Ray Diffraction）通常用于分析晶体的结构，X 射线对于晶体的衍射强度是由晶体晶胞中原子的元素种类、数目及其排列方式所决定。使用荷兰 PANalytical 公司生产的 X′Pert Pro 型 X 射线衍射仪进行粉末 X-射线衍射（PXRD）。分析过程中采用 Cu-Kα 射线（λ = 0.15418nm）、Ni 滤片、电压和电流分别为 40kV 和 40mA。扫描范围从 5°~80°，速率为 6°/min。催化剂的平均晶粒大小由 Scherrer 方程式计算所得。

Scherrer 公式：

$$D = \kappa \lambda / \beta \cos\theta \tag{7-3}$$

式中：β 为半峰宽度；κ 为常数；θ 为衍射角；λ 为 X 射线入射波长。

采用不同晶面的 θ 衍射角及对应的半峰宽就可以计算该晶面对应物相的晶粒尺寸。

7.1.2.6　电感耦合等离子体光学发射光谱法

电感耦合等离子体光学发射光谱法（inductively coupled plasma optical emission spectrometry，简称 ICP-OES）是利用由高频电感耦合产生的等离子体放电的光源进行的原子发射光谱分析法。本实验使用 PerkinElmer Optima 7000DV 设备确定催化剂的元素组成。

7.1.2.7　N₂ 吸脱附

利用美国 Micromeritics 公司生产的 ASAP 2020 HD88 型自动物理化学吸附仪对催化剂的孔结构信息进行分析检测，首先于 200℃ 的真空条件下进行 10h 的脱气处理，然后以高纯 N_2 作为吸附质，并在 -196℃ 下进行检测。催化剂比表面积通过 N_2

吸脱附等温曲线结合 Braunauer-Emmett-Teller (BET) 方程求得，而样品的孔径以及孔容则利用 Non-Local Density Functional Theory (NLDFT) 模型计算求得。

7.1.2.8 透射电子显微镜

使用 Tecnai G2 F20 S-Twin TEM 仪器在 200kV 的加速电压下获得透射电子显微镜 (TEM) 图像。能量色散 X 射线光谱 (Energy Dispersive X-Ray Spectroscopy) 借助于分析试样所发出的元素特征 X 射线波长和强度，波长可以测定试样中所含元素，强度可以作为元素含量的依据。通常情况下，TEM 仪器也可用来分析 EDX 确定样品具有化学分布的相应元素图。

7.1.2.9 程序升温还原

程序升温还原 (H_2-TPR) 实验可以有效获得样品的还原性能，包括表面吸附中心的类型、活性组分与载体之间的协同关系等信息。本节中的相关表征在常压微型石英反应器中进行。将 0.1g 待测样品置于反应管的恒温区；20% O_2/N_2 (50mL/min) 气氛下在 350℃预处理 1h (升温速率为 10℃/min)；待温度降至 50℃后切换成 10% H_2/N_2 混合气 (流速 50mL/min) 并将尾气通入色谱稳定基线信号；待基线平稳之后，以 10℃/min 程序升温至 650℃。实验中 H_2 的消耗量由 TCD 检测器进行检测。另外，在还原过程中生成的水用 5A 分子筛去除。

7.1.2.10 X 射线光电子能谱

X 射线光电子能谱分析 (X-ray photoelectron spectroscopy, XPS) 是利用 X 射线辐射样品，使原子或分子的内层电子或价电子发射出来的一种技术。被光子激发出来的电子称为光电子，可以测量光电子的能量，以光电子的动能为横坐标，相对强度 (脉冲/s) 为纵坐标做光电子能谱图，获得待测物组成。实验中使用美国 Thermo Fisher Scientific 公司生产的 ESCALAB 250Xi 型多功能光电子能谱仪，采用 Al Kα 射线，对催化剂中所含元素进行检测。实验测得的元素结合能以 C 1s = 284.6eV 为标准进行校正。

7.1.2.11 原位漫反射傅里叶变换红外光谱

利用漫反射傅里叶变换红外光谱 (DRIFT) 可以对催化剂表面现场反应吸附态进行跟踪，从而获得一些很有价值的表面反应信息，因此该表征技术在针对反应机理的剖析方面备受重视。本书中相关的实验使用由美国热电公司生产的 Nicolet 6700 型智能红外光谱仪，所用检测器为碲镉汞检测器。表征过程中实验条件归纳如下：首先，将 10% H_2/N_2 混合气通入装有样品的原位反应池中在 375℃下预处理 2h；随后在 N_2 气氛下高温吹扫 0.5h；再在 N_2 气氛中冷却至室温 (30℃) 并在此过程中采集一系列不同温度下的背景文件；在室温下通入 CO (1% CO/N_2，50mL/min) 并随着温度的变化在相应温度的背景文件下采集样品吸收 CO 的红外数据直至 300℃。光谱的扫描次数为 64 次，光谱分辨率为 4cm^{-1}。

7.1.2.12 程序升温脱附或表面反应

程序升温脱附 (TPD) 是在程序升温过程中发生的脱附反应，而程序升温表面反应（TPSR）是指在程序升温过程中表面反应与脱附同时发生的一种反应。本书中的两个相关表征均是在常压微型石英反应器中进行，分别测试催化剂的 CO 吸附性能及表面反应产生甲烷的情况。实验过程中所有催化剂的用量均为 0.1g。具体的操作步骤如下：首先，通入 10% H_2/N_2 混合气（50mL/min）在 375℃ 下将催化剂还原 2h；切换至高纯 He 气（50mL/min）高温吹扫 30min；降温至 30℃ 后通入 CO 气体吸附 30min；再次切换至高纯 He 气（TPD）或者切换成 10% H_2/He 混合气（TPSR）走基线，待基线稳定之后以 10℃/min 的升温速率升至 450℃。升温过程中产生的尾气使用德国 OMATSTAR 公司生产的 OmniStar 200 型质谱仪来检测。另外，也尝试了将红外与 TPSR 结合的表征手段。

7.2　同形貌 MOFs 负载的 Rh—Mn 催化剂性能研究

7.2.1　概述

合成气转换是一种结构敏感型反应，载体对 Rh 催化中心及其反应性能影响较大，因此有大量关于 Rh 基催化剂载体的研究。SiO_2、ZrO_2、CeO_2 等传统的氧化物载体比表面积较低，孔道结构不均一，不利于金属的分散及控制其颗粒大小。MOFs 相比于传统氧化物，具有超高的比表面积和孔表面可调等特点。Yang 等采用浸渍法制备了单原子分散的 Ir/UiO-66，并考察了其催化乙烯加氢的性能。结果表明，不饱和金属 Zr 节点上羟基的种类和性质会影响负载 Ir 的电子效应及其催化乙烯加氢的性能。Gutterød 等将 Pt 纳米粒子（Pt NPs）封装在 UiO-67 内，将 CO_2 加氢制甲醇作为目标反应来探究反应机理。实验结果结合 DFT 理论计算可知，Pt NPs 和 Zr 节点缺陷间界面的形成有利于甲醇的形成。另外，Rh—Mn 双金属体系是 Rh 基催化剂中用于合成气转换的最受欢迎的形式。研究人员前期先以 UiO-66 为载体制备了一系列不同 Rh、Mn 含量的催化剂，其中 Rh、Mn 质量分数均为 3% 的 3R3M/UiO-66 催化剂对 CO 加氢表现出了优异的性能。

因此，本章拟以第 6 章介绍的三种均具有正八面体形貌的 UiO 系列 MOFs 即 UiO-66、UiO-67 和 Ce-UiO-66 为载体，并负载 Rh、Mn 制得催化剂，Rh 和 Mn 的负载量均设定为 3%。探究 UiO 系列 MOFs 材料的孔道结构及不同金属节点性质对 Rh—Mn 催化剂催化 CO 加氢性能的影响。

7.2.2　同形貌 MOFs 负载的 Rh—Mn 催化剂性能评价

表 7.4 和图 7.1 比较了同形貌 MOFs 负载的 Rh—Mn 催化剂中载体性质对 CO 加氢性能的影响。三个催化剂对于 CO 转化率由高到低依次为：3R3M/UiO-67 >

3R3M/UiO-66 > 3R3M/Ce-UiO-66。产物分别是 CO_2、甲烷、甲醇、C_{2+} 烃（C_{2+} H）、乙醇、乙醛、丙酮和乙酸乙酯。C_{2+} H 是指含两个或两个以上碳的烃类。C_{2+} 含氧化合物（C_{2+} oxy）包含乙醇、乙醛、丙酮和乙酸乙酯。从甲烷及 C_{2+} 烃的选择性来看，催化剂 3R3M/Ce-UiO-66 明显高于另外两个催化剂。从乙醇等 C_{2+} 含氧化合物的选择性来看，Zr 基 MOFs 负载的 Rh—Mn 催化剂明显高于 Ce 基 MOF 负载的 Rh—Mn 催化剂。总体来看，3R3M/UiO-67 催化效果最好，对 C_{2+} 含氧化合物的时空收率［STY（C_{2+} oxy）］达到了 322.0g/（kg·h）。

表 7.4　不同载体负载的 Rh—Mn 催化剂对 CO 加氢制乙醇性能的影响

催化剂	CO 转化率/%	产物选择性/%							STY（C_{2+}含氧化合物收率）/（g·kg^{-1}·h^{-1}）
		CO_2	CH_4	MeOH	ACH	EtOH	C_{2+}H	C_{2+}oxy	
3R3M/UiO-66	15.7	3.6	22.0	10.3	5.7	35.0	6.5	57.6	245.8
3R3M/UiO-67	21.9	3.6	21.3	16.3	4.1	35.1	4.8	54.0	322.0
3R3M/Ce-UiO-66	7.2	7.4	25.5	7.7	7.3	24.9	24.5	34.9	70.8

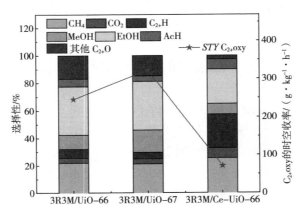

图 7.1　不同载体负载的 Rh-Mn 催化剂对 CO 加氢不同产物的选择性和 C_{2+} oxy 的时空收率

7.2.3　Rh、Mn 浸渍次序对 Rh—Mn/UiO-67 催化性能的影响

考虑到助剂的引入方式及在催化剂中的合理位置会对催化剂的性能产生十分重要的影响。因此，在上节 3R3M/UiO-67 催化剂的基础上制备了不同 Rh、Mn 浸渍次序的催化剂：R/M/UiO-67、R/M/UiO-67 和 RM/UiO-67。不同浸渍次序的 Rh—Mn/UiO-67 催化剂的催化性能见表 7.5。从 CO 转化率来看，从高到低依次是：M/R/UiO-67 > RM/UiO-67 ≈ R/M/UiO-67。不同浸渍次序的 Rh—Mn/UiO-

67 催化剂对于产物选择性相差不大，先浸渍 Rh 的 M/R/UiO-67 催化剂对 C_{2+} 烃的选择性比另外两个催化剂高。

表 7.5　不同浸 Rh、Mn 渍次序对 Rh—Mn/UiO-67 催化剂 CO 加氢性能的影响

| 催化剂 | CO 转化率/% | 产物选择性/% | | | | | | | STY（C_{2+} 含氧化合物收率）/（$g \cdot kg^{-1} \cdot h^{-1}$） |
		CO_2	CH_4	MeOH	ACH	EtOH	C_{2+}H	C_{2+}oxy	
RM/UiO-67	21.9	3.6	21.3	16.3	4.1	35.1	4.8	54.0	322.0
R/M/UiO-67	20.2	3.8	21.8	14.2	6.0	35.4	5.5	54.7	300.9
M/R/UiO-67	34.2	3.8	20.2	9.9	2.3	34.3	15.9	50.2	467.5

7.2.4　催化剂的表征结果与分析

图 7.2（a）是三个催化剂的 XRD 谱图。如图可知，3R3M/UiO-66 基本保持了载体特有的特征衍射峰，3R3M/UiO-67 保持了载体部分的特征衍射峰，3R3M/Ce-UiO-66 中载体的特征衍射峰消失。这可能是因为 3R3M/UiO-67 在焙烧过程中部分有机连接体与 Zr 节点的连接发生断裂，导致部分载体特征衍射峰消失。3R3M/Ce-UiO-66 催化剂中出现了立方萤石型 CeO_2 的特征峰，$2\theta = 28.6°$、$32.8°$、$47.2°$、$56.1°$，分别对应 CeO_2 的（111）、（200）、（220）和（311）面（JCPDS no.43-1002），表明 Ce-UiO-66 材料热稳定性较差。此外，图谱中没有发现铑和锰的特征衍射峰，这说明负载的铑、锰在载体中呈现高度分散的状态。

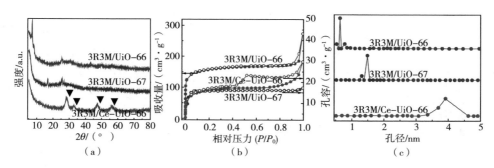

图 7.2　三个催化剂的 XRD 曲线和 N_2 吸脱附曲线及对应催化剂的孔径分布图

图 7.2（b）是三个催化剂的 N_2 吸脱附曲线，图 7.2（c）为孔径分布图，表 7.6 为对应的比表面积和孔容数据。负载 Rh、Mn 之后，三种催化剂的比表面积与相应载体相比明显降低，其中 3R3M/UiO-67 相对于 UiO-67 降幅最大。3R3M/

UiO-66 和 3R3M/UiO-67 依然是 I 型吸附等温线。而 3R3M/Ce-UiO-66 的吸附曲线转变为 IV 型，并伴有 H2 型回滞环，表明其介孔材料的特征。这说明 Ce-UiO-66 在负载金属后的焙烧过程中骨架坍塌，Ce 节点相互团聚形成无机氧化物，该结果与 XRD 中出现 CeO$_2$ 特征衍射峰相一致。MOFs 负载金属后，3R3M/UiO-66 催化剂内仍含有少量孔径小于 0.6nm 的孔穴，原有载体中孔径大于 0.6nm 的孔穴全部消失，这可归因于金属的进入而使其堵塞。相比于载体 UiO-67，3R3M/UiO-67 催化剂的孔道含量明显下降，原有孔穴几乎消失，表明 UiO-67 较大的孔穴更有利于 Rh、Mn 的进入。同时，3R3M/UiO-67 催化剂也在 1.5nm 左右出现新的孔穴，推测其为焙烧过程中部分有机连接体与 Zr 节点断裂导致的。3R3M/Ce-UiO-66 的孔道明显已转变为介孔，是因为负载金属催化剂在焙烧过程中载体骨架坍塌，孔结构由微孔转变为介孔。

表 7.6　不同样品的比表面积和孔容汇总

样品	比表面积/(m^2·g^{-1})			孔容/(cm^3·g^{-1})		
	总	微孔	介孔	总	微孔	介孔
3R3M/UiO-66	490.0	352.3	137.7	0.42	0.18	0.24
3R3M/UiO-67	23.1	12.9	10.2	0.011	0.007	0.004
3R3M/Ce-BDC	52.0	30.3	21.7	0.046	0.015	0.031

图 7.3 为三个催化剂的 TEM 和 HR-TEM 图。催化剂经焙烧之后，形貌变化明显。其中，3R3M/UiO-66 依然保持载体的正八面体形貌；3R3M/UiO-67 与载体形貌略有差异，原八面体光滑的边缘变得凹凸起伏；而 3R3M/Ce-UiO-66 经焙烧之后已变成无机氧化物颗粒。在 3R3M/UiO-66 和 3R3M/UiO-67 的 HR-TEM 图 [图 7.3（a）（b）右图] 中均未发现氧化锆的晶格条纹，这说明焙烧后催化剂中的锆节点未发生团聚。在催化剂 3R3M/Ce-UiO-66 的 HR-TEM 图 [图 7.3（c）左] 中可以观察到 CeO$_2$ 和 Rh$_2$O$_3$ 的晶格条纹，这说明 Ce-UiO-66 经过焙烧向 CeO$_2$ 转化，同时由于 MOFs 骨架坍塌，限域效应消失，导致 Rh 颗粒变大。以上结果与 XRD 测试结果一致。

催化剂及对应载体的 H$_2$-TPR 曲线如图 7.4 所示，载体在测试之前经 300℃空气预处理。UiO-66 和 UiO-67 在 500~650℃有一个较大的峰，Ce-UiO-66 在 450~550℃之间有一个小峰。结合热重曲线，500~650℃ 的峰可归属为 MOFs 高温下骨架坍塌产生的信号峰，Ce-UiO-66 在 300℃ 瞬间失重骨架坍塌，因此，450~550℃之间的小峰可归属为 CeO$_2$ 的还原峰。

对于催化剂 3R3M/UiO-66 和 3R3M/UiO-67，其中低温处的还原峰分别是单独的 Rh$_2$O$_3$ 的还原 Rh（Ⅰ）和与 Mn 有相互作用的 Rh$_2$O$_3$ 的还原 Rh（Ⅱ），400℃左

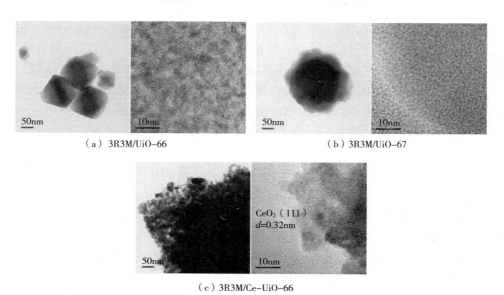

（a）3R3M/UiO-66　　　　　　　　（b）3R3M/UiO-67

（c）3R3M/Ce-UiO-66

图 7.3　三个催化剂的 TEM 图（左）和 HR-TEM 图（右）

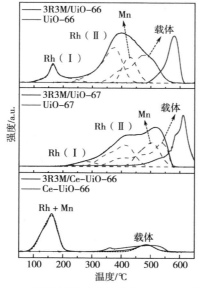

图 7.4　催化剂和对应载体的 H_2-TPR 曲线

右的峰为 Mn 氧化物的还原峰，高温处的包峰是载体高温不稳定发生分解所产生的信号峰。另外，相比于 UiO-66 和 UiO-67 分解产生的信号峰，催化剂经过焙烧后载体分解产生的信号峰向低温处偏移，这可能是因为负载有金属的 MOF 载体的骨架更为松垮所致。3R3M/UiO-67 中 Rh_2O_3 的还原温度相比于 3R3M/UiO-66 较高，这说明该催化剂中 Rh 与 Mn 相互作用较强。对于催化剂 3R3M/Ce-UiO-66，在低温区 150℃ 附近的峰可归属为 Rh 和 Mn 的还原，在 450~550℃ 的峰可归属为 CeO_2 的还原峰。该催化剂中 Rh 和 Mn 的还原温度相比于另外两个催化剂较低，说明 Rh 和 Mn 之间有非常强的相互作用。结合催化剂活性，Rh—Mn 之间适当的相互作用会增强 CO 转化率的同时增加乙醇选择性，这与之前的研究结果一致。

通过 XPS 探究了还原后催化剂表面 Rh、Mn 的化学状态。还原后催化剂表面 Rh 3d 的 XPS 谱图如图 7.5（a）所示。根据文献可知，308.7eV 处的峰可归属为 Rh^+ 物种，307.1eV 处的峰可归属为 Rh^0 物种。根据图 7.5（a）的分峰对 Rh^+、Rh^0 物种进行积分，并计算 Rh^+/Rh^0 比值。由表 7.7 可知，3R3M/UiO-66 和 3R3M/UiO-67 中 Rh^+/Rh^0 比例明显高于 3R3M/Ce-UiO-66 催化剂。也就是说，Zr 基 MOFs 负载的 Rh—Mn 催化剂中 Rh^+/Rh^0 比例远高于 Ce 基 MOF 负载的 Rh—Mn 催化剂。这可能是因为位于 Zr 基 MOFs 微孔内的 Rh 物种的还原受到抑制，而 Ce 基 MOF 焙烧后微孔结构消失因此 Rh 还原更完全。结合催化活性，高比例的 Rh^+/Rh^0 有利于 C_{2+} 含氧化物的形成。还原后 Mn 2p 轨道的 XPS 谱图如图 7.5（b）所示。对于 3R3M/UiO-66 和 3R3M/Ce-UiO-66 催化剂，还原后 Mn 2p 的结合能分别是 641.0eV 和 641.6eV，说明催化剂表面以 Mn^{3+} 和 Mn^{4+} 物种为主。3R3M/UiO-67 催化剂的 Mn 信号较弱，这可能是因为 Mn 的颗粒尺寸较小，在 Rh、Mn 共浸渍的时候 Mn 优先进入到 UiO-67 孔道内，因此催化剂表面 Mn 含量较低。

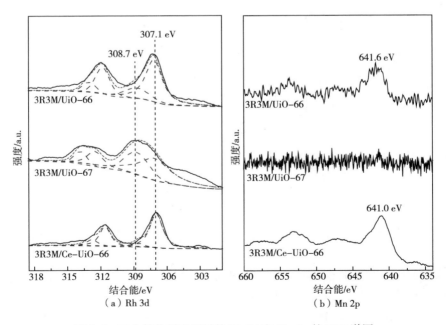

图 7.5　三个催化剂还原后的 Rh 3d 和 Mn 2p 的 XPS 谱图

表 7.7　**XPS 表征中各催化剂表面不同 Rh 物种含量及比例**

催化剂	Rh^+	Rh^0	Rh^+/Rh^0
3R3M/UiO-66	1467	4603	0.3
3R3M/UiO-67	2624	4897	0.5
3R3M/Ce-UiO-66	237	2868	0.08

催化剂经过原位还原后，在 CO/N_2 气氛下 CO 吸附随温度升高的变化情况如图 7.6 所示。$2085 \sim 2099 cm^{-1}$ 和 $2014 \sim 2031 cm^{-1}$ 的一对肩峰可归属为孪式吸附 Rh^+ $(CO)_2$ [CO（gdc）] 物种的伸缩振动，$2049 \sim 2068 cm^{-1}$ 处的峰可归属为线式吸附

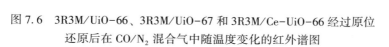

图 7.6　3R3M/UiO-66、3R3M/UiO-67 和 3R3M/Ce-UiO-66 经过原位还原后在 CO/N_2 混合气中随温度变化的红外谱图

CO［CO（l）］的伸缩振动，1888cm^{-1}处的峰可归属为桥式吸附 CO［CO（b）］的伸缩振动。需要说明的是，3R3M/UiO-66 和 3R3M/UiO-67 中 CO（l）不如 3R3M/Ce-UiO-66 明显，主要是因为催化剂中 CO（dgc）峰强度较大，所以 CO（l）被 CO（dgc）覆盖。如图 7.6（a）所示，3R3M/UiO-66 催化剂随着温度的升高，其 CO（l）物种逐渐减少。如图 7.6（b）所示，对于催化剂 3R3M/UiO-67，温度升高后 CO 吸附量有明显增加但吸附形态没有明显变化。对于催化剂 3R3M/Ce-UiO-66，如图 7.6（c）所示，在 1200～1800cm^{-1} 范围内有较强的峰。其中，1615cm^{-1} 处的峰可归属为酸式碳酸盐物种，1498cm^{-1} 和 1369cm^{-1} 处的肩峰归属为双齿碳酸盐物种，而以上两种碳酸盐物种均是吸附在 CeO$_2$ 载体上的 CO 与 CeO$_2$ 中的 O^{2-} 反应得到的。同时，随着温度的升高，催化剂 3R3M/Ce-UiO-66 上 Rh 位点的 CO 吸附量呈现先增加后减少的趋势。150℃时 CO 吸附量达到最大值，温度继续升高，部分 CO（dgc）物种发生脱附，300℃时 Rh 上 CO 主要以 CO（l）为主，只有少量的 CO（dgc）物种。另外，CeO$_2$ 上吸附产生的碳酸盐物种随着温度的升高逐渐增多。结合催化剂评价结果表明，CeO$_2$ 载体容易吸附 CO 并生成碳酸盐物种覆盖催化剂活性位，从而导致 3R3M/Ce-UiO-66 的 CO 转化率较低。

三个催化剂在 300℃时吸附 CO 状态汇总如图 7.7 所示。众所周知，CO（gdc）通常吸附在 Rh$^+$ 位点上且高度分散，CO（l）吸附在 Rh^0 位点上。不难发现，3R3M/UiO-66 和 3R3M/UiO-67 催化剂中含有大量的 CO（dgc），这说明催化剂中的 Rh 高度分散，并呈现 Rh$^+$ 状态，这与 XPS 测试结果一致。对三个催化剂 Rh 位点上吸附 CO 的红外谱图进行积分。结果表明（表 7.8），3R3M/UiO-67 的吸附量略大于 3R3M/UiO-66，3R3M/Ce-UiO-66 对 CO 吸附量较少。通常情况下，CO 吸附量越多 CO 转化率越高，这也与催化剂活性测试结果一致。

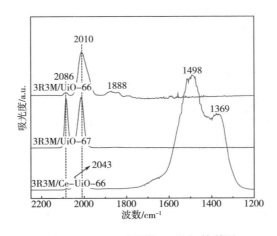

图 7.7　300℃时吸附 CO 的红外谱图

表 7.8　红外表征中各催化剂表面 Rh 吸附 CO 的相对值

催化剂	CO 数量
3R3M/UiO-66	1
3R3M/UiO-67	1.1
3R3M/Ce-UiO-66	0.3

图 7.8 展示了三个催化剂的 TPSR 曲线，TPSR 实验中 CH_4 峰形成温度和相对峰面积通常作为检测催化剂解离和加氢能力的依据。由于 CH_4 是由 30℃时吸附的 CO 与 H_2 反应生成，因此分别将催化剂在 30℃时 CO 的吸附量和 CH_4 峰面积进行积分，并将两者的积分面积比值列于表 7.9。CH_4/CO 比例从高到低依次是：3R3M/Ce-UiO-66 > 3R3M/UiO-66 ≈ 3R3M/UiO-67，这也可以作为催化剂加氢能力从高到低的顺序。3R3M/UiO-66 和 3R3M/UiO-67 的加氢能力接近，这也与其类似的烃类选择性相一致。但 3R3M/Ce-UiO-66 加氢能力明显高于另外两个催化剂，这与该催化剂的 CH_4 以及 C_{2+} 烃选择性相对较高的反应结果相一致。

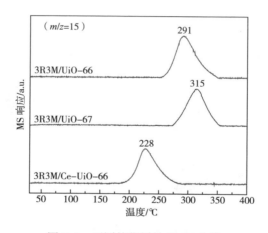

图 7.8　不同催化剂的 TPSR 曲线

表 7.9　各催化剂在 30℃时吸附 CO 的相对值以及 TPSR 实验中 CH_4 峰的相对峰面积

催化剂	CO 数量	CH_4 数量	CH_4/CO
3R3M/UiO-66	1.00	1.00	1.00
3R3M/UiO-67	1.02	0.81	0.79
3R3M/Ce-UiO-66	0.088	0.77	8.75

7.2.5　焙烧温度对 3Rh/UiO-67 催化性能的影响

7.2.5.1　催化剂的评价

表 7.10 和图 7.9 展示了不同焙烧温度对 3Rh/UiO-67 催化 CO 加氢性能的影响。随着催化剂焙烧温度的升高，CO 转化率迅速下降，同时对 C_{2+} 含氧化合物的选择性也有所下降，但甲醇的选择性几乎没有变化。R/UiO-67-300 对 CH_4 的选择性明显高于另外两个催化剂，同时对乙醛的选择性低于另外两个催化剂；随着焙烧温度逐渐升高，催化剂对乙醇的选择性逐渐降低。综合比较表明，让焙烧温度较低时，R/UiO-67-300 催化剂不仅具有高的 CO 转化率（50.4%），C_{2+} 含氧化合物的选择性也达到了 52.7%，因此其 C_{2+} 含氧化合物的时空收率高达 722.5g/(kg·h)。

表 7.10　焙烧温度对 3Rh/UiO-67 催化性能的影响

催化剂	CO 转化率/%	产物选择性/%							STY（C_{2+} 含氧化合物收率）/ $(g \cdot kg^{-1} \cdot h^{-1})$
		CO_2	CH_4	MeOH	ACH	EtOH	$C_{2+}H$	$C_{2+}oxy$	
R/UiO-67-300	50.4	0.8	24.6	18.9	2.2	34.8	3.0	52.7	722.5
R/UiO-67-500	15.6	5.0	10.4	17.3	16.1	30.2	16.4	50.9	219.8
R/UiO-67-700	6.8	4.2	10.3	19.1	21.8	9.6	30.5	36.0	66.3

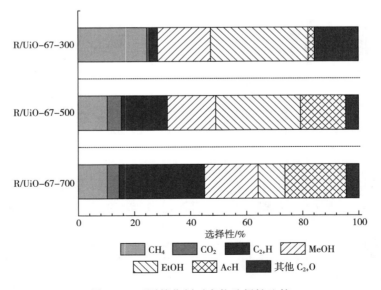

图 7.9　不同催化剂对产物选择性比较

7.2.5.2　催化剂的表征结果与分析

UiO-67 载体以及不同焙烧温度催化剂的 XRD 谱图如图 7.10 所示。R/UiO-67-300 保持了载体的部分特征衍射峰，随着焙烧温度的升高，R/UiO-67-500 和 R/UiO-67-700 中的载体由于连接体的消失，Zr 节点向四方相 ZrO_2（t-ZrO_2）转化，2θ = 30.1°，35.0°，50.2°，59.7°，分别对应 ZrO_2 的（111），（200），（220），（311）晶面（JCPDS No. 49-1642）。此外，R/UiO-67-700 催化剂中 ZrO_2 的衍射峰强度比 R/UiO-67-500 的略强，这说明焙烧温度提高使 ZrO_2 结晶度增强，颗粒增大。通过谢乐公式计算 ZrO_2 的颗粒直径可知，R/UiO-67-500 中 ZrO_2 的颗粒直径为 9.4nm，R/UiO-67-700 中 ZrO_2 的颗粒直径为 10.7nm，表明高温焙烧使 Zr 节点的团聚现象更加明显。此外，不同焙烧温度的 XRD 图中均没有出现铑的信号峰，这说明高温焙烧并没有破坏铑高度分散的状态。

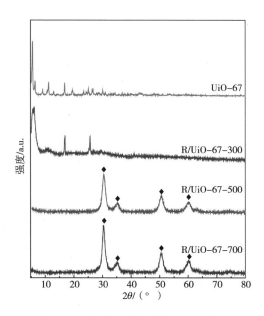

图 7.10　载体和催化剂的 XRD 谱图

载体和不同焙烧温度催化剂的 N_2 吸脱附曲线以及孔径分布如图 7.11 所示。不同样品的比表面积和孔容数据汇总见表 7.11。由图 7.11（a）可知，R/UiO-67-300 的吸脱附曲线属于 Ⅰ 型吸附曲线，是微孔材料的特征。如图 7.11（b）所示，R/UiO-67-500 和 R/UiO-67-700 的吸脱附曲线属于 Ⅳ 型，并伴有 H3 型滞后环，是介孔材料的特征，说明高温焙烧破坏了 MOFs 的微孔结构。如图 7.11（c）所示，当焙烧温度为 300℃时，孔直径主要集中分布在 1.24nm 和 1.45nm 处。如图 7.11（d）所示，当焙烧温度继续升高时，R/UiO-67-500 的孔径只要集中在

3.7nm，R/UiO-67-700 的孔径分布在 3.7～12.4nm，都是介孔材料，这与 N₂ 吸脱附曲线结果一致。

由表 7.11 可知，负载 Rh 之后催化剂的比表面积迅速减少。随着焙烧温度的升高，其比表面积又逐渐增加。推测可知，300℃焙烧的催化剂 R/UiO-67-300 保持了 MOF 结构，但孔道被 Rh 金属占据，因此比表面积骤降。但继续升高焙烧温度，MOF 结构被破坏，催化剂又回到介孔无机氧化物的状态，因此比表面积又会回升。

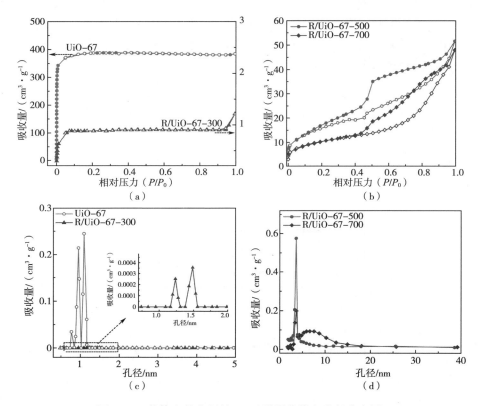

图 7.11　载体和催化剂的 N₂ 吸脱附曲线和孔径分布图

表 7.11　不同样品的比表面积和孔容汇总

样品	比表面积/(m²·g⁻¹)			孔容/(cm³·g⁻¹)		
	总	微孔	介孔	总	微孔	介孔
UiO-67	1171.4	1095.2	76.2	0.59	0.56	0.03
R/UiO-67-300	21.1	12.5	8.6	0.01	0.01	0.00

续表

样品	比表面积/($m^2 \cdot g^{-1}$)			孔容/($cm^3 \cdot g^{-1}$)		
	总	微孔	介孔	总	微孔	介孔
R/UiO-67-500	57.3	—	57.3	0.08	—	0.08
R/UiO-67-700	36.4	—	36.4	0.07	—	0.07

图 7.12 是三个催化剂的 TEM 和 HR-TEM 图。由图 7.12（a）右可知当焙烧温度为 300℃时，催化剂依然可以保持载体的正八面体形貌。图 7.12 右中未看到铑的晶格条纹，这可能是载体的高比表面积使铑高度分散，同时也观察不到 Zr 的晶格条纹，这说明 Zr 节点并未发生聚集。当焙烧温度继续升高时，原有 UiO-67 的正八面体形貌消失，MOF 骨架逐渐转变为堆叠的 ZrO_2 颗粒。由 HR-TEM［图 7.12（b）和（c）］可知，在催化剂表面出现了 Rh（110）的晶格条纹（0.25nm）以及 ZrO_2（111）和（200）的晶格条纹（0.29nm 和 0.27nm），这也与 XRD 结果一致。为了进一步验证催化剂中元素分布情况，对催化剂进行了 EDX 元素分析。由图 7.13（a）可知，R/UiO-67-300 催化剂表面 Rh、Zr、C 和 O 元素分布均匀。当焙烧温度继续升高时，Rh 颗粒的分布状态逐渐趋向团聚。以上结果表明，随着焙烧温度，Rh 颗粒会团聚长大。

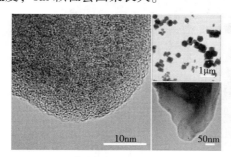

（a）R/UiO-67-300

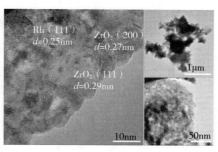

（b）R/UiO-67-500

（c）R/UiO-67-700

图 7.12　R/UiO-67-300、R/UiO-67-500 和 R/UiO-67-700 的 TEM 图和 HR-TEM 图

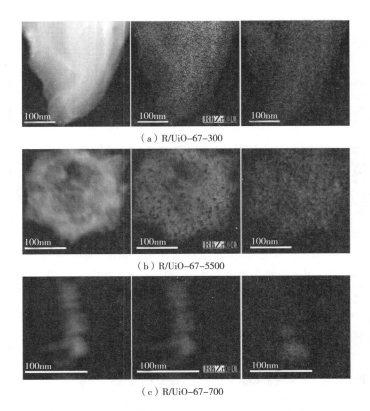

（a）R/UiO-67-300

（b）R/UiO-67-5500

（c）R/UiO-67-700

图 7.13　催化剂的 TEM 图和对应的 EDX 元素分布

图 7.14 是不同焙烧温度的催化剂在 H_2 气氛中程序升温的信号曲线。低温处的峰可以归属为 Rh 的还原峰，其中 Rh（Ⅰ）为单独 Rh 氧化物的还原，Rh（Ⅱ）是与载体有相互作用的 Rh 氧化物的还原，Rh（Ⅲ）为体相 Rh 氧化物的还原。此外，由于 R/UiO-67-300 催化剂自身焙烧温度低，在 500℃ 处有一个宽峰。根据 7.2 节的分析可知，这主要是因为 UiO-67 骨架在高温发生分解所产生的信号峰。明显地，R/UiO-67-300 催化剂中的 Rh（Ⅰ）和 Rh（Ⅱ）还原峰相对于另外两个催化剂向高温处偏移。这可能是因为催化剂焙烧温度较低时，大量铑位于 UiO-67 载体的孔道内，由于孔道的限域作用使其还原温度向高温处偏移。当催化剂焙烧温度继续升高时，载体特有的孔道结构被破坏，使更多的铑暴露出来，更加容易还原。特别地，对于 R/UiO-67-700 催化剂由于 Rh 颗粒较大，产生了一定的还原温度比 Rh（Ⅱ）更高的体相 Rh 氧化物的还原。

为了探究催化剂表面元素化学状态，对其进行了原位 XPS 实验。还原前后 Rh 3d 的 XPS 谱如图 7.15 所示。如图 7.15（a）所示，还原前 Rh 的结合能在 308.8～

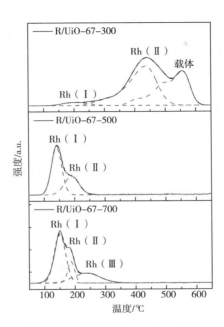

图 7.14　催化剂的 H_2-TPR 曲线

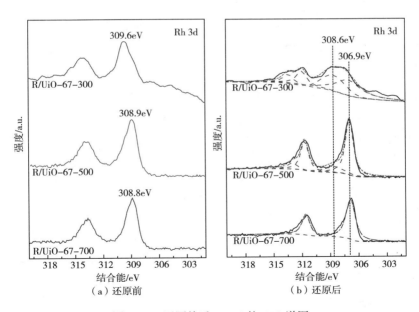

（a）还原前　　　　　　　　　　　（b）还原后

图 7.15　还原前后 Rh 3d 的 XPS 谱图

309.6eV，归属为 Rh^{3+}，这说明还原前催化剂中的铑主要以 Rh_2O_3 的形式存在；如图7.16（b）所示，还原后 Rh 3d 的峰主要有两种，分别是306.9eV 和308.6eV，归属为 Rh^0 和 Rh^+ 物种。为了更加清晰地比较三个催化剂中 Rh^+ 和 Rh^0 的含量，将积分面积汇总在了表7.12中。其中，R/UiO-67-300 催化剂中 Rh^+ 含量较高，这是因为当焙烧温度为300℃时，位于 UiO-67 孔道内 Rh 的还原受到了抑制，这与 H_2-TPR 结果保持一致。R/UiO-67-500 和 R/UiO-67-700 催化剂中 Rh^+ 含量明显降低，这是因为当焙烧温度继续升高时，UiO-67 孔道结构被破坏导致更多的 Rh 暴露出来，更加容易还原，因此其 Rh^+ 含量也逐渐下降。研究表明，Rh^+ 位点上吸附的 CO 相比于 Rh^0 位点更容易进行 CO 插入反应，CO 向 CH_x* 进行插入反应是生成 C_{2+} 含氧化合物的关键步骤。因此，催化剂表面的 Rh^+ 物种可以通过促进 CO 插入反应来提高 C_{2+} 含氧化合物的选择性，这与前面活性测试结果一致。

表7.12　还原后催化剂表面 Rh^+ 与 Rh^0 物种含量及比例

催化剂	Rh^+	Rh^0	Rh^+/Rh^0
R/UiO-67-300	2418	3651	0.66
R/UiO-67-500	4182	15191	0.28
R/UiO-67-700	0	12980	0

为了探究催化剂对 CO 的吸附情况，进行了原位红外实验。经过原位还原后的一系列催化剂在室温（30℃）CO/N_2 气氛下吸附30min CO 后获得的红外谱图如图7.16（a）所示。其中，$2080\sim2095cm^{-1}$ 和 $2010\sim2030cm^{-1}$ 处的一对肩峰可归属为孪式吸附 $Rh^+(CO)_2$［CO（gdc）］的对称和反对称伸缩振动峰，$2044\sim2066cm^{-1}$ 处的峰归属为线式吸附 CO［CO（l）］的伸缩振动峰，$1860cm^{-1}$ 处的峰可归属为桥式吸附 CO［CO（b）］的伸缩振动峰。当催化剂焙烧温度为300℃时，CO 吸附以 CO（dgc）为主。随着催化剂焙烧温度的升高，CO（dgc）逐渐减少，CO（l）和 CO（b）占主导。孪式吸附中的对称和反对称伸缩振动峰峰面积的比值与两 C—O 键的夹角有关，夹角（2α）计算如式（6-1）所示，相关峰面积及 2α 计算结果总结在表7.13。由表7.13可知，30℃时催化剂 R/UiO-67-300、R/UiO-67-500 和 R/UiO-67-700 中 2α 分别为90°、141°和160°。结合 TEM 和 Mapping 测试（元素分析），催化剂焙烧温度越高，铑颗粒直径越大。不同催化剂表面 Rh（CO）$_2$ 上两 C—O 键的夹角随着铑颗粒直径的增大而增大。

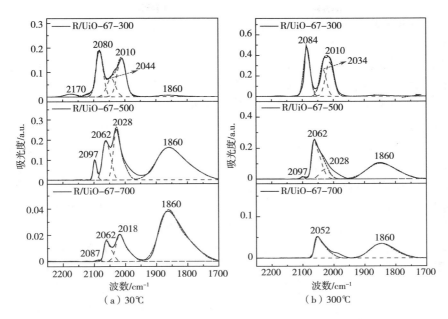

图 7.16　不同催化剂在 30℃ 和 300℃ 吸附 CO 的红外谱图

表 7.13　各催化剂在 30℃ 和 300℃ 下 CO（dgc）物种的不同状态及其夹角

催化剂	温度/℃	Rh（CO）$_2$ 对称振动	A_{sym}	Rh（CO）$_2$ 反对称振动	A_{asym}	2α/（°）
R/UiO-67-300	30	2080	5.4	2010	5.4	90
	300	2084	12.1	2010	10.9	87
R/UiO-67-500	30	2097	1.4	2028	11.3	141
	300	2097	1.7	2028	0.3	140
R/UiO-67-700	30	2087	0.02	2018	0.8	160
	300	—	—	—	—	—

　　图 7.16（b）展示了一系列催化剂经过原位还原后在 300℃ 时 CO/N$_2$ 气氛下吸附 CO 至饱和的红外谱图。不同催化剂在 300℃ CO 吸附，相较于 30℃ 的发生了明显变化。催化剂 R/UiO-67-300 表面 CO（dgc）吸附物种相对稳定，在 300℃ 下依然保持了较高的吸附强度。随着催化剂焙烧温度的升高，催化剂表面 CO（dgc）物种的含量会在反应温度下下降。当焙烧温度为 700℃，催化剂 R/UiO-67-700 在反应温度下表面 CO 吸附物种仅存在 CO（l）和 CO（b）。通常认为 CO（l）和 CO（b）位于 Rh^0 位点，CO（dgc）位于 Rh$^+$ 位点且高度分散。以上结果表明，

R/UiO-67-300 表面含有大量 Rh$^+$物种，随着催化剂焙烧温度的升高其 Rh$^+$物种含量逐渐降低，这也与 XPS 结果一致。另外，CO 吸附量越大其 CO 转化率越高，三个催化剂对 CO 吸附量从高到低依次是：R/UiO-67-300 > R/UiO-67-500 > R/UiO-67-700，这与活性测试结果中 CO 转化率顺序一致。

图 7.17 展示了三个催化剂在室温下吸附 30min CO 后，分别在 CO/N$_2$ 气氛和 N$_2$ 气氛下随温度升高的 CO 吸附变化情况。首先，在流动态 CO 气氛（CO/N$_2$）下，对于催化剂 R/UiO-67-300，随着温度的升高，CO 吸附量逐渐增大并且依然以 CO（dgc）为主；催化剂 R/UiO-67-500 随温度升高，CO（dgc）逐渐向 CO（l）转变，当温度升高至 300℃时只保留了较少的 CO（dgc）；催化剂 R/UiO-67-700 随着温度升高，CO（dgc）全部转化为 CO（l）。结合各催化剂 Rh（CO）$_2$ 夹角变化推测，Rh（CO）$_2$ 上两 C—O 键之间的夹角越大，CO（dgc）越不稳定，容易向 CO（l）转变。作为对比，催化剂在 30℃吸附 30min CO 后，在纯 N$_2$ 气氛采集不同温度下的红外谱图如图 7.18 所示，CO 吸附状态与 CO/N$_2$ 气氛截然不同。催化剂 R/UiO-67-300 随温度的升高［图 7.18（a）］，CO（l）逐渐减少，当温度升高至 300℃时主要以 CO（dgc）为主，证明 2α 为 90°左右的 Rh（CO）$_2$ 非常稳定。如图 7.18（b）所示，催化剂 R/UiO-67-500 随温度升高，CO（dgc）逐渐减少，主要以 CO（l）为主。对于催化剂 R/UiO-67-700［图 7.18（c）］，当温度升高至 150℃时，吸附在 Rh 上的 CO 发生脱附进而与 ZrO$_2$ 物种结合形成了无机碳酸盐物种。因此，R/UiO-67-300 催化剂中的 CO（dgc）热稳定性比较好，这说明 Rh$^+$物种上的两 C—O 键之间的夹角越大越不稳定。

$$\frac{A_{asym}}{A_{sym}} = \tan^2\alpha \tag{7-4}$$

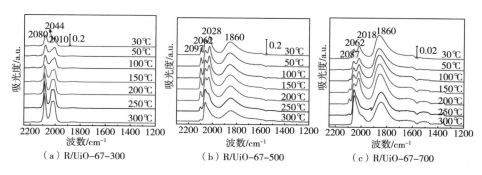

（a）R/UiO-67-300　　（b）R/UiO-67-500　　（c）R/UiO-67-700

图 7.17　在 30℃吸附 CO 至饱和后在 CO/N$_2$ 气氛下温度对 CO 吸附量的变化

为了进一步探究在反应温度下吸附 CO 的状态，催化剂在 300℃时吸附 CO 饱和后通入 H$_2$ 随时间变化的红外谱图如图 7.19 所示。催化剂 R/UiO-67-300 通入 H$_2$ 后 CO（l）物种逐渐减少，位于 2080cm^{-1} 附近 Rh（CO）$_2$ 中对称伸缩振动的

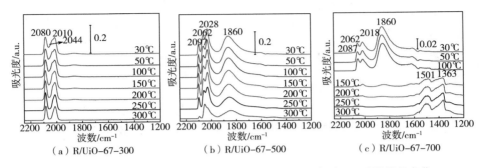

图 7.18　在 30℃ 吸附 CO 至饱和后在 N_2 气氛下温度对 CO 吸附量的变化

CO 逐渐转化为反对称伸缩振动。由式（7-1）可知，通入 H_2 后，Rh^+ 位点上两 CO 之间的夹角逐渐增大。对于催化剂 R/UiO-67-500 和 R/UiO-67-700 在通入 H_2 后 CO 峰面积迅速下降，这表明 CO（1）更有利于加氢反应。三个催化剂的 CO 吸附量下降从高到低依次是：R/UiO-67-700 ＞ R/UiO-67-500 ＞ R/UiO-67-300，这也是其加氢能力强弱的顺序。催化剂加氢能力越强越容易生成烃类，这与活性测试结果一致。

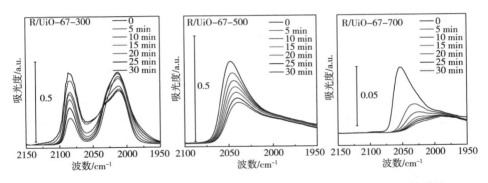

图 7.19　不同催化剂在 300℃ 时吸附 CO 饱和后通 H_2 随时间变化的红外谱图

7.2.6　小结

本节主要考察了具有相同正八面体形貌的 UiO 系列 MOFs（UiO-66、UiO-67 和 Ce-UiO-66）材料的性质对 Rh—Mn 催化剂催化 CO 加氢性能的影响。在相同 Rh、Mn 负载量，相同反应条件情况下，3R3M/UiO-67 催化剂表现出了最为优异的催化性能，对 C_{2+} 含氧化合物的时空收率高达 322.0g/(kg·h)。

表征结果显示，Zr 基 MOFs 由于其较高的热稳定性，焙烧后仍能较好地保持 MOFs 特有的孔道结构，使 Rh、Mn 高度分散的同时保持适当的相互作用；Ce-UiO-66 热稳定性较差焙烧后转化为 CeO_2，该特性不利于高温条件下维持 Rh、Mn

的分散，从而导致 Rh—Mn 之间相互作用较强。Zr 基 MOFs 的限域效应使催化剂表面 Rh^+/Rh^0 比例较高，从而提高了 C_{2+} 含氧化合物的选择性。3R3M/UiO-67 催化剂具有优异的 CO 吸附能力，因此具有较高的 CO 转化率。3R3M/Ce-UiO-66 催化剂加氢能力较强促进了 CH_4 以及 C_{2+} 烃类的形成。

7.3　Zr-MOF 材料负载的 Rh 单金属催化剂性能研究

7.3.1　概述

在 7.2 中，探究了不同 MOFs 负载的 Rh-Mn 催化剂对 CO 加氢性能的影响。其中，3R3M/Zr-MOFs 催化 CO 加氢活性明显高于 3R3M/Ce-MOF 催化剂。Sheerin 等人通过浸渍法制备了一系列以复合氧化物 $Ce_xTi_{1-x}O_2$（$x = 0$、0.25、0.5、0.75 和 1）为载体的 Rh 单金属催化剂（Rh 含量为 2%）用于 CO 加氢。研究表明，$Ce_{0.7}Ti_{0.25}O_2$ 为载体的催化剂表面含有适量的 Rh^+，对含氧化合物的选择性最高。Abdelsayed 等人制备了两种 Rh 基催化剂：将 Rh 引入锆酸镧焦绿石（$La_2Zr_2O_7$，LZ）晶格（LRZ，1.7%）；另外一种是将 Rh 负载到 LZ 表面（R/LZ，1.8%）。TPR 和 XPS 结果显示，Rh 进入晶格内的 LRZ 比 Rh 负载在载体上的 R/LZ 耗氢量更高，R/LZ 催化剂表面 Rh^+ 物种含量更高。结合活性测试结果可知，催化剂表面适量的 Rh^+/Rh^0 有利于 C_2 含氧化合物的形成。

本节以 Zr 基 MOF 材料——UiO-66 和 UiO-67 为载体，与传统金属氧化物 ZrO_2 作对比，采用浸渍法制备 Rh 单金属催化剂。通过 H_2-TPR、XPS、TPSR 等表征手段探究不同 Zr 节点对催化 CO 加氢性能的影响。

7.3.2　Zr 基载体负载的 Rh 单金属催化剂性能评价

不同 Zr 基载体负载的 Rh 单金属催化剂的催化性能见表 7.14。在相同的反应条件下，不同催化剂的 CO 转化率逐渐递减：3Rh/UiO-67 > 3Rh/UiO-66 > 3Rh/ZrO_2。结合图 7.20，不同催化剂对产物的选择性更加容易比较。3Rh/ZrO_2 催化剂对烃类的选择性很高，CH_4 的选择性更是高达 34.8%。关于乙醇和 C_{2+} 含氧化合物的选择性从高到低分别是：3Rh/UiO-66 ≈ 3Rh/UiO-67 > 3Rh/ZrO_2。相比于 3Rh/ZrO_2，Zr 基 MOFs（UiO-66 和 UiO-67）负载的催化剂对 CH_4 和其他烃类的选择性受到了抑制，甲醇和乙醇等氧化物为主要产物。另外，尽管 3Rh/UiO-66 和 3Rh/UiO-67 对含氧化合物的选择性接近（约 70%），但 3Rh/UiO-67 催化剂有更高的 CO 转化率（50.4%），同时对甲醇的选择性高于 3Rh/UiO-66。总的来看，催化剂 3Rh/UiO-67 对 CO 加氢表现出优异的性能，由于其高 CO 转化率和高 C_{2+} 含氧化合物选择性因此具有高的 C_{2+} 含氧化合物的时空收率。

表 7.14　不同 Zr 基载体负载的 Rh 单催化剂上的 CO 加氢反应性能

| 催化剂 | CO 转化率/% | 产物选择性/% | | | | | | | STY（C_{2+} 含氧化合物收率）/（$g \cdot kg^{-1} \cdot h^{-1}$） |
		CO_2	CH_4	MeOH	AcH	EtOH	C_{2+} H	C_{2+} Oxy	
3Rh/UiO-66	11.3	2.1	14.3	16.2	4.1	37.0	9.9	57.5	177.3
3Rh/UiO-67	50.4	0.8	24.6	18.9	2.2	34.8	3.0	52.7	722.5
3Rh/ZrO$_2$	7.1	1.0	34.8	5.2	3.7	28.0	23.3	35.7	68.9

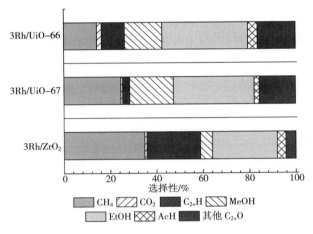

图 7.20　Rh 单金属催化剂的 CO 加氢不同产物选择性总结

7.3.3　Rh 含量对 Rh/UiO-67 催化性能的影响

不同 Rh 含量的 Rh/UiO-67 催化剂催化 CO 加氢性能结果见表 7.15。随着 Rh 含量的增加，CO 转化率呈现先增大后减少的趋势，其中 3Rh/UiO-67 催化剂的 CO 转化率高达 50.4%。随着 Rh 负载量的增加，CH_4 的选择性逐渐增加，甲醇和乙醇的选择性逐渐降低，同时 C_{2+} 含氧化合物的选择性也逐渐降低。

表 7.15　Rh 含量对 Rh/UiO-67 催化性能的影响

| 催化剂 | CO 转化率/% | 产物选择性/% | | | | | | | STY（C_{2+} 含氧化合物收率）/（$g \cdot kg^{-1} \cdot h^{-1}$） |
		CO_2	CH_4	MeOH	ACH	EtOH	C_{2+} H	C_{2+} oxy	
1.5Rh/UiO-67	45.0	0.5	15.4	25.6	1.9	34.1	2.0	56.5	677.6

续表

催化剂	CO 转化率/%	产物选择性/%							STY（C_{2+}含氧化合物收率）/（$g \cdot kg^{-1} \cdot h^{-1}$）
		CO_2	CH_4	MeOH	ACH	EtOH	$C_{2+}H$	$C_{2+}oxy$	
3Rh/UiO-67	50.4	0.8	24.6	18.9	2.2	34.8	3.0	52.7	722.5
4Rh/UiO-67	45.9	1.5	30.7	15.8	2.1	35.0	3.4	48.6	607.0
5Rh/UiO-67	40.1	2.6	46.3	13.2	1.8	24.8	4.3	33.6	368.2

7.3.4 活性测试条件对 3Rh/UiO-67 催化性能的影响

首先考察了还原温度（300℃、350℃、375℃和400℃）对 3Rh/UiO-67 催化 CO 加氢活性的影响，活性评价过程中除还原温度以外的其他条件均保持一致：反应温度为 300℃、空速为 10000mL/（g·h）。活性评价结果见表 7.16。随着还原温度逐渐升高，CO 转化率呈现先升高后降低的趋势，当还原温度为 375℃时 CO 转化率达到最大值。当还原温度高于 350℃时，催化剂对不同产物选择性比较接近。

表 7.16 还原温度对 3Rh/UiO-67 催化性能的影响

还原温度/℃	CO 转化率/%	产物选择性/%							STY（C_{2+}含氧化合物收率）/（$g \cdot kg^{-1} \cdot h^{-1}$）
		CO_2	CH_4	MeOH	ACH	EtOH	$C_{2+}H$	$C_{2+}oxy$	
300	38.1	0.9	24.1	24.9	2.3	31.1	3.4	46.8	485.6
350	45.0	1.3	24.8	22.3	2.2	33.8	2.9	48.7	598.9
375	50.4	0.8	24.6	18.9	2.2	34.8	3.0	52.6	722.5
400	33.6	0.9	19.0	25.2	2.7	32.7	2.8	52.1	474.6

接下来考察反应温度（240℃、260℃、280℃、300℃和320℃）对 3Rh/UiO-67 催化 CO 加氢活性的影响，其他条件均保持一致：还原温度为 375℃、空速为 10000mL/（g·h）。活性评价结果见表 7.17。随着反应温度的升高，CO 转化率逐渐增大，C_{2+}含氧化合物的选择性呈现先升高后降低的趋势。

表 7.17 反应温度对 3Rh/UiO-67 催化性能的影响

反应温度/℃	CO 转化率/%	产物选择性/%							STY（C_{2+}含氧化合物收率）/（$g \cdot kg^{-1} \cdot h^{-1}$）
		CO_2	CH_4	MeOH	ACH	EtOH	$C_{2+}H$	$C_{2+}oxy$	
240	5.9	0.2	5.0	66.6	0.8	14.1	2.4	25.9	40.4

续表

反应温度/ ℃	CO 转化 率/%	产物选择性/%							STY（C$_2$含氧化 合物收率）/ （g·kg^{-1}·h^{-1}）
		CO$_2$	CH$_4$	MeOH	ACH	EtOH	C$_{2+}$H	C$_{2+}$oxy	
260	21.4	0.6	8.3	51.2	2.9	20.4	2.1	37.8	215.3
280	35.4	0.5	13.3	36.2	2.6	27.8	2.3	47.8	454.9
300	50.4	0.8	24.6	18.9	2.2	34.8	3.0	52.6	722.5
320	57.1	1.2	35.4	13.0	2.3	32.9	3.9	46.4	728.2

接下来考察了反应空速 ［4000mL/（g·h）、7000mL/（g·h）、10000mL/（g·h）、14000mL/（g·h）和20000mL/（g·h）］ 对 3Rh/UiO-67 催化 CO 加氢性能的影响，其他条件均保持一致：还原温度为 375℃、反应温度为 300℃，活性评价结果见表 7.18。随着空速的逐渐升高，CO 转化率和对乙醇等 C$_2$ 含氧化合物的选择性逐渐降低。当空速大于 10000mL/（g·h）后，空速对 C$_{2+}$ 含氧化合物的时空收率的影响较小。

表 7.18　空速对 3Rh/UiO-67 催化性能的影响

空速/ （mL· g^{-1}·h^{-1}）	CO 转化 率/%	产物选择性/%							STY（C$_2$含氧化 合物收率）/ （g·kg^{-1}·h^{-1}）
		CO$_2$	CH$_4$	MeOH	ACH	EtOH	C$_{2+}$H	C$_{2+}$oxy	
4000	60.9	0.9	22.3	20.6	1.8	35.7	2.9	53.3	354.3
7000	55.3	0.8	22.6	22.6	2.0	33.6	6.1	47.9	507.5
10000	50.4	0.8	24.6	18.9	2.2	34.8	3.0	52.6	722.5
14000	44.1	0.7	19.6	22.8	2.3	27.4	16.8	40.1	675.4
20000	39.7	0.8	18.0	18.6	2.2	22.4	28.0	34.6	743.9

7.3.5　3Rh/UiO-67 催化剂稳定性测试

在还原温度为 375℃、反应温度为 300℃、反应空速为 10000mL/（g·h）条件下对 3Rh/UiO-67 催化剂稳定性进行了测试，结果如图 7.21 所示。CO 转化率和 C$_{2+}$ 含氧化合物的选择性在前 10h 略微下降，但随着反应的进行逐渐保持稳定，直到反应至 80h 催化活性没有明显降低。

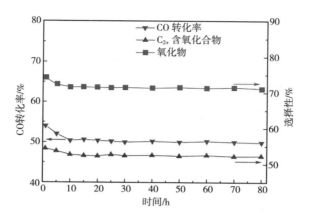

图 7.21　催化剂 3Rh/UiO-67 稳定性测试结果

7.3.6　催化剂的表征结果与分析

Zr 基载体负载的 Rh 单金属催化剂的 XRD 谱图如图 7.22 所示。3Rh/UiO-66 保持了载体特有的特征衍射峰，这说明 UiO-66 结构的稳定性较好。但催化剂 3Rh/UiO-67 只保持了载体部分特征衍射峰，这说明负载 Rh 之后 UiO-67 的连接器部分扭曲或消失，从而破坏了原有 MOF 的有序结构。3Rh/ZrO$_2$ 催化剂的晶相与载体一致，样品主要以单斜相（m-ZrO$_2$，$2\theta = 28.2°$，$31.5°$，JCPDS No. 37-1484）为主，同时含有少量四方相（t-ZrO$_2$，$2\theta = 50.1°$，JCPDS No. 50-1089）。另外，所有催化剂中均未出现 Rh 的特征衍射峰，这说明 Rh 在催化剂表面高度分散。

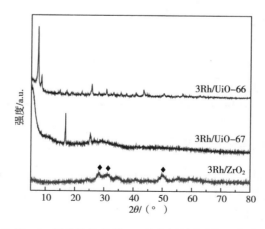

图 7.22　Zr 基载体负载的 Rh 单金属催化剂的 XRD 谱图

图 7.23 展示了载体和对应催化剂的 N_2 吸脱附曲线和孔径分布图（图 7.24）。表 7.19 列出了不同样品的比表面积和孔容数据。由于 UiO-66 和 UiO-67 的 N_2 吸脱附曲线和孔径分布图在 7.3 节中已讨论分析过，在此不再赘述。ZrO_2 载体的吸脱附曲线属于 IV 型，并且伴随 H3 型滞后环，说明其介孔结构。ZrO_2 的比表面积是 197.4m^2/g。相对于 ZrO_2 而言，Rh/ZrO_2 的 N_2 吸附量无明显变化。相应地，3Rh/ZrO_2 和 ZrO_2 的比表面积基本一致。然而，3Rh/UiO-66 和 3Rh/UiO-67 的 N_2 吸附量相比于载体下降明显，尤其是 3Rh/UiO-67。因此，3Rh/UiO-66 和 3Rh/UiO-67 的比表面积相比对应的载体显著降低。

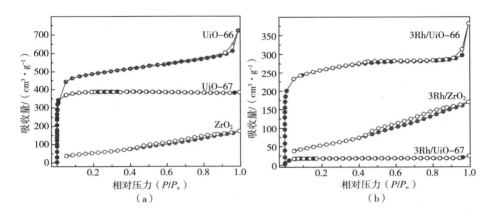

图 7.23　各载体和对应催化剂的 N_2 吸脱附曲线

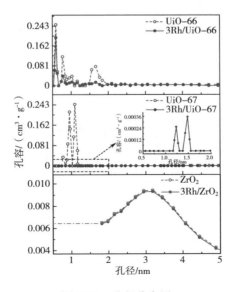

图 7.24　孔径分布图

表 7.19　不同样品的比表面积和孔容汇总

样品	比表面积/$(m^2 \cdot g^{-1})$			孔容/$(cm^3 \cdot g^{-1})$		
	总	微孔	介孔	总	微孔	介孔
UiO-66	1526.4	1134.1	392.3	1.11	0.58	0.52
3Rh/UiO-66	809.7	556.7	253.0	0.59	0.29	0.30
UiO-67	1171.4	1095.2	76.2	0.59	0.56	0.03
3Rh/UiO-67	21.1	12.5	8.6	0.01	0.01	0.00
ZrO_2	197.4	—	197.4	0.26	—	0.26
3Rh/ZrO_2	195.8	—	195.8	0.26	—	0.26

载体和对应催化剂的孔径分布如图 7.24 所示。负载 Rh 之后，UiO-66 载体位于 1.5~2.0nm 的微孔和 0.76nm 的正八面体笼基本全部消失，但是大部分 0.62nm 的四面体笼依然存在。这说明 Rh 离子很难进入直径小于 0.7nm 的孔。UiO-67 由于连接器更长，具有相比于 UiO-66 更大的微孔（0.94nm 和 1.12nm），因此更容易使 Rh 进入孔道内。这也与 3Rh/UiO-67 孔容明显减少相一致。基于 ZrO_2 和 3Rh/ZrO_2 类似的孔径这一结果，说明 ZrO_2 的介孔是由纳米粒子的堆叠形成，Rh 在其表面高度分散不影响载体原来的孔径。总的来说，孔径分布结果和比表面积以及孔容数据结果一致。

三种催化剂的 TEM 图如图 7.25 所示。3Rh/UiO-66 和 3Rh/UiO-67 均保持了对应载体的正八面体形貌。图中观察不到 Zr 氧化物的晶格条纹，这说明 UiO-66 和 UiO-67 晶体为主要存在形式，Zr 节点并未团聚。传统 ZrO_2 是由大小为 2~5nm 的 ZrO_2 纳米颗粒组成的聚集体。另外，催化剂的 HR-TEM 图像中未观察到 Rh 的晶格条纹，这说明 Rh 在催化剂表面高度分散。

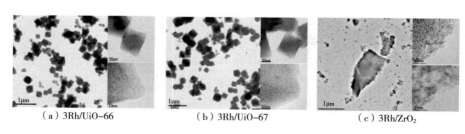

（a）3Rh/UiO-66　　　　　　（b）3Rh/UiO-67　　　　　　（c）3Rh/ZrO_2

图 7.25　3Rh/UiO-66、3Rh/UiO-67 和 3Rh/ZrO_2 的 TEM 图和 HR-TEM

为了更清楚地分析催化剂的结构和组成，对催化剂进行了 EDX 元素分布测试。如图 7.26 所示，催化剂上 Rh、Zr、C 和 O 元素分布均匀，没有明显的 Rh 团聚现象证明 Rh 物种高度分散，这与 XRD 结果一致。另外，催化剂 3Rh/UiO-67 中的 Rh 元素分布相比于 3Rh/UiO-66 和 3Rh/ZrO$_2$ 更加均匀。这说明 UiO-67 中较大的微孔更容易 Rh 的进入，促进了 Rh 的分散，这与通过 N$_2$ 吸脱附得到的孔径分布结果一致。

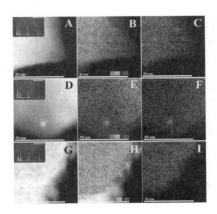

图 7.26　3Rh/UiO-66、3Rh/Ui-67 和 3Rh/ZrO$_2$ 的 TEM 图和对应的 EDX 化学元素分布图

　　载体和对应催化剂的 H$_2$-TPR 曲线如图 7.27 所示，载体在测试之前经 300℃ 空气预处理。ZrO$_2$ 相对稳定，在测试温度范围内没有出现还原峰。UiO-66 和 UiO-67 在 500~650℃ 范围内有明显信号峰的出现。结合其热稳定性，TPR 过程中出现的峰可归因于 MOFs 骨架和有机连接器的分解。

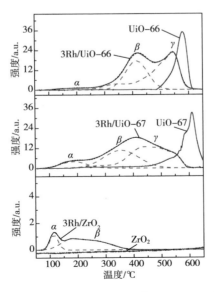

图 7.27　三个催化剂和对应载体的 H$_2$-TPR 曲线

负载 Rh 之后，3Rh/ZrO$_2$ 在 TPR 过程中出现了两个 H$_2$ 消耗峰，这可归于 Rh$_2$O$_3$ 的粒径不同或与载体相互作用的不同。3Rh/UiO-66 和 3Rh/UiO-67 的 TPR 曲线类似，可以分为三个峰。低于 250℃ 的 α 峰可以归因为表面 Rh$_2$O$_3$ 的还原。重叠的 β 峰和 γ 峰可能是因为孔道内 Rh$_2$O$_3$ 的还原和 MOFs 骨架的分解。对于负载型 Rh 基催化剂，MOFs 分解产生的 γ 峰相比于纯的 UiO-66 和 UiO-67 向低温偏移，这是引入 Rh 之后使 MOFs 的连接器扭曲或断裂所造成的。催化剂 3Rh/UiO-66 和 3Rh/UiO-67 的 Rh$_2$O$_3$ 的还原峰相比于催化剂 3Rh/ZrO$_2$ 向高温处偏移，这说明 MOFs 中的 Zr 节点和 Rh 之间的相互作用更强。结合催化剂活性评价结果，说明催化剂 3Rh/UiO-66 和 3Rh/UiO-67 中 Rh 与 Zr 较强的相互作用可以促进含氧化合物的生成。

利用 XPS 表征探究了催化剂表面 Rh 和 Zr 的化学状态，具体谱图如图 7.28 所示。Rh^0、Rh$^+$ 和 Rh^{3+} 的结合能分别为 306.8~307.2eV、307.6~309.6eV 和 308.8~311.3eV。所有新鲜催化剂 Rh 3d$_{5/2}$ 的结合能均在 309.6eV 左右 [图 7.28（a）]，可归属为 Rh^{3+}，这说明新鲜催化剂中的 Rh 以 Rh$_2$O$_3$ 的形式存在。还原后催化剂相应的 Rh 3d 谱图如图 7.28（b）所示。Rh 3d$_{5/2}$ 峰可以积分成 307.0eV 和 308.6eV 两种，分别对应 Rh^0 和 Rh$^+$ 物种。Rh$^+$ 和 Rh^0 物种的峰面积以及相对比例总结在表 7.20。还原后催化剂表面 Rh$^+$/Rh^0 比例按以下次序逐渐减少：3Rh/UiO-67 > 3Rh/UiO-66 ≫ 3Rh/ZrO$_2$，表明在载体 UiO-67 和 UiO-66 上可以获得更多的 Rh$^+$，然而在 ZrO$_2$ 载体上只能获得少量的 Rh$^+$。这与催化剂在 H$_2$-TPR 中展示的氧化还原能力一致。Rh$^+$ 含量的不同可能与 Rh 纳米颗粒与载体之间的相互作用有关，换句话说，铑离子的电子更容易被 MOFs 的 Zr 节点吸引。明显地，Rh$^+$/Rh^0 比例越高，其 CO 转化率以及含氧化物的选择性越高。

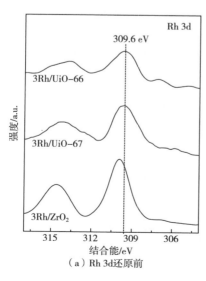
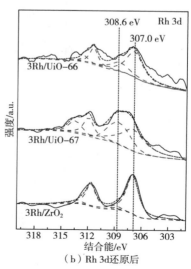

（a）Rh 3d 还原前　　　　　　　（b）Rh 3d 还原后

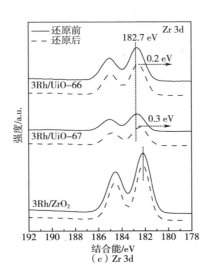

图 7.28　不同催化剂还原前后 Rh 3d 和 Zr 3d 的 XPS 谱图

另一方面，如图 7.28（c）所示，还原前 3Rh/UiO-66 和 3Rh/UiO-67 的 Zr $3d_{5/2}$ 峰在 182.7eV 左右，这与纯 MOFs 中 Zr 结合能一致。还原后 Zr $3d_{5/2}$ 峰向低结合能处偏移，说明 Zr 对 Rh 的吸电子作用，可以进一步证明 Rh 与 MOFs 之间有相互作用。另外，还原前后 3Rh/ZrO₂ 的 Zr $3d_{5/2}$ 峰没有发生变化，说明 Rh 和 ZrO₂ 之间相互作用较弱。

表 7.20　不同催化剂表面 Rh 状态和不同状态 Rh 的含量

催化剂	Rh/%	Rh^+	Rh^0	Rh^+/Rh^0	CO（dgc）	CO（l）	CO（b）	CO（dgc）/CO（l）
3Rh/UiO-66	3.4	681	1321	0.52	15.8	5.5	4.3	2.9
3Rh/UiO-67	3.0	2418	3651	0.66	23.0	7.3	0.6	3.2
3Rh/ZrO₂	2.9	183	3582	0.05	0	16.2	6.0	0

图 7.29 展示了一系列催化剂经过原位还原后，在 300℃ 和 CO/N₂ 气氛下吸附 CO 的红外谱图。CO 的吸附类型主要分为三种，2087cm⁻¹ 和 2011cm⁻¹ 处对应的是孪式吸附 Rh^+（CO）₂［CO（gdc）］物种上对称和反对称伸缩振动峰，2030～2070cm⁻¹ 范围内的吸附峰为线式吸附 CO［CO（l）］，1850cm⁻¹ 附近的宽峰为桥式吸附 CO［CO（b）］。大家普遍认为 CO（l）位于 Rh^0 位点，CO（dgc）吸附在 Rh^+ 位点且高度分散。可以看出，3Rh/ZrO₂ 催化剂主要以 CO（l）吸附为主，说明

181

催化剂表面主要由 Rh^0 位点占据。相比于 $3Rh/ZrO_2$、$3Rh/UiO-67$ 和 $3Rh/UiO-66$ 在反应温度下的 CO 吸附物种主要以 CO（dgc）为主。CO（dgc）和 CO（1）的比例［CO（gdc）／CO（1）］经过计算列在表 7.20，可以看出催化剂 CO（gdc）／CO（1），即 Rh^+/Rh^0 的比例从高到低分别是：$3Rh/UiO-67 > 3Rh/UiO-66 \gg 3Rh/ZrO_2$，这与 XPS 结果一致。

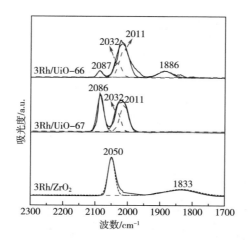

图 7.29　在 300℃下，流动的 CO/N_2 混合气中吸附 CO 的红外谱图

通常情况下，位于 Rh^0 位点上线式吸附 CO 解离形成 CH_x* 中间体，位于 Rh^+ 位点上孪式吸附的 Rh^+（CO）$_2$ 提供插入 CO 形成 CH_xCO* 中间体。结合 XPS 结果和催化性能表明，$3Rh/UiO-66$ 和 $3Rh/UiO-67$ 催化剂中高比例的 Rh^+ 不仅抑制了 CO 的直接解离，同时促进了 CO 向 CH_x* 物种插入，从而提高了含氧化合物的选择性。此外，CO 吸附强度从高到低依次是：$3Rh/UiO-67 > 3Rh/UiO-66 > 3Rh/ZrO_2$。CO 吸附能力越强其 CO 转化率越高，这与催化剂活性测试结果一致。

三个催化剂的 TPSR 曲线如图 7.30 所示。由于 Rh 基催化剂上解离的 CO 可以快速加氢形成 CH_4，因此，CO 解离能力与 CH_4 形成温度有关，CO 加氢能力与 CH_4 峰强度有关。由图可知，CH_4 生成温度从低到高依次是 $3Rh/ZrO_2 < 3Rh/UiO-66 < 3Rh/UiO-67$，这说明 Zr 基 MOFs 负载的 Rh 位点具有较弱的 CO 解离能力。CH_4 峰面积从高到低分别是：$3Rh/ZrO_2 \gg 3Rh/UiO-66 \approx 3Rh/UiO-67$。以上结果表明，$3Rh/ZrO_2$ 催化剂有非常强的加氢能力，这与其较高的 CH_4 选择性相一致。另外，$3Rh/UiO-67$ 的 CO 解离能力较弱，这可能是其获得较高 CH_3OH 选择性的原因。

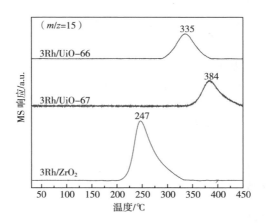

图 7.30　催化剂在 TPSR 过程中 CH₄ 的生成谱图

7.3.7　小结

本节主要考察了焙烧温度对 3Rh/UiO-67 催化剂催化 CO 加氢性能的影响。随着焙烧温度的升高，催化剂对 CO 转化率逐渐降低，同时对 C_{2+} 含氧化合物的选择性也呈下降趋势。

根据表征结果可知，当催化剂焙烧温度为 300℃时，催化剂中 Rh 高度分散，CO 吸附能力较强，同时大量 Rh^+ 物种有利于提高 C_{2+} 含氧化合物的选择性。随着焙烧温度升高，催化剂中铑颗粒直径逐渐变大，Rh 比表面积下降，从而使 CO 吸附量下降。另外，当催化剂焙烧温度高于 500℃时，UiO-67 载体特有的孔道结构逐渐消失转化为 ZrO_2，负载在催化剂上的铑更容易还原，因此 Rh^+ 含量逐渐降低，Rh^0 物种逐渐增多。Rh^+ 物种可以促进 CO 向 CH_x* 进行插入反应，从而提高 C_{2+} 含氧化合物的选择性；而 Rh^0 位点上吸附的 CO 加氢能力更强，更有利于生成烃类。

7.4　不同孔道结构 ZrO_2 负载 Rh 单金属催化剂的催化性能研究

7.4.1　概述

在 7.3 节中，探究了三种 MOF 材料的孔道结构和理化性质对 CO 加氢制乙醇性能的影响。其中，Rh@UiO-67 催化剂表现出了最佳的催化性能，MOF 的微孔孔道限域效应对催化性能有较大影响。此外，近年来，拥有均匀孔道结构的材料由于能够促进反应物扩散，增加孔隙的可访问性，有利于活性金属在孔道中的均匀分散，使其在非均相催化方面被广泛用作载体材料。Kim 等提出，在反应条件下，独特的孔结构和孔分布促进了 Rh 纳米粒子的分散并阻止其发生聚集，从而有利于合成气制低碳醇。Cho 等揭示了有序介孔 FeZr 双金属氧化物中 Fe_2O_3 和 ZrO_2 之间的强相互作用，可以较为明显地提高 CO 活性和碳氢化合物的选择性。Bae 等研究也发现，有序介孔 KIT-6 中规则的孔道在还原和反应过程中成功地抑制了钴的聚集，大大减少了碳的沉积，提高了费托合成反应的稳定性。

因此，为了进一步探究载体孔道结构对催化性能的影响，本节拟采用不同孔道结构的介孔 ZrO_2 和普通的 ZrO_2 为载体制备 Rh 单金属催化剂，考察载体的孔道结构对 CO 加氢性能的影响。通过 XRD、TEM、*in situ* DRIFT、TPSR 等表征与催化剂的催化性能进行关联。

7.4.2 催化剂的制备

采用等体积浸渍法制备了 Rh 单金属催化剂，具体步骤如下：$RhCl_3$ 水溶液（Rh 质量分数约 39%）作为前驱体，Rh 的负载量为 3%，等体积浸渍到不同孔道结构的 ZrO_2 载体，如 ZrO_2-C、ZrO_2-P 和 ZrO_2 上，室温下浸渍老化 12h 后于 80℃ 烘箱中干燥 12h，然后在 300℃ 的空气中焙烧 4h（升温速率为 3℃/min）。焙烧后的催化剂经过压片、研磨、筛至 40~60 目待用。将制备的催化剂分别命名为：Rh/ZrO_2-C、Rh/ZrO_2-P 和 Rh/ZrO_2。

7.4.3 催化剂的性能测试

不同催化剂催化 CO 加氢反应活性和产物选择性的影响由表 7.21 和图 7.31 所示。由表 7.21 可知，在 3MPa、300℃、$H_2/CO=2$ 的反应条件下，不同催化剂的 CO 转化率逐渐递减：Rh/ZrO_2-C>Rh/ZrO_2-P>Rh/ZrO_2。如图 7.31 所示，Rh/ZrO_2 催化剂有较高的 CH_4 和 C_{2+} 烃选择性，Rh/ZrO_2-C 和 Rh/ZrO_2-P 催化剂则对 C_{2+} 氧化物有较高的选择性。但不同的是，在 Rh/ZrO_2-P 催化剂高的 C_{2+} 氧化物选择性中，乙醛（AcH）占据较多的含量。另外，三种催化剂对 CH_4 和 AcH 的选择性都相对较高。通过计算，三种催化剂 C_{2+} 氧化物的时空收率（STY）由高到低分别为：Rh/ZrO_2-C>Rh/ZrO_2-P>Rh/ZrO_2。综上所述，Rh/ZrO_2-C 催化剂对 CO 加氢制乙醇表现出最好的催化性能。

表 7.21 三种催化剂的 CO 加氢反应性能

催化剂	CO 转化率/%	产物选择性/%							STY（C_{2+}含氧化合物收率）/ $(g \cdot kg^{-1} \cdot h^{-1})$
		CO_2	CH_4	MeOH	AcH	EtOH	C_{2+}H	C_{2+}oxy	
Rh/ZrO_2	7.5	1.0	18.9	10.6	23.7	30.6	11.7	57.9	139.5

催化剂	CO 转化率/%	产物选择性/%							STY（C_{2+} 含氧化合物收率）/（$g \cdot kg^{-1} \cdot h^{-1}$）
		CO_2	CH_4	MeOH	AcH	EtOH	$C_{2+}H$	$C_{2+}oxy$	
Rh/ZrO$_2$-P	10.7	0.5	16.8	1.6	53.2	18.6	6.5	75.1	208.0
Rh/ZrO$_2$-C	17.9	1.3	14.8	2.3	36.2	30.5	5.6	73.0	339.7

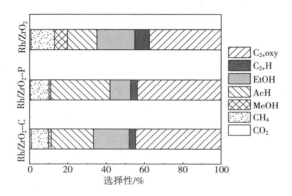

图 7.31　三种催化剂 CO 加氢产物的选择性

7.4.4　XRD 表征结果

图 7.32（a）和（b）是三种 ZrO$_2$ 载体及对应催化剂的 XRD 谱图。如图 7.32（a）所示，三种载体存在两种氧化锆晶型，分别为四方相（t-ZrO$_2$，PDF#050-1089）和单斜相（m-ZrO$_2$，PDF#037-1484）。其中，ZrO$_2$ 以四方相和单斜相的混合相为主，ZrO$_2$-P 则以四方相为主，ZrO$_2$-C 虽然既有四方相也有单斜相，但主要以四方相为主。负载 Rh 后，催化剂的 XRD 如图 7.32（b）所示。Rh/ZrO$_2$-C、Rh/ZrO$_2$-P 和 Rh/ZrO$_2$ 催化剂均保持了载体的特征衍射峰，这说明负载 Rh 对载体结构未有明显的影响。另外，在三种催化剂中均未发现 Rh 的特征衍射峰，表明 Rh 在载体表面分散均匀。

7.4.5　N$_2$ 吸脱附表征结果

图 7.33 是不同样品的 N$_2$ 吸脱附曲线及孔径分布，相关数据见表 7.22。如图 7.33（a）所示，根据 IUPAC 分类，三种载体都呈现出典型的Ⅳ型吸脱附等温线，具有较为明显的回滞环，表明合成的三种 ZrO$_2$ 载体具有介孔材料的结构特性，但三种载体的滞后环形状有所不同。其中，ZrO$_2$ 具有 H3 型回滞环，说明孔结构不是很规整。ZrO$_2$-P 和 ZrO$_2$-C 均具有 H2 型回滞环，表明有较为规则的孔道结构，

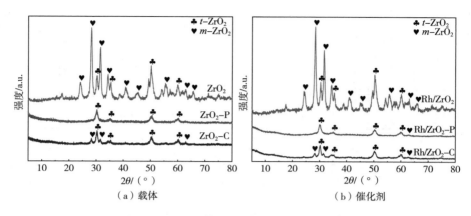

图 7.32 三种载体和对应催化剂的 XRD 谱图

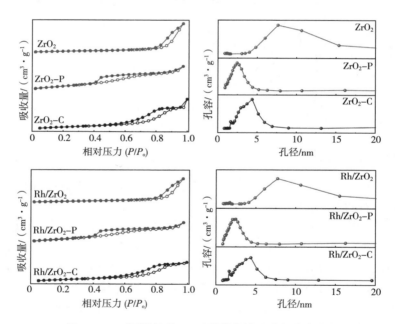

图 7.33 不同样品的 N₂ 吸脱附曲线及孔径分布图

不同之处在于 ZrO_2-P 是墨水瓶形孔道结构，而 ZrO_2-C 则是圆柱形孔道结构。从图 7.33（c）和表 7.22 可以看出，负载 Rh 之后，三种催化剂的 N₂ 吸脱附曲线均未发生明显变化，仅比表面积有较小的降低。

由图 7.33（b）和表 7.22 可知，三种载体材料孔径主要集中在 0.8 ~ 20nm。ZrO_2 孔径分布范围最宽，为 5 ~ 20nm，平均孔径为 11.0nm；ZrO_2-P 孔径分布范围较窄，为 1 ~ 6nm，平均孔径为 2.8nm；ZrO_2-C 则较为适中，为 0.8 ~ 8nm，平均孔径为 4.5nm。如图 7.31（d）和表 7.22 所示，对比于载体的孔径分布，所示的三种催化剂的孔径分布与载体基本相似，未有明显的变化。孔容和平均孔径则有较小程度的降低。

表 7.22　不同样品的 BET 表面积、孔容和孔径

样品	比表面积/（$m^2 \cdot g^{-1}$）	孔容/（$cm^3 \cdot g^{-1}$）	孔径/nm
ZrO_2	39	0.26	11.0
Rh/ZrO_2	39	0.22	10.5
ZrO_2-P	80	0.06	2.8
Rh/ZrO_2-P	68	0.05	2.7
ZrO_2-C	90	0.12	4.5
Rh/ZrO_2-C	72	0.05	3.6

7.4.6　TEM 和 EDS 表征结果

图 7.34 列出了三种载体和对应催化剂的 TEM 和 HR-TEM 图像。图 7.34（a）分别为 ZrO_2、ZrO_2-P 和 ZrO_2-C 三种载体的 TEM 和 HR-TEM 图。由图可知，三种载体都是由颗粒团聚形成的，这可能与焙烧温度有关，导致了纳米颗粒的团聚。此外，在三种载体中可以明显观察到 ZrO_2 的晶格条纹，根据晶格条纹间距可知：ZrO_2 载体中既有单斜相也有四方相；ZrO_2-P 和 ZrO_2-C 载体主要是四方相，这与 XRD 结果一致。三种催化剂的透射电镜如图 7.34（b）所示。负载 Rh 之后，催化剂的结构未发生明显变化。图中圆圈所标为 Rh 纳米粒子，可以看出 Rh 纳米粒子的分散相对均匀。此外，在三种催化剂中均观察到了 Rh 粒子的晶格条纹，这说明 Rh 粒子可能出现部分聚集，但在 XRD 中却并没有观察到 Rh 的特征衍射峰，表明聚集的 Rh 纳米粒子数量较少。另外，根据晶格条纹间距可知，Rh/ZrO_2 催化剂中的 Rh 可归属于 Rh（200）晶面，而 Rh/ZrO_2-P 和 Rh/ZrO_2-C 催化剂则是 Rh（111）晶面。不同的 Rh 晶面对催化性能有不同的影响。Choi 等研究表明，Rh（100）和（111）晶面不仅影响 CH_x 中间体的存在形式和乙醇生成的优先途径，而且还影响催化剂的性能。Nørskov 等也从实验和理论上发现，Rh（211）对甲烷有很高的选择性，而 Rh（111）对 C_{2+} 氧化物有很高的选择性，这与所测的结果一致。

图 7.35 是三个催化剂的 TEM-EDS 图谱，从图中可以看出 Rh 和 Zr 元素分布较为均匀，只有较少一部分发生团聚，这说明在催化剂中可能存在 Rh 单原子和 Rh 纳米团簇。对于三种催化剂中 Rh 的分布，可以看出，Rh/ZrO_2-C 催化剂 Rh 元素的分散程度最好，Rh/ZrO_2-P 催化剂次之，而 Rh/ZrO_2 催化剂的分散程度最差。

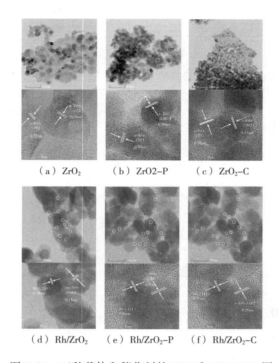

（a）ZrO₂　（b）ZrO2–P　（c）ZrO₂–C

（d）Rh/ZrO₂　（e）Rh/ZrO₂–P　（f）Rh/ZrO₂–C

图 7.34　三种载体和催化剂的 TEM 和 HR–TEM 图

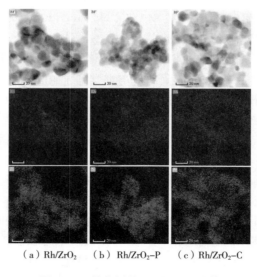

（a）Rh/ZrO₂　（b）Rh/ZrO₂–P　（c）Rh/ZrO₂–C

图 7.35　催化剂的 TEM–EDS 图谱

Rh 的分散度在一定程度上会影响催化剂的活性。较好的分散性可以增加活性位点数量，从而使催化剂有高的催化活性，这与 CO 转化率的高低顺序是一致的。

7.4.7　H$_2$-TPR 表征结果

图 7.36 为不同催化剂的 H$_2$-TPR 图谱。三种催化剂呈现出相同的出峰趋势，可以观察到两个中心在 150℃ 和 480℃ 左右的峰，将其分别命名为 α 峰和 β 峰。α 峰可归属于尺寸较大的 Rh 纳米颗粒或团簇的还原，β 峰则属于尺寸较小的 Rh 纳米颗粒或团簇的还原。如图所示，三种催化剂 α 峰面积大小按以下顺序依次减小：Rh/ZrO$_2$>Rh/ZrO$_2$-P>Rh/ZrO$_2$-C，这说明 Rh/ZrO$_2$ 和 Rh/ZrO$_2$-P 催化剂中可能存在较多尺寸较大的 Rh 纳米颗粒。CO 解离需要尺寸较大的 Rh 纳米颗粒，两种催化剂中较多尺寸大的 Rh 纳米颗粒增强了 CO 解离能力，导致对 C$_{2+}$H 有高的选择性，这与活性结果相一致。此外，α 峰的还原温度从高到低依次是：Rh/ZrO$_2$<Rh/ZrO$_2$-P<Rh/ZrO$_2$-C，这可能与载体和 Rh 的相互作用不同有关。β 峰面积从大到小为：Rh/ZrO$_2$>Rh/ZrO$_2$-C>Rh/ZrO$_2$-P，这说明 Rh/ZrO$_2$ 和 Rh/ZrO$_2$-C 中可能有较多小的 Rh 纳米团簇存在，而这有利于乙醇的生成。

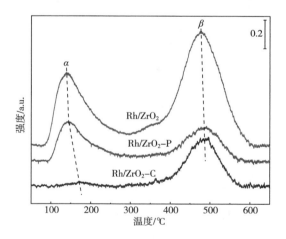

图 7.36　不同催化剂的 H$_2$-TPR 曲线

7.4.8　XPS 表征结果

为了研究催化剂的化学状态和表面组成对催化剂催化性能的影响，对所有样品进行了原位 XPS 测试。三种催化剂还原前后 Rh 3d$_{5/2}$ 的 XPS 如图 7.37 所示，相关数据见表 7.23。

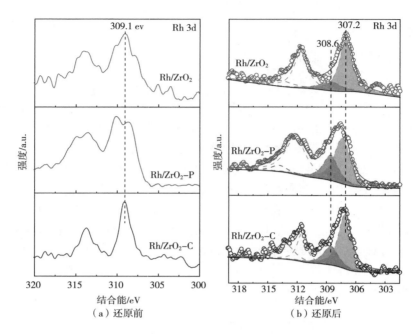

图 7.37　不同催化剂还原前后的 XPS 谱图

表 7.23　还原后催化剂表面 Rh⁺ 与 Rh⁰ 含量及比例

催化剂	Rh^+	Rh^0	Rh^+/Rh^0
Rh/ZrO_2	611.46	3480.23	0.18
Rh/ZrO_2-P	1231.82	3198.87	0.38
Rh/ZrO_2-C	992.56	2889.54	0.34

　　由图 7.37 左可知，三种新鲜催化剂 Rh $3d_{5/2}$ 的结合能均在 309.1eV 左右，可归属为 Rh^{3+}，这说明还原前三种催化剂中的 Rh 以 Rh_2O_3 的形式存在。图 7.37 右是三种催化剂还原后 Rh $3d_{5/2}$ 谱图，可以将其积分为 307.2eV 的 Rh^0 物种和 308.6eV 的 Rh^+ 物种，这说明还原后催化剂表面 Rh^+ 与 Rh^0 物种共存。Rh^+/Rh^0 的比值影响乙醇等 C_{2+} 氧化物的选择性。三种催化剂上 Rh^+ 和 Rh^0 含量及比值见表 7.23。从表 7.23 可以看出，三种催化剂 Rh^+/Rh^0 按如下顺序降低：Rh/ZrO_2- P＞$Rh/ZrO_2-C＞Rh/ZrO_2$，这表明在载体 ZrO_2-P 和 ZrO_2-C 上可以获得更多的 Rh^+，而在 ZrO2 载体上只能获得较少的 Rh^+，这可能与载体和催化剂的相互作用有关。较高的 Rh^+/Rh^0 可以增强 CO 插入能力，从而提高 C_{2+} 氧化物的选择性，这与活性结果一致。

7.4.9　DRIFT 光谱分析

图 7.38 显示了 CO 在三种催化剂上的吸附峰，2048cm⁻¹ 左右的吸附峰归属于 Rh⁰ 位点上线式吸附 CO［CO（l）］，2090cm⁻¹ 和 2020cm⁻¹ 左右的一对肩峰是 Rh⁺ 位点上孪式吸附 Rh⁺（CO）₂［CO（gdc）］的对称和反对称伸缩振动峰，1820cm⁻¹ 左右的峰为 Rh⁰ 位点上桥式吸附 CO［CO（b）］。

从图 7.38 可以看出，三种催化剂的 CO 吸附峰变化趋势基本相似，以 Rh/ZrO₂ 催化剂为例对 CO 吸附峰变化进行阐述。如图 7.36（a）所示，在温度低于 100℃ 时，吸附的 CO 主要以 2090cm⁻¹ 和 2020cm⁻¹ 左右的 CO（gdc）为主，2090cm⁻¹ 左右的吸附峰高于 2020cm⁻¹ 左右的。等温度达到 100℃ 时，2048cm⁻¹ 左右的 CO（l）开始出现，且随着温度继续升高，CO（l）峰强度开始逐渐变强，而 2090cm⁻¹ 和 2020cm⁻¹ 左右的孪式吸附峰则逐渐减弱，且在 200℃ 以后开始出现 1820cm⁻¹ 左右的 CO（b）。等温度到反应温度（300℃）时，以 2048cm⁻¹ 左右的 CO（l）为主，2090cm⁻¹ 和 2020cm⁻¹ 左右的 CO（gdc）物种基本消失，这说明其可能解吸和转变为 CO（l）物种。此外，在温度从 100℃ 升到 300℃ 期间，CO（l）峰位置逐渐向低频偏移，根据之前的研究，此现象可能是由于催化剂表面 Rh⁺（CO）₂ 对称伸缩振动的夹角改变或是分子运动加剧导致了 CO 脱附速率加快所引起。尽管三种催化剂对 CO 吸附变化相似，但不同之处在于 CO（l）随温度变化趋势不同，Rh/ZrO₂ 和 Rh/ZrO₂‑P 催化剂在 200℃ 时主要以 CO（l）为主，而 Rh/ZrO₂‑C 催化剂在 200℃ 时还是以 CO（gdc）为主，这可能与它们不同的加氢能力有关。

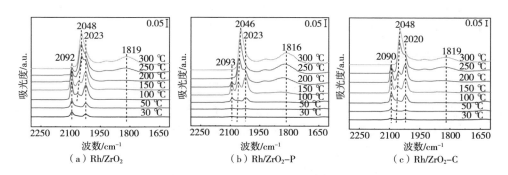

图 7.38　催化剂在 30℃ 吸附 CO 饱和后在 CO/N₂ 气氛下随温度升高对 CO 吸附量的变化谱图

图 7.39 是三种催化剂在 30℃（a）和 300℃（b）吸附 CO 饱和后的红外谱图。如图所示，在 30℃ 时三种催化剂存在两种 CO 吸附峰，2092cm⁻¹ 和 2022cm⁻¹ 的一对肩峰，说明在室温下吸附的 CO 以 CO（gdc）的形式存在。而在 300℃ 时，则出现了 2048cm⁻¹ 的 CO（l），1819cm⁻¹ 的 CO（b），2092cm⁻¹ 和 2022cm⁻¹ 的一对肩峰则基本消失。通常认为，CO（gdc）存在于 Rh⁺ 位点且高度分散，而 CO（l）和

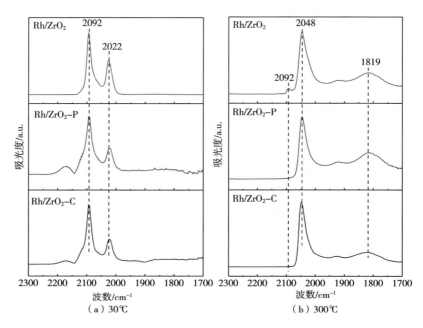

图 7.39　不同催化剂在 30℃ 和 300℃ 吸附 CO 饱和后的红外谱图

CO（b）则存在于 Rh^0 位点。因此，可以推测在反应温度（300℃）时，三种催化剂中活性金属 Rh 是主要以 Rh^0 的形式存在。一般情况下，CO 吸附量越大其 CO 转化率就越高。在 300℃ 时，三种催化剂对 CO 的吸附量从大到小依次为：Rh/ZrO_2-C>Rh/ZrO_2-P>Rh/ZrO_2，这也与活性结果中 CO 转化率顺序一致。

7.4.10　TPSR 表征结果

　　程序升温表面反应（TPSR）是研究化学吸附 CO 加氢活性的最有效方法之一。由于在 Rh 基催化剂上，游离得 CO 加氢生成 CH_4 的速度很快，因此可以用 CH_4 的生成温度和峰面积来反映催化剂 CO 解离能力和加氢能力。图 7.40 展示了不同催化剂吸附 CO 随温度变化的红外谱图和对应的 CH_4 在 TPSR 测试中形成的曲线图。

　　从三种催化剂 CO 吸附变化图可以看出，在 100℃ 以下，CO（gdc）物种随着 H_2 的通入开始消耗与转变，CO（l）逐渐增强，整体峰强度的增强可能是因为吸附的 CO 发生脱附后未能被 H_2 及时消耗所致。随着温度的不断升高，CO（gdc）基本消失，并且由于被 H_2 消耗，CO（l）逐渐减弱，与此同时，CH_4 也随着 CO 的解吸或消耗而逐渐形成。另外，结合吸附 CO 的红外谱图可以看出，CH_4 主要是由吸附的 CO（l）形成的。由于不同催化剂的 CO 吸附强度不同，因此不能直接用 CH_4 的峰面积来直接比较催化剂的加氢能力。从 CO 吸附变化图可知，三种催化剂

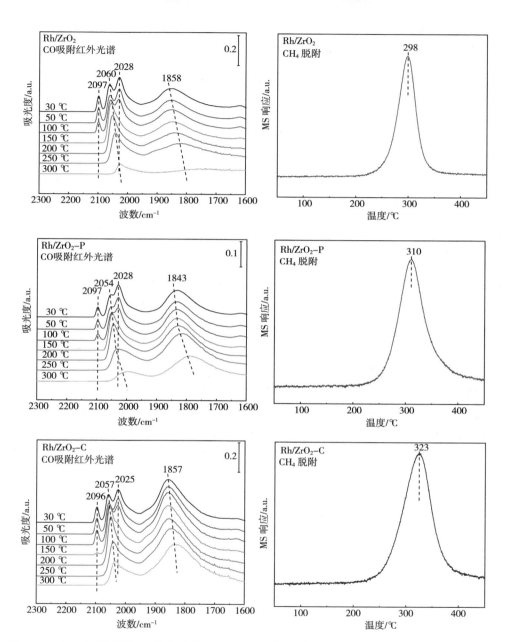

图 7.40 在 30℃ 下吸附 CO 饱和后通 10% H_2/He 升温所得的红外谱图和相应的 CH_4 生成曲线

整体峰强度从 150℃ 开始减弱，而 CH_4 的峰也均在 150℃ 之后出现，所以可以用 150℃ 时吸附 CO 的峰面积作为 CH_4 形成的原料，然后将 CH_4 的峰面积与其相除所 得的比值来比较催化剂的加氢能力（表 7.24）。CH_4/CO 的比值大小为：Rh/ZrO_2 >

$Rh/ZrO_2-P > Rh/ZrO_2-C$，也即催化剂的加氢能力以同样的顺序下降，较强的加氢能力有利于 $C_{2+}H$ 生成，这与活性结果中 $C_{2+}H$ 选择性一致。

表 7.24　不同催化剂的 CO 与 CH_4 峰面积以及相应的 CH_4/CO 比值

催化剂	CO	CH_4	CH_4/CO
Rh/ZrO_2	4.08	6.94	1.70
Rh/ZrO_2-P	3.22	3.69	1.15
Rh/ZrO_2-C	4.42	4.07	0.99

7.4.11　小结

本节以不同孔道结构的介孔 ZrO_2-C、ZrO_2-P 和普通的 ZrO_2 为载体，制备了 Rh 单金属催化剂，以进一步考察孔道结构对 CO 加氢性能的影响。活性结果表明，在 300℃、3MPa、$H_2/CO=2$ 的反应条件下，Rh/ZrO_2-C 催化剂具有最佳的催化性能。

表征结果显示，ZrO_2 载体最宽的孔径分布和不规则的孔道不利于 Rh 粒子在其上的分散，降低了对 CO 的吸附，使其有最低的催化活性。而 ZrO_2-P 和 ZrO_2-C 相对较窄的孔径分布和独特的孔道结构促进了 Rh 的分散，使催化活性相对较高。此外，XPS 结果显示，Rh/ZrO_2-C 和 Rh/ZrO_2-P 较高的 Rh^+/Rh^0 比例促进了 CO 插入，使其有高的 C_{2+} 氧化物选择性，但乙醛在 Rh/ZrO_2-P 中有较多的含量。TPSR 结果则表明，Rh/ZrO_2 催化剂有较强的 CO 加氢能力，对 C_{2+} 烃有高的选择性。

参考文献

［1］ Dudley B. Statistical Review of World Energy 2011 ［R］. The United Kingdom: British Petroleum, 2011.

［2］ Cho A. Energy's tricky tradeoffs ［J］. Science, 2010, 329 (5993): 786-787.

［3］ Boden T A, Marland G, Andres R J. Global, Regional, and National Fossil-Fuel CO_2 Emissions ［R］. America: Carbon Dioxide Information Analysis Center (CDIAC), 2010.

［4］ Alley R. Climate Change 2007: The Physical Science Basis ［R］. Switzerland: Intergovernmental Panel on Climate Change (IPCC), 2007.

［5］ 朱之培, 高晋生. 煤化学 ［M］. 上海: 上海科学技术出版社, 1984.

［6］ 李文钊. 天然气转化二十一世纪展望 ［C］. 哈尔滨: 第六届全国青年催化学术会议论文摘要集, 1998.

［7］ Spivey J J, Egbebi A. Heterogeneous Catalytic Synthesis of Ethanol from Biomass-derived Syngas ［J］. Chem Soc Rev, 2007, 36 (9): 1514-1528.

［8］ Schulz H. Short History and Present Trends of Fischer-Tropsch Synthesis ［J］. Appl Catal A: Gen, 1999, 186 (1): 3-l2.

［9］ Hao X, Dong G Q, Yang Y. Coal to Liquid (CTL): Commercialization Prospects in China ［J］. Chem Eng Technol, 2007, 30 (9): 1157-1165.

［10］ 陆世维. C1 化学创造未来的化学 ［M］. 北京: 宇航出版社, 1990: 1-10.

［11］ Smith K J, Anderson R B. The Higher Alcohol Synthesis over Promoted Cu/ZnO Catalysts ［J］. Can J Chem Eng, 1983, 61 (1): 40-45.

［12］ Elliott D J, Pennella F. Mechanism of Ethanol Formation from Synthesis Gas over $CuO/ZnO/Al_2O_3$ ［J］. J Catal, 1988, 114 (1): 90-99.

［13］ Nunan J G, Herman R G, Klier K. Higher Alcohol and Oxygenate Synthesis over $Cs/Cu/ZnO/M_2O_3$ ［J］. J Catal, 1989, 116 (1): 222-229.

［14］ Nunan J G, Bogdan C E, Klier K, et al. Higher Alcohol and Oxygenate Synthesis Over Cesium-doped CuZnO Catalysts ［J］. J Catal, 1989, 116 (1): 195-221.

［15］ Nunan J G, Bogdan C E, Klier K, et al. Methanol and C_2-oxygenate Synthesis over Cesium Doped CuZnO and $Cu/ZnO/Al_2O_3$ Catalysts: A Study of Selectivity and ^{13}C Incorporation Patterns ［J］. J Catal, 1988, 113 (2): 410-433.

［16］ Vedage G A, Himelfarb P B, Simmons G W, et al. Alkali-Promoted Copper-Zinc Oxide Catalysts for Low Alcohol Synthesis ［J］. ACS Symp Ser, 1985, 279: 295-312.

［17］ Hilmen A M, Xu M T, Gines M J L, et al. Synthesis of Higher Alcohols on Copper Catalysts Supported on Alkali-promoted Basic Oxides ［J］. Appl Catal A: Gen, 1998, 169 (2): 355-372.

［18］ Frolich P, Cryder D. Catalysts for the Formation of Alcohols from Carbon Monoxide and Hydrogen ［J］. Ind Eng Chem, 1930, 22 (10): 1051-1057.

［19］ Slaa J C, Vanommen J G, Ross J R H. The Synthesis of Higher Alcohols Using Modified $Cu/ZnO/Al_2O_3$ Catalysts ［J］. Catal Today, 1992, 15 (1): 129-148.

［20］ Gall D, Gibson E J, Hall C C. The Distribution of Alcohols in the Products of the Fischer-Tropsch Synthesis ［J］. J Appl Chem, 1952, 2 (7): 371-380.

［21］ Pijolat M, Perrichon V. Synthesis of Alcohols from CO and H_2 on a Fe/Al_2O_3 Catalyst at 8-30 Bars Pressure ［J］. Appl Catal, 1985, 13 (2): 321-333.

［22］ Razzaghi A, Hindermann J P, Kiennemann A. Synthesis of C1 to C5 Alcohols by $CO+H_2$ Reaction on Some Modified Iron-catalysts ［J］. Appl Catal, 1984, 13 (1): 193-210.

［23］ Fujimoto K, Oba T. Synthesis of C1-C7 Alcohols from Synthesis Gas with Supported Cobalt Catalysts ［J］. Appl Catal, 1985, 13 (2): 289-293.

［24］ Inoue M, Miyake T, Takegami Y, et al. Alcohol Synthesis from Syngas on Ruthenium-based Composite Catalysts ［J］. Appl Catal, 1984, 11 (1): 103-116.

［25］ Takeuchi K, Matsuzaki T, Arakawa H, et al. Synthesis of Ethanol from Syngas over $Co-Re-Sr/SiO_2$ Catalysts ［J］. Appl Catal, 1985, 18 (2): 325-334.

［26］ Hamada H, Kuwahara Y, Kintaichi Y, et al. Selective Synthesis of C_2-oxygenated Compounds from Synthesis Gas over Ir-Ru Bimetallic Catalysts ［J］. Chem Lett, 1984, 13: 1611-1612.

［27］ Kintaichi Y, Kuwahara Y, Hamada H, et al. Selective Synthesis of C_2-oxygenates by CO Hydrogenation over Silica-supported Co-Ir Catalyst ［J］. Chem Lett, 1985, 14: 1305-1306.

［28］ Hedrick S A, Chuang S S C, Pant A, et al. Activity and Selectivity of Group Ⅷ, Alkali-promoted Mn-Ni, and Mo-based Catalysts for C_{2+} Oxygenate Synthesis from the CO Hydrogenation and $CO/H_2/C_2H_4$ Reactions ［J］. Catal Today, 2000, 55 (3): 247-257.

［29］ Kintaichi Y, Ito T, Hamada H, et al. Hydrogenation of Carbon-monoxide Into C_2-oxygenated Compounds over Silica-supported Bimetallic Catalyst Composed of

Ir and Ru [J]. Sekiyu Gakkaishi J Jpn Pet Inst, 1998, 41 (1): 66−70.

[30] Matsuzaki T, Takeuchi K, Hanaoka T, et al. Effect of Transition Metals on Oxygenates Formation from Syngas over Co/SiO$_2$ [J]. Appl Catal A: Gen, 1993, 105 (2): 159−184.

[31] Tatsumi T, Muramatsu A, Tominaga H O. Effects of Alkali Metal Halides in the Formation of Alcohols from CO and H$_2$ over Silica−supported Molybdenum Catalysts [J]. Chem Lett, 1984, 13: 685−688.

[32] Woo H C, Park T Y, Kim Y G, et al. Alkali−promoted MoS$_2$ Catalysts for Alcohol Synthesis: the Effect of Alkali Promotiom and Preparation Condition on Activity and Selectivity [J]. Stud Surf Sci Catal, 1993, 75 (3): 2749−2752.

[33] Muramatsu A, Tatsumi T, Tominaga H. Mixed Alcohol Synthesis from CO−H$_2$ by Use of KCl−promoted Mo/SiO$_2$ Catalysts [J]. Bull Chem Soc Jpn, 1987, 60 (9): 3157−3161.

[34] Qi H J, Li D B, Yang C, et al. Nickel and Manganese Co−modified K/MoS$_2$ Catalyst: High Performance for Higher Alcohols Synthesis From CO Hydrogenation [J]. Catal Commun, 2003, 4 (7): 339−342.

[35] Alyea E C, He D, Wang J. Alcohol Synthesis From Syngas: I. Performance of Alkali −promoted Ni−Mo (MOVS) Catalysts [J]. Appl Catal A: Gen, 1993, 104 (1): 77−85.

[36] Tatsumi T, Muramatsu A, Tominaga H. Importance of Sequence of Impregnation in the Activity Development of Alkali−promoted Mo Catalysts for Alcohol Synthesis from CO+H$_2$ [J]. J Catal, 1986, 101 (2): 553−556.

[37] Lu G, Zhang C F, Gang Y Q, et al. Synthesis of Mixed Alcohols from CO$_2$ Contained Syngas on Supported Molybdenum Sulfide Catalysts [J]. Appl Catal A: Gen, 1997, 150 (2): 243−252.

[38] Bhasin M M, O'Connor G L. Procede De Preparation Selective De Derives Hydrocarbones Oxygenes A Deux Atomes De Carbone [P]. Belgian Patent: 824822, 1975.

[39] Bhasin M M, Bartley W J, Ellgen P C, et al. Synthesis Gas Conversion over Supported Rhodium and Rhodium−Iron Catalyst [J]. J Catal, 1978, 54 (2): 120−128.

[40] Ellgen P C, Bartley W J, Bhasin M M, et al. Rhodium−based Catalysts for the Conversion of Synthesis Gas to Two−Carbon Chemicals [J]. Adv Chem Ser, 1979, 178: 147−157.

[41] Forzatti P, Tronconi E, Pasquon I. Higher Alcohol Synthesis [J]. Catal Rev Sci

Eng, 1991, 33 (1-2): 109-168.

[42] Poutsma M L, Elek L F, Ibarbia P A, et al. Selective Formation of Methanol from Synthesis Gas over Palladium Catalysts [J]. J Catal, 1978, 52 (1): 157-168.

[43] Underwood R P, Bell A T. CO Hydrogenation over Rhodium Supported on SiO_2, La_2O_3, Nd_2O_3, and Sm_2O_3 [J]. Appl Catal A: Gen, 1986, 21 (1): 157-168.

[44] Ichikawa M. Catalytic Synthesis of Ethanol from CO and H_2 under Atmospheric Pressure over Pyrolysed Rhodium Carbonyl Clusters on TiO_2, ZrO_2, and La_2O_3 [J]. J Chem Soc Chem Commun, 1978, (13): 566-567.

[45] Bastein A G T M, Van Der Boogert W J, Van Der Lee G. Selectivity of Rh Catalysts in the Syngas Reactions: on the Role of Supports and Promoters [J]. Appl Catal, 1987, 29 (2): 243-260.

[46] Van der Lee G, Schuller B, Post H. On the Selectivity of Rh Catalysts in the Formation of Oxygenates [J]. J Catal, 1986, 98 (2): 522-529.

[47] Zhang Z L, Kladi A, Verykios X E. Surface Species Formed During CO and CO_2 Hydrogenation over Rh/TiO_2 (W_6^+) Catalysts Investigated by FTIR and Mass-Spectroscopy [J]. J Catal, 1995, 156 (1): 37-50.

[48] Arakawa H, Takeuchi K, Matsuzaki T. Effect of Metal Dispersion on the Activity and Selectivity of Rh/SiO_2 Catalyst for High Pressure CO Hydrogenation [J]. Chem Lett, 1984, 13: 1607-1610.

[49] Orita H, Naito S, Tamaru K. Improvement of Selectivity for C_2-oxygenated Compounds in $CO-H_2$ Reaction over TiO_2-Supported Rh Catalysts by Doping Alkali Metal Cations [J]. Chem Lett, 1983, 12: 1161-1164.

[50] Theolier A, Smith A K, Leconte M. Surface Supported Metal Cluster Carbonyls Chemisorption Decomposition and Reactivity of Rh_4 $(CO)_{12}$ Supported on Silica and Alumina [J]. J Org Chem, 1980, 191: 415-424.

[51] Jackson S D, Brandreth B J, Winstanley D. Carbon Monoxide Hydrogenation over Silica-supported Rhodium Catalysts [J]. J Chem Soc Faraday Trans, 1988, 84: 1741-1749.

[52] Kip B J, Dirne F W A, Van Grondelle J, et al. The Effect of Chlorine in the Hydrogenation of Carbon Monoxide to Oxygenated Products at Elevated Pressure on Rh and Ir on SiO_2 and Al_2O_3 [J]. Appl Catal, 1986, 25 (1): 43-50.

[53] Ojeda M, Granados M L, Rojas S, et al. Influence of Residual Chloride Ions in the CO Hydrogenation over Rh/SiO_2 Catalysts [J]. J Mol Catal A: Chem, 2003, 202 (1-2): 179-186.

[54] Jiang D H, Ding Y J, Pan Z D, et al. Roles of Chlorine in the CO Hydrogenation

to C_2-oxygenates over Rh−Mn−Li/SiO$_2$ Catalysts [J]. J Mol Catal A: Chem, 2007, 331 (1−2): 70−77.

[55] Guczi L, Schay Z, Matusek K, et al. Surface Structure and Selectivity Control in the CO+H$_2$ Reaction over FeRu Bimetallic Catalysts [J]. Appl Catal, 1986, 22 (2): 289−309.

[56] Tago T, Hanaoka T, Dhupatemiya P, et al. Effects of Rh Content on Catalytic Behavior in CO Hydrogenation with Rh−silica Catalysts Prepared Using Microemulsion [J]. Catal Lett, 2000, 64 (1): 27−31.

[57] Orita H, Naito S, Tamaru K. Mechanism of Formation of C_2−oxygenated Compounds from CO+H$_2$ Reaction over SiO$_2$−supported Rh Catalysts [J]. J Catal, 1984, 90 (2): 183−193.

[58] Hamada H, Funaki R, Kuwahara Y, et al. Systematic Preparation of Supported Rh Catalysts Having Desired Metal Particle Size by Using Silica Supports with Controlled Pore Structure [J]. Appl Catal, 1987, 30 (1): 177−180.

[59] Chen W M, Ding Y J, Jiang D H, et al. An Effective Method of Controlling Metal Particle Size on Impregnated Rh−Mn−Li/SiO$_2$ Catalyst [J]. Catal Lett, 2005, 104 (3): 177−180.

[60] Ichikawa M. Catalysis by Suppoted Metal Crystallites from Carbonyl Clusters. II. Catalytic Ethanol Synthesis from CO and H$_2$ under Atmospheric Pressure over Suppored Rhodium Carbonyl Clusters Deposited on TiO$_2$, ZrO$_2$, and La$_2$O$_3$ [J]. Bull Chem Soc Jpn, 1978, 51 (8): 2273−2277.

[61] Ichikawa M. Catalysis by Supported Metal Crystallites from Carbonyl Clusters. I. Catalytic Methanol Synthesis under Mild Conditions over Supported Rhodium, Platinum, and Iridium Crystallites Prepared from Rh, Pt, and Ir Carbonyl Cluster Compounds Deposited on ZnO and MgO [J]. Bull Chem Soc Jpn, 1978, 51 (8): 2268−2272.

[62] Gronchi P, Tempesti E, Mazzocchia C. Metal Dispersion Dependent Selectivities for Syngas Conversion to Ethanol on V$_2$O$_3$ Supported Rhodium [J]. Appl Catal A: Gen, 1994, 120 (1−2): 115−126.

[63] Ojeda M, Granados M L, Rojas S, et al. Manganese−promoted Rh/Al$_2$O$_3$ for C_2−oxygenates Synthesis from Syngas Effect of Manganese Loading [J]. Appl Catal A: Gen, 2004, 261 (1): 47−55.

[64] Dall'Agnol C, Gervasini A, Morazzoni F, et al. Hydrogenation of Carbon Monoxide: Evidence of a Strong Metal−support Interaction in RhZrO$_2$ Catalysts [J]. J Catal, 1985, 96 (1): 106−114.

［65］ Benedetti A, Carimati A, Marengo S, et al. Activity and Selectivity in Carbon Monoxide Hydrogenation over Rhodium Supported on Pure Zirconia and on K-, P-, and Y-doped Zirconia ［J］. J Catal, 1990, 122 (2): 330-345.

［66］ Guglielminotti E, Pinna F, Rigoni M, et al. The Effect of Iron on the Activity and the Selectivity of Rh/ZrO_2 Catalysts in the CO Hydrogenation ［J］. J Mol Catal A: Chem, 1995, 103 (1): 105-116.

［67］ Treviño H, Sachtler W M H. On the Nature of Catalyst Promotion by Manganese in CO Hydrogenation to Oxygenates over RhMn/NaY ［J］. Catal Lett, 1994, 27 (3-4): 251-258.

［68］ Treviño H, Lei G D, Sachtler W M H. CO Hydrogenation to Higher Oxygenates over Promoted Rhodium: Nature of the Metal-promoter Interaction in RhMn/NaY ［J］. J Catal, 1995, 154 (2): 245-252.

［69］ Schünemann V, Treviño H, Lei G D, et al. Fe Promoted Rh-clusters in Zeolite NaY: Characterization and Catalytic Performance in CO Hydrogenation ［J］. J Catal, 1995, 153 (1): 144-157.

［70］ Haider M A, Gogate M R, Davis R J. Fe-promotion of Supported Rh Catalysts for Direct Conversion of Syngas to Ethanol ［J］. J Catal, 2009, 261 (1): 9-16.

［71］ Gogate M R, Davis R J. Comparative Study of CO and CO_2 Hydrogenation over Supported Rh-Fe Catalysts ［J］. Catal Commun, 2010, 11 (10): 901-906.

［72］ Fan Z L, Chen W, Pan X L, et al. Catalytic Conversion of Syngas into C_2 Oxygenates over Rh-based Catalysts—Effect of Carbon Supports ［J］. Catal Today, 2009, 147 (2): 86-93.

［73］ Chen G C, Guo C Y, Zhang X H, et al. Direct Conversion of Syngas to Ethanol over Rh/Mn-supported on Modified SBA-15 Molecular Sieves: Effect of Supports ［J］. Fuel Process Tech, 2011, 92 (3): 456-461.

［74］ Lavalley J C, Saussey J, Lamotte J, et al. Infrared Study of Carbon Monoxide Hydrogenation over Rhodium/Ceria and Rhodlum/Silica Catalysts ［J］. J Phys Chem, 1990, 94 (15): 5941-5947.

［75］ Wang Y Q, Li J, Mi W L. Probing Study of Rh Catalysts on Different Supports in CO Hydrogenation ［J］. React Kinet Catal Lett, 2002, 76 (1): 141-150.

［76］ Ichikawa M, Hoffmann P E, Fukuoka A. ^{13}C and ^{18}O Labelling Fourier Transform IR Studies on C- and O-ended CO Chemisorption on Mn-promoted Rh/SiO_2 Catalysts ［J］. J Chem Soc Chem Comm, 1989, (18): 1395-1396.

［77］ Jiang D H, Ding Y J, Pan Z D, et al. CO Hydrogenation to C_2-oxygenates over Rh-Mn-Li/SiO_2 Catalyst: Effects of Support Pretreatment with nC_1-C_5 Alcohols

［J］. Catal Lett, 2008, 121 (3-4): 241-246.

［78］ Smith A K, Hugues F, Theolier A, et al. Surface-supported Metal Cluster on Alumina, Silica - alumina, and Magnesia ［J］. Inorg Chem, 1979, 18 (11): 3104-3112.

［79］ Basu P, Panayotov D, Yates. J T. Rhodium-Carbon Monoxide Surface Chemistry: The Involvement of Surface Hydroxyl Groups on Al_2O_3 and SiO_2 Supports ［J］. J Am Chem Soc, 1988, 110: 2074-2081.

［80］ Trautmann S, Baerns M. Infrared Spectroscopic Studies of CO Adsorption on Rhodium Supported by SiO_2, Al_2O_3, and TiO_2 ［J］. J Catal, 1994, 150 (2): 335-344.

［81］ Ponec V. Chapter 4 Selectivity in the Syngas Reactions: The Role of Supports and Promoters in the Activation of Co and in the Stabilization of Intermediates ［J］. Stud Surf Sci Catal, 1991, 64: 117-157.

［82］ Lin, P Z, Liang D B, Lou H Y, et al. Synthesis of C_{2+}-oxygenated Compounds Directly from Syngas ［J］. Appl Catal A: Gen, 1995, 131 (2): 207-214.

［83］ Ichikawa M, Fukushima T. Mechanism of Syngas Conversion into C_2-oxygenates Such As Ethanol Catalysed on a SiO_2-supported Rh-Ti Catalyst ［J］. J Chem Soc Chem Commun, 1985, (6): 321-323.

［84］ Kowalski J, Lee G V D, Ponec V. Vanadium Oxide As a Support and Promoter of Rhodium in Synthesis Gas Reactions ［J］. Appl Catal, 1985, 19 (2): 423-426.

［85］ Luo H Y, Zhou H W, Lin L W, et al, Role of Vanadium Promoter in Rh-V/SiO_2 Catalysts for the Synthesis of C_2-oxygenates from Syngas ［J］. J Catal, 1994, 145 (2): 232-234.

［86］ Lisitsyn A S, Stevenson S A, Knözinger H. Carbon Monoxide Hydrogenation on Supported Rh-Mn Catalysts ［J］. J Mol Catal, 1990, 63 (2): 201-211.

［87］ Beutel T, Siborov V, Tesche B, et al. , Strong Metal-promoter Oxide Interactions Induced by Calcinations in V, Nb, and Ta Oxide Promoted Rh/SiO_2 Catalysts ［J］. J Catal, 1997, 167 (2): 379-390.

［88］ 罗洪原, Bastein A G T M, Ponec V. 合成二碳含氧化合物的 Rh/$VOCl_2$/SiO_2 催化剂中 V 的状态 ［J］. 催化学报, 1988, 9 (3): 254-259.

［89］ Luo H Y, Lin P Z, Xie S B. The Role of Mn and Li Promoters in Supported Rhodium Catalysts in the Formation of Acetic Acid and Acetaldehyde ［J］. J Mol Catal A: Chem, 1997, 122 (2-3): 115-123.

［90］ Van der Berg F G A, Glezer J H E, Sachtler W M H. The Role of Promotion in CO/H_2 Reactions: Effects of MnO and MoO_2 in Silica-supported Rhodium Catalysts

［J］．J Catal，1985，93（2）：340-352.

［91］ 顾桂松，刘金波，杨意泉．合成气制乙醇 Rh-Nb$_2$O$_5$/SiO$_2$ 催化剂中 SMPI 和助催化剂作用本质的研究［J］．物理化学学报，1985，1（1）：175-185.

［92］ Arakawa H，Fukushima T，Ichikawa M．Selective Synthesis of Ethanol Over Rh-Ti-Fe-Ir/SiO$_2$ Catalyst at High Pressure Syngas Conversion［J］．Chem Lett，1985，14（7）：881-884.

［93］ Kip B J，Smeets P A T，Van Grondelle J，et al．Hydrogenation of carbon monoxide over vanadium oxide-promoted rhodium catalysts［J］．Appl Catal，1987，33（1）：181-208.

［94］ 蔡启瑞，彭少逸．碳一化学中的催化作用［M］．北京：化学工业出版社，1995：167-186.

［95］ Luo H Y，Zhou H W，Lin L W．Role of Vanadium Promoter in Rh-V/SiO$_2$ Catalysts for the Synthesis of C$_2$-oxygenates from Syngas［J］．J Catal，1994，145（2）：232-234.

［96］ Sachtler W M H，Ichikawa M．Catalytic Site Requirements for Elementary Steps in Syngas Conversion to Oxygenates Over Promoted Rhodium［J］．J Phys Chem，1986，90（20）：4752-4758.

［97］ Wang Y，Luo H Y，Liang D B，et al．Different Mechanisms for the Formation of Acetaldehyde and Ethanol on the Rh-Based Catalysts［J］．J Catal，2000，196（1）：46-55.

［98］ Luo H Y，Zhang W，Zhou H W．A Study of Rh-Sm-V/SiO$_2$ Catalysts for the Preparation of C$_2$-oxygenates from Syngas［J］．Appl Catal A：Gen，2001，214（2）：161-166.

［99］ Gysling H J，Monnier J R，Apai G．Synthesis，Characterization，and Catalytic Activity of LaRhO$_3$［J］．J Catal，1987，103（2）：407-418.

［100］ Underwood R P，Bell A T．Lanthana-Promoted Rh/SiO$_2$ II．Studies of CO Hydrogenation［J］．J Catal，1988，111（2）：325-335.

［101］ Du Y H，Chen D A，Tsai K R．Promoter Action of Rare Earth Oxides in Rhodium/silica Catalysts for the Conversion of Syngas to Ethanol［J］．Appl Catal，1987，35（1）：77-92.

［102］ Mo X，Gao J，Goodwin Jr. J G．Role of Promoters on Rh/SiO$_2$ in CO Hydrogenation：A Comparison Using DRIFTS［J］．Catal Today，2009，147（1）：139-149.

［103］ Mo X，Gao J，Umnajkaseam N，et al．La，V，and Fe Promotion of Rh/SiO$_2$ for CO Hydrogenation：Effect on Adsorption and Reaction［J］．J Catal，2009，267

（1）：167-176.

［104］Kesraoui S, Oukaci R, Blackmond D G. Adsorption and Reaction of CO and H_2 on K-promoted Rh/SiO_2 Catalysts［J］. J Catal, 1987, 105（2）：432-444.

［105］罗洪原, 谢水波, 林励吾. 合成 C_2 含氧物的 Rh-Mn-Li/SiO_2 催化剂的优化研究［J］. 催化学报, 1995, 16（1）：136-139.

［106］Chuang S C, Goodwin J G, Wender I. Investigation by Ethylene Addition of Alkali Promotion of CO Hydrogenation on Rh/TiO_2［J］. J Catal, 1985, 92（2）：416-421.

［107］Chuang S C, Goodwin J G, Wender I. The Effect of Alkali Promotion on CO Hydrogenation over Rh/TiO_2［J］. J Catal, 1985, 95（2）：435-446.

［108］Ngo H, Liu Y Y, Murata K. Effect of Secondary Additives（Li, Mn）in Fe-promoted Rh/TiO_2 Catalysts for the Synthesis of Ethanol from Syngas［J］. Reac Kinet Mech Cat, 2011, 102：425-435.

［109］Sano K, Mita Y, Matsuhira S. Oxygen-containing hydrocarbons［P］. Jpn Patent：JP60161933, 1985.

［110］Kusama H, Okabe K, Sayama K, et al. CO_2 Hydrogenation to Ethanol Over Promoted Rh/SiO_2 Catalysts［J］. Catal Today, 1996, 28（3）：261-266.

［111］Egbebi A, Schwartz V, Overbury S H, et al. Effect of Li Promoter on Titania-supported Rh Catalyst for Ethanol Formation from CO Hydrogenation［J］. Catal Today, 2010, 149（1）：91-97.

［112］李经伟, 丁云杰, 林荣和, 等. 锂助剂对 Rh-Mn/SiO_2 催化 CO 加氢制碳二含氧化合物性能的影响［J］. 催化学报, 2010, 31（3）：365-369.

［113］Kato H, Nakashima M, Mori Y, et al. Promotion Effect of Metal Oxides on C-O Bond Dissociation in CO Hydrogenation Over Rh/SiO_2 Catalyst-possible Role of Partially Reduced State Cations［J］. Research on Chemical Intermedi, 1995, 21（2）：115-126.

［114］Bhasin M M, Bartley W J, Ellgen P C. Synthesis Gas Conversion over Supported Rhodium and Rhodium-Iron Catalysts［J］. J Catal, 1978, 54（1）：120-128.

［115］Ichikawa M, Fukushima T. Infrared Studies of Metal Additive Effects on CO Chemisorption Modes on SiO_2-supported Rh-Mn, -Ti, -Fe Catalysts［J］. J Phys Chem, 1985, 89（9）：1564-1567.

［116］Ichikawa M, Fukuoka A, Kimura T. Selective CO Hydrogenation to C_1-C_2 Alcohols Catalyzed on Fe-containing Rh, Pt, and Pd Bimetal Carbonyl Cluster-derived Catalysts［C］. Proceedings of the 9th International Congress on Catalysis, Ottawa, 1988：569-577.

[117] Burch R, Petch M I. Investigation of the Synthesis of Oxygenates from Carbon Monoxide/hydrogen Mixtures on the Supported Rhodium Catalysts [J]. Appl Catal A: Gen, 1992, 88 (1): 39-60.

[118] Wang J J, Zhang Q H, Wang Y. Rh-catalyzed Syngas Conversion to Ethanol: Studies on the Promoting Effect of FeO$_x$ [J]. Catal Today, 2011, 171 (1): 257-265.

[119] Chen G C, Guo C Y, Huang Z J, et al. Synthesis of Ethanol from Syngas Over Iron-promoted Rh Immobilized on Modified SBA-15 Molecular Sieve: Effect of Iron Loading [J]. Chem Eng Res Des, 2011, 89 (3): 249-253.

[120] Nakajo T, Sano K I, Matsuhira S. Selective Synthesis of Acetic Acid in High Pressure Carbon Monoxide Hydrogenation Over a Rh-Mn-Ir-Li/SiO$_2$ Catalyst [J]. J Chem Soc Chem Commun, 1987, (9): 647-649.

[121] Chuang S S C, Pien S I. Role of Silver Promoter in Carbon Monoxide Hydrogenation and Ethylene Hydroformylation Over Rh/SiO$_2$ Catalysts [J]. J Catal, 1992, 138 (2): 536-546.

[122] Chuang S S C, Pien S I, Narayanan R. C$_2$-oxygenate Synthesis from CO Hydrogen-nation on AgRh/SiO$_2$ [J]. Appl Catal, 1990, 57 (1): 241-251.

[123] Yin H M, Ding Y J, Luo H Y, et al. Influence of Iron Promoter on Catalytic Properties of Rh-Mn-Li/SiO$_2$ for CO Hydrogenation [J]. Appl Catal A: Gen, 2003, 243 (1): 155-164.

[124] Holy N L, Carey Jr T F. Ethanol and N-propanol from Syngas [J]. Appl Catal, 1985, 19 (2): 219-223.

[125] Burch R, Hayes M J. The Preparation and Characterisation of Fe-Promoted Al$_2$O$_3$-Supported Rh Catalysts for the Selective Production of Ethanol from Syngas [J]. J Catal, 1997, 165 (2): 249-263.

[126] Kishida M, Fujita T, Umakoshi K. Novel Preparation of Metal-supported Catalysts by Colloidal Microparticles in A Water-in-oil Microemulsion; Catalytic Hydrogenation of Carbon Dioxide [J]. J Chem Soc Chem Commun, 1995, (7): 763-764.

[127] Kim W Y, Hanaoka T, Kishida M, et al. Hydrogenation of Carbon Monoxide Over Zirconia-supported Palladium Catalysts Prepared Using Water-in-oil Microemulsion [J]. Appl Catal A: Gen, 1997, 155 (2): 283-289.

[128] Kisllida M, Umakoshi K, Ishiyalna J. Hydrogenation of Carbon Dioxide Over Metal Catalysts Prepared Using Microemulsion [J]. Catal Today, 1996, 29 (1-4): 355-359.

［129］ Boutonnet M, Kizling J, Touroude R. Monodispersed Colloidal Metal Particles from Nonaqueous Solutions：Catalytic Behaviour in Hydrogenolysis and Isomerization of Hydrocarbons of Supported Platinum Particles ［J］. Catal Lett, 1991, 9 （5-6）：347-354.

［130］ 陈维苗, 丁云杰, 罗洪原, 等. 制备方法和条件对 Rh-Mn-Li-Ti/SiO₂ 催化剂 CO 加氢制 C_2 含氧化物性能的影响 ［J］. 应用化学, 2005, 22 （5）：470-474.

［131］ Hu J, Wang Y, Cao C, et al. Conversion of Biomass -derived Syngas to Alcohols and C_2-oxygenates Using Supported Rh Catalysts in A Microchannel Reactor ［J］. Catal Today, 2007, 120 （1）：90-95.

［132］ Hu J, Dagle R A, Holladay J D, et al. Alcohol synthesis from CO or CO_2 ［P］. US Patent：US2007/0161717, 2007.

［133］ 王毅. 合成气制备 C_2 含氧化合物的铑基催化剂的研究 ［D］. 大连：中国科学院大连化学物理研究所, 1999.

［134］ Xu B Q, Sachtler W M H. Rh/NaY：A Selective Catalyst for Direct Synthesis of Acetic Acid from Snygas ［J］. J Catal, 1998, 180 （2）：194-206.

［135］ 尹红梅. 铑基催化剂上 CO 加氢制备 C_2 含氧化合物的研究 ［D］. 大连：中国科学院大连化学物理研究所, 2003.

［136］ Robert C, Brady III, Pettit R. Reactions of Diazomethane on Transition-metal Surfaces and Their Relationship to the Mechanism of the Fischer-Tropsch Reaction ［J］. J Am Chem Soc, 1980, 102 （19）：6181-6182.

［137］ Sachtler W M H, Ichikawa M. Elementary Steps in the Catalyzed Conversion of Synthesis Gas ［C］. Proceedings of the 8th International Congress on Catalysis, Berlin, 1984：3-14.

［138］ Ichikawa M. Cluster-derived Supported Catalysts and Their Use ［J］. Chem Tech, 1982, 12 （11）：674-680.

［139］ Wender I. Reactions of Synthesis Gas ［J］. Fuel Process Technol, 1996, 48 （3）：189-297.

［140］ Luo M S, Davis B H. Deactivation and Regeneration of Alkali Metal Promoted Iron Fischer-Tropsch Synthesis Catalysts ［J］. Stud Surf Sci Catal, 2001, 139：133-140.

［141］ Yates I C, Satterfield C N. Intrinsic Kinetics of the Fischer-Tropsch Synthesis on A Cobalt Catalyst ［J］. Energy Fuels, 1991, 5 （1）：168-173.

［142］ Van Der Laan G P, Beenackers A A C M. Intrinsic Kinetics of the Gas-solid Fischer -Tropsch and Water Gas Shift Reactions Over A Precipitated Iron Catalyst

[J]. Appl Catal A: Gen, 2000, 193 (1-2): 39-53.

[143] Kellner C S, Bell A T. The Kinetics and Mechanism of Carbon Monoxide Hydrogenation Over Alumina-supported Ruthenium [J]. J Catal, 1981, 70 (2): 418-432.

[144] Dadyburjor D B. Use of Adsorption Entropy to Choose Between Kinetic Mechanisms and Rate Equations for Fischer-Tropsch Synthesis [J]. J Catal, 1983, 82 (2): 489-492.

[145] Lo J M H, Ziegler T. Density Functional Theory and Kinetic Studies of Methanation on Iron Surface [J]. J Phys Chem C, 2007, 111 (29): 11012-11025.

[146] Fisher I A, Bell A T. A Comparative Study of CO and CO_2 Hydrogenation Over Rh/SiO_2 [J]. J Catal, 1996, 162 (1): 54-65.

[147] Inderwildi O R, Jenkins S J, King D A. Fischer-Tropsch Mechanism Revisited: Alternative Pathways for the Production of Higher Hydrocarbons from Synthesis Gas [J]. J Phys Chem C, 2008, 112 (5): 1305-1307.

[148] Storsaeter S, Chen D, Holmen A. Microkinetic Modelling of the Formation of C_1 and C_2 Products in the Fischer-Tropsch Synthesis Over Cobalt Catalysts [J]. Surf Sci, 2006, 600 (10): 2051-2063.

[149] Huo C F, Li Y W, Wang J G, et al. Formation of CH_x Species from CO Dissociation on Double-Stepped Co (001): Exploring Fischer-Tropsch Mechanism [J]. J Phys Chem C, 2008, 112 (36): 14108-14116.

[150] Vannice M A. The Catalytic Synthesis of Hydrocarbons from H_2 and CO Mixtures Over the Group VIII Metals: I. The Specific Activities and Product Distributions of Supported Metals [J]. J Catal, 1975, 37 (3): 449-461.

[151] Mori Y, Mori T, Hattori T, et al. Selectivities in Carbon Monoxide Hydrogenation on Rhodium Catalysts As a Function of Surface Reaction Rate Constants [J]. Appl Catal, 1990, 66 (1): 59-72.

[152] Shustorovich E, Bell A T. Analysis of CO Hydrogenation Pathways Using the Bond-order-conservation Method [J]. J Catal, 1988, 113 (2): 341-352.

[153] Anderson A B, Onwood D P. Carbon Monoxide Adsorption on (111) and (100) Surfaces of the Pt_3Ti Alloy. Evidence for Parallel Binding and Strong Activation of CO [J]. Sci Tech Aerosp Rep, 1985, 23: 1-25.

[154] Choi Y, Liu P. Mechanism of Ethanol Synthesis from Syngas on Rh (111) [J]. J Am Chem Soc, 2009, 131 (36): 13054-13061.

[155] Watson P R, Somorjai G A. The Hydrogenation of Carbon Monoxide over Rhodium Oxide Surfaces [J]. J Catal, 1981, 72 (2): 347-363.

[156] Castner D G, Blackadar R L, Somorjai G A. CO Hydrogenation over Clean and Oxidized Rhodium Foil and Single Crystal Catalysts Correlations of Catalyst Activity, Selectivity, and Surface Composition [J]. J Catal, 1980, 66 (2): 257-266.

[157] Konishi Y, Ichikawa M, Sachtler W M H. Hydrogenation and Hydroformylation with Supported Rhodium Catalysts: Effect of Adsorbed Sulfur [J]. J Phys Chem, 1987, 91 (24): 6286-6291.

[158] Chuang S S C, Pien S I. Infrared Study of the CO Insertion Reaction on Reduced, Oxidized, and Sulfided Rh/SiO_2 Catalysts [J]. J Catal, 1992, 135 (2): 618-634.

[159] Calderazzo F. Synthetische und mechanistische Aspekte anorganischer Insertionsreakti -onen Insertion von Kohlenmonoxid [J]. Angewandte Chemie, 1977, 89 (5): 305-317.

[160] Noack K, Calderazzo F. Carbon Monoxide Insertion Reactions V. The Carbonylation of Methylmanganese Pentacarbonyl with ^{13}CO [J]. J Organometal Chem, 1967, 10 (1): 101-104.

[161] Horwitz C P, Shriver D F. C - and O - Bonded Metal Carbonyls: Formation, Structures, and Reactions [J]. Adv in Organometal Chem, 1984, 23: 219-315.

[162] Chuang S S C, Brundage M A, Balakos M W. Mechanistic Study in Catalysis Using Dynamic and Isotopic Transient Infrared Spectroscopy: $CO/H_2C_2H_4$ Reaction on $Mn-Rh/SiO_2$ [J]. Appl Catal A: Gen, 1997, 151 (1): 333-354.

[163] Chuang S S C, Srinivas G, Brundage M A. Role of Tilted CO in Dynamics of CO Insertion on $Ce-Rh/SiO_2$ [J]. Energy Fuels, 1996, 10 (3): 524-530.

[164] Chuang S S C, Sze C. Effects of Alkali Species and H_2S on the CO Hydrogenation Over Rh/SiO_2 [J]. Stud Surf Sci Catal, 1988, 38: 125-130.

[165] Hedrick S A, Chuang S S C, Brundage M A. Deuterium Pulse Transient Analysis for Determination of Heterogeneous Ethylene Hydroformylation Mechanistic Parameters [J]. J Catal, 1999, 185 (1): 73-90.

[166] Efstathiou A M, Chafik T, Bianchi D, et al. A Transient Kinetic Study of the Co/ H_2 Reaction on Rh/Al_2O_3 Using FTIR and Mass Spectroscopy [J]. J Catal, 1994, 148 (1): 224-239.

[167] Katzer J R, Sleight A W, Gajardo P, et al. The Role of the Support in CO Hydrogenation Selectivity of Supported Rhodium [J]. Faraday Discuss Chem Soc, 1981, 72: 121-133.

[168] Chuang S S C, Stevens Jr. R W, et al. Mechanism of C_{2+} oxygenate synthesis on

Rh catalysts [J]. Top Catal, 2005, 32 (3-4): 225-232.

[169] Boffa A, Lin C, Bell A T, et al. Promotion of CO and CO_2 Hydrogenation over Rh by Metal Oxides: The Influence of Oxide Lewis Acidity and Reducibility [J]. J Catal, 1994, 149 (1): 149-158.

[170] Dry M E. The Fischer-Tropsch synthesis [J]. Catal Sci Technol, 1981, 1: 159-166.

[171] Chuang S S C. Sulfided Group VIII Metals for Hydroformylation [J]. Appl Catal, 1990, 66 (1): L1-L6.

[172] Gao J, Mo X, Chien A C, et al. CO Hydrogenation on Lanthana and Vanadia Doubly Promoted Rh/SiO_2 Catalysts [J]. J Catal, 2009, 262 (1): 119-126.

[173] Gao J, Mo X, Goodwin Jr J G. La, V, and Fe Promotion of Rh/SiO_2 for CO Hydrogenation: Detailed Analysis of Kinetics and Mechanism [J]. J Catal, 2009, 268 (1): 142-149.

[174] Mei D H, Rousseau R, Kathmann S M, et al. Ethanol Synthesis from Syngas over Rh-based/SiO_2 Catalysts: A Combined Experimental and Theoretical Modeling Study [J]. J Catal, 2010, 271 (2): 325-342.

[175] Szekeres M, Kamalin O, Grobet P G, et al. Two-dimensional Ordering of Stöber Silica Particles at the Air/Water Interface [J]. Colloids Surf A: Physicochem Eng Aspects, 2003, 227 (1-3): 77-83.

[176] Jiang D H, Ding Y J, Pan Z D, et al. Roles of Chlorine in the CO Hydrogenation to C_2-oxygenates over Rh-Mn-Li/SiO_2 Catalysts [J]. Appl Catal A: Gen, 2007, 331 (1): 70-77.

[177] Yang C, Garland C W. Infrared Studies of Carbon Monoxide Chemisorbed on Rhodium [J]. J Phys Chem, 1957, 61 (11): 1504-1512.

[178] Hanaoka T, Arakawa H, Matsuzaki T, et al. Ethylene Hydrofor-mylation and Carbon Monoxide Hydrogenation over Modified and Unmodified Silica Supported Rhodium Catalysts [J]. Catal Today, 2000, 58 (4): 271-280.

[179] Cavanagh R R, Yates Jr J T. Site Distribution Studies of Rh Supported on Al_2O_3—An Infrared Study of Chemisorbed CO [J]. J Chem Phys, 1981, 74 (7): 4150-4155.

[180] Rice C A, Worley S D, Curtis C W, et al. The Oxidation State of Dispersed Rh on Al_2O_3 [J]. J Chem Phys, 1981, 74 (11): 6487-6497.

[181] Guo S L, Arai M, Nishiyama Y. Activation of a Silica-supported Nickel Catalyst Through Surface Modification of the Support [J]. Appl Catal, 1990, 65 (1): 31-44.

［182］ 王毅，宋真，马丁，等. 由合成气制备 C_2 含氧化合物用铑基催化剂中各组分间的相互作用［J］. 催化学报，1998，19（6）：533-537.

［183］ 汪海有，刘金波，傅锦坤，等. 催化合成气合成乙醇的铑基催化剂中助剂锰的作用本质研究［J］. 分子催化，1993，7（4）：252-260.

［184］ Blyholder G, Allen M C. Infrared Spectra and Molecular Orbital Model for Carbon Monoxide Adsorbed on Metals［J］. J Am Chem Soc, 1969, 91（12）：3158-3162.

［185］ Peri J B. Infrared Study of OH and NH_2 Groups on the Surface of A Dry Silica Aerogel［J］. J Phys Chem, 1966, 70（9）：2937-2945.

［186］ Solymosi F, Erdöhelyi A, Kocsis M. Surface Interaction between H_2 and CO_2 on $RhAl_2O_3$, Studied by Adsorption and Infrared Spectroscopic Measurements［J］. J Catal, 1980, 65（2）：428-436.

［187］ McKee M L, Dai C H, Worley S D. The Rhodium Carbonyl Hydride Species. A Theoretical and Experimental Investigation［J］. J Phys Chem, 1988, 92（5）：1056-1059.

［188］ Burch R, Petch M I. Investigation of the Reactions of Acetaldehyde on Promoted Rhodium Catalysts［J］. Appl Catal A: Gen, 1992, 88（1）：61-76.

［189］ Basu P, Panayotov D, Yates J T. Spectroscopic Evidence for the Involvement of Hydroxyl Groups in the Formation of Dicarbonylrhodium（I）on Metal Oxide Supports［J］. J Phys Chem, 1987, 91（12）：3133-3136.

［190］ Solymosi F, Tombacz I, Kocsis M. Hydrogenation of CO on Supported Rh Catalysts［J］. J Catal, 1982, 75（1）：78-93.

［191］ Fujimoto K, Kameyama M, Kunugi J. Hydrogenation of Adsorbed Carbon Monoxide on Supported Platinum Group Metals［J］. J Catal, 1980, 61（1）：7-14.

［192］ Rieck J S, Bell A T. Studies of the Interactions of H_2 and CO with Silica- and Lanthana-supported Palladium［J］. J Catal, 1985, 96（1）：88-105.

［193］ Solymosi F, Pasztor M. Infrared Study of the Effect of Hydrogen on Carbon Monoxide -induced Structural Changes in Supported Rhodium［J］. J Phys Chem, 1986, 90（21）：5312-5317.

［194］ Chen W M, Ding Y J, Song X G, et al. Promotion Effect of Support Calcination on Ethanol Production from CO Hydrogenation over $Rh/Fe/Al_2O_3$ Catalysts［J］. Appl Catal A: Gen, 2011, 407（1-2）：231-237.

［195］ Seip U, Tsai M C, Christmann K, et al. Interaction of Co with an Fe（111）Surface［J］. Surf Sci, 1984, 139（1）：29-42.

［196］ Subramani V, Gangwal S K. A Review of Recent Literature to Search for an Efficient Catalytic Process for the Conversion of Syngas to Ethanol [J]. Energy Fuels, 2008, 22 (2): 814-839.

[197] Rostrup-Nielsen J R. Making Fuels from Biomass [J], Science, 2005, 308: 1421-1422.

[198] Hindermann J P, Hutchings G J, Kiennemann A. Mechanistic Aspects of the Formation of Hydrocarbons and Alcohols from CO Hydrogenation [J]. Catal Rev Sci Eng, 1993, 35 (1): 1-127.

[199] Hsu W P, Yu R C, Matijevic E. Paper Whiteners: I. Titania Coated Silica [J]. J Colloid Interface Sci, 1993, 156 (1): 56-65.

[200] Fan Z L, Chen W, Pan X L, et al. Catalytic Conversion of Syngas into C_2-oxygenates over Rh-based Catalysts—Effect of Carbon Supports [J]. Catal Today, 2009, 147 (2): 86-93.

[201] Brenner A, Hucul D A. The Synthesis and Nature of Heterogeneous Catalysts of Low-valent Tungsten Supported on Alumina [J]. J Catal, 1980, 61 (1): 216-222.

[202] Hucul D A, Brenner A. A Strong Metal-support Interaction between Mononuclear and Polynuclear Transition Metal Complexes and Oxide Supports Which Dramatically Affects Catalytic Activity [J]. J Phys Chem, 1981, 85 (5): 496-498.

[203] Solymosi F, Pasztor M. An Infrared Study of the Influence of Carbon Monoxide Chemisorption on the Topology of Supported Rhodium [J]. J Phys Chem, 1985, 89 (22): 4789-4793.

[204] Qu Z P, Huang W X, Zhou S T, et al. Enhancement of the Catalytic Performance of Supported-metal Catalysts by Pretreatment of the Support [J]. J Catal, 2005, 234 (1): 33-36.

[205] Ioannides T, Verykios X. Influence of the Carrier on the Interaction of H_2 and CO with Supported Rh [J]. J Catal, 1993, 140 (2): 353-369.

[206] Wang Y, Song Z, Ma D, et al. Characterization of Rh-based Catalysts with EPR, TPR, IR and XPS [J]. J Mol Catal A: Chem. 1999, 149 (1-2): 51-61.

[207] 马洪涛, 王毅, 包信和. 合成气制备乙醇 Rh-Mn/SiO$_2$ 催化剂中活性金属表面结构的表征研究 [J]. 北京大学学报 (自然科学版), 2001, 37 (2): 210-214.

[208] 陈建刚, 相宏伟, 孙予罕. 硅胶来源对费—托合成用 Co/SiO$_2$ 催化剂性能的影响 [J]. 催化学报, 2000, 21 (2): 169-171.

[209] Ugo R. The Contribution of Organometallic Chemistry and Homogeneous Catalysis

to the Understanding of Surface Reactions [J]. Catal Rev, 1975, 11: 255−297.

[210] 陈维苗, 丁云杰, 江大好, 等. 改善 Rh 基催化剂上 CO 加氢生成 C_2 含氧化物性能的本质及途径 [J]. 催化学报, 2006, 27 (11): 999−1004.

[211] 罗洪原, 谢水波, 林励吾, 等. 合成 C_2 含氧化物的 Rh−Mn−Li/SiO_2 催化剂的优化研究 [J]. 催化学报, 1995, 16 (2): 136−140.

[212] Yu J, Mao D S, Ding D, et al. New insights into the effects of Mn and Li on the mechanistic pathway for CO hydrogenation on Rh−Mn−Li/SiO_2 catalysts [J]. Journal of Molecular Catalysis A Chemical. 2016, 423: 151−159.

[213] Fan Z L, Chen W, Pan X L, et al. Catalytic conversion of syngas into C_2 oxygenates over Rh−based catalysts−Effect of carbon supports [J]. Catalysis Today. 2009, 147 (2): 86−93.

[214] Ding D, Yu J, Guo Q S, et al. The effects of PVP−modified SiO_2 on the catalytic performance of CO hydrogenation over Rh−Mn−Li/SiO_2 catalysts [J]. RSC Advances. 2017, 7 (76): 48420−48428.

[215] Ho S W, Su Y S. Effects of Ethanol Impregnation on the Properties of Silica−Supported Cobalt Catalysts [J]. Journal of the Chinese Chemical Society. 1997, 44 (6): 591−596.

[216] Jiang D H, Ding Y J, Pan Z D, et al. CO Hydrogenation to C_2−oxygenates over Rh−Mn−Li/SiO_2 Catalyst: Effects of Support Pretreatment with n C_1−C_5 Alcohols [J]. Catalysis Letters. 2008, 121 (3−4): 241−246.

[217] Liu W, Wang S. Effect of impregnation sequence of Ce promoter on the microstructure and performance of Ce−promoted Rh−Fe/SiO_2 for the ethanol synthesis [J]. Applied Catalysis A General. 2016, 510: 227−232.

[218] Luo H Y, Lin P Z, Xie S B, et al. The role of Mn and Li promoters in supported rhodium catalysts in the formation of acetic acid and acetaldehyde [J]. Journal of Molecular Catalysis A Chemical. 1997, 122 (2): 115−123.

[219] Solymosi F, Tombácz I, Kocsis M. Hydrogenation of CO on supported Rh catalysts [J]. Journal of Catalysis. 1982, 75 (1): 78−93.

[220] Chen W M, Ding Y J, Jiang D H, et al. An Effective Method of Controlling Metal Particle Size on Impregnated Rh−Mn−Li/SiO_2 Catalyst [J]. Catalysis Letters. 2005, 104 (3−4): 177−180.

[221] Han L, Mao D S, Yu J, et al. C_2−oxygenates synthesis through CO hydrogenation on SiO_2−ZrO_2 supported Rh−based catalyst: The effect of support [J]. Applied Catalysis A General. 2013, 454 (10): 81−87.

[222] Li L, He S C, Song Y Y, et al. Fine−tunable Ni@ porous silica core−shell nano-

catalysts: Synthesis, characterization, and catalytic properties in partial oxidation of methane to syngas [J]. Journal of Catalysis. 2012, 288 (2): 54-64.

[223] Szekeres M, Kamalin O, Grobet P G, et al. Two-dimensional ordering of Stöber silica particles at the air/water interface [J]. Colloids & Surfaces A Physicochemical & Engineering Aspects. 2003, 227 (3): 77-83.

[224] Peri J B. Infrared Study of OH and NH_2 Groups on the Surface of a Dry Silica Aerogel [J]. Journal of Physical Chemistry. 1966, 70 (9): 2937-2945.

[225] Basu P, Panayotov D, Yates J T. Rhodium-carbon monoxide surface chemistry: the involvement of surface hydroxyl groups on alumina and silica supports [J]. Journal of the American Chemical Society. 1988, 110 (7): 2074-2081.

[226] Jiang D, Ding Y J, Pan Z D, et al. Roles of chlorine in the CO hydrogenation to C_2-oxygenates over Rh-Mn-Li/SiO_2 catalysts [J]. Applied Catalysis A General. 2007, 331: 70-77.

[227] Yin H M, Ding Y J, Luo H Y, et al. Influence of iron promoter on catalytic properties of Rh-Mn-Li/SiO_2 for CO hydrogenation [J]. Applied Catalysis A General. 2003, 243 (1): 155-164.

[228] Ioannides T, Verykios X. Influence of the Carrier on the Interaction of H_2 and CO with Supported Rh [J]. Journal of Catalysis. 1993, 140 (2): 353-369.

[229] Raskó J, Bontovics J. FTIR study of the rearrangement of adsorbed CO species on Al_2O_3-supported rhodium catalysts [J]. Catalysis Letters. 1999, 58 (1): 27-32.

[230] Basu P, Panayotov D, Yates J T. Spectroscopic evidence for the involvement of hydroxyl groups in the formation of dicarbonyl rhodium (I) on metal oxide supports [J]. Journal of Physical Chemistry. 1987, 91 (91): 3133-3136.

[231] Jiang D H, Ding Y J, Pan Z D, et al. CO Hydrogenation to C_2-oxygenates over Rh-Mn-Li/SiO_2 Catalyst: Effects of Support Pretreatment with n C_1-C_5 Alcohols [J]. Catalysis Letters. 2008, 121 (3-4): 241-246.

[232] Solymosi F, Pasztor M. Infrared study of the effect of hydrogen on carbon monoxide-induced structural changes in supported rhodium [J]. Journal of Physical Chemistry. 1986, 90 (21): 5312-5213.

[233] Ojeda M, Granadosa M, Rojasa S, et al. Manganese-promoted Rh/Al_2O_3 for C_2-oxygenates synthesis from syngas: Effect of manganese loading [J]. Applied Catalysis A General. 2004, 261 (1): 47-55.

[234] Choi Y M, Liu P. Mechanism of Ethanol Synthesis from Syngas on Rh (111) [J]. Journal of the American Chemical Society. 2009, 131 (36): 13054-13061.

［235］ Li C, Liu J, Gao W, et al. Ce-Promoted Rh/TiO$_2$ Heterogeneous Catalysts To-wards Ethanol Production from Syngas ［J］. Catalysis Letters. 2013, 143 (11): 1247-1254.

［236］ Gao J, Mo X, Chien C Y, et al. CO hydrogenation on lanthana and vanadia dou-bly promoted Rh/SiO$_2$ catalysts ［J］. Journal of Catalysis. 2009, 262 (1): 119-126.

［237］ Haider M A, Gogate M R, Davis R J. Fe-promotion of supported Rh catalysts for direct conversion of syngas to ethanol ［J］. Journal of Catalysis. 2009, 261 (1): 9-16.

［238］ Wang Y, Luo H Y, Liang D B, et al. Different Mechanisms for the Formation of Acetaldehyde and Ethanol on the Rh-Based Catalysts ［J］. Journal of Catalysis. 2000, 196 (1): 46-55.

［239］ Egbebi A, Schwartz V, Overbury S H, et al. Effect of Li Promoter on titania-supported Rh catalyst for ethanol formation from CO hydrogenation ［J］. Catalysis Today. 2010, 149 (1): 91-97.

［240］ Makarand, Gogate R, Davis J. X-ray Absorption Spectroscopy of an Fe-Promo-ted Rh/TiO$_2$ Catalyst for Synthesis of Ethanol from Synthesis Gas ［J］. Chem-catchem. 2009, 1 (2): 295-303.

［241］ Han L P, Mao D S, Yu J, et al. Synthesis of C$_2$-oxygenates from syngas over Rh-based catalyst supported on SiO$_2$, TiO$_2$ and SiO$_2$-TiO$_2$ mixed oxide ［J］. Ca-talysis Communications. 2012, 23 (21): 20-24.

［242］ Chuang S S C, Pien S I. Infrared study of the CO insertion reaction on reduced, oxidized, and sulfided Rh/SiO$_2$ catalysts ［J］. Journal of Catalysis. 1992, 135 (2): 618-634.

［243］ Cavanagh R R, Jr J T Y. Site distribution studies of Rh supported on Al$_2$O$_3$-An infrared study of chemisorbed CO ［J］. Journal of Chemical Physics. 1981, 74 (7): 4150-4155.

［244］ Mo X, Gao J, Umnajkaseam N, Jr J G G. La, V, and Fe promotion of Rh/SiO$_2$ for CO hydrogenation: Effect on adsorption and reaction ［J］. Journal of Cataly-sis. 2009, 267 (2): 167-176.

［245］ 陈维苗, 丁云杰, 江大好, 等. 改善 Rh 基催化剂上 CO 加氢生成 C$_2$ 含氧化物性能的本质及途径 ［J］. 催化学报. 2006, 27 (11): 999-1004.

［246］ Jong K D, Geus J. Carbon Nanofibers: Catalytic Synthesis and Applications ［J］. Catalysis Reviews. 2000, 42 (4): 481-510.

［247］ Zhang Y, Zhang H B, Lin G D, et al. Preparation, characterization and catalytic hydroformylation properties of carbon nanotubes-supported Rh-phosphine catalyst [J]. Applied Catalysis A General. 1999, 187 (2): 213-224.

[248] Zhang H B, Zhang Y, Lin G D, et al. Carbon nanotubes-supported Rh-phosphine complex catalysts for propene hydroformylation [J]. Studies in Surface Science & Catalysis. 2000, 130 (00): 3885-3890.

[249] Zhang H B, Dong X, Lin G D, et al. Methanol synthesis from $H_2/CO/CO_2$ over CNTs-promoted Cu-ZnO-Al_2O_3 catalyst [J]. ACS Symposium. 2002, 47 (1): 284-285.

[250] Chung Y M, Rhee H K. Pt-Pd Bimetallic Nanoparticles Encapsulated in Dendrimer Nanoreactor [J]. Catalysis Letters. 2003, 85 (3-4): 159-164.

[251] Yu J, Mao D S, Han L P, et al. Catalytic conversion of syngas into C_{2+} oxygenates over Rh/SiO_2-based catalysts: The remarkable effect of hydroxyls on the SiO_2 [J]. Journal of Molecular Catalysis A Chemical. 2013, 367 (2): 38-45.

[252] Dong X, Zhang H B, Lin G D, et al. Highly Active CNT-Promoted Cu-ZnO-Al_2O_3 Catalyst for Methanol Synthesis from $H_2/CO/CO_2$ [J]. Catalysis Letters. 2003, 85 (3-4): 237-246.

[253] Katz M J, Brown Z J, Colon Y J, et al. A facile synthesis of UiO-66, UiO-67 and their derivatives [J]. Chemical Communications. 2013, 49 (82): 9449-9451.

[254] Yang D, Odoh S O, Wang T C, et al. Metal-organic framework nodes as nearly ideal supports for molecular catalysts: NU-1000- and UiO-66-supported iridium complexes [J]. Journal of the American Chemical Society. 2015, 137 (23): 7391-7396.

[255] Yang D, Odoh S O, Boryca J, et al. Tuning Zr_6 Metal-Organic Framework (MOF) Nodes as Catalyst Supports: Site Densities and Electron-Donor Properties Influence Molecular Iridium Complexes as Ethylene Conversion Catalysts [J]. ACS Catalysis. 2015, 6 (1): 235-247.

[256] Fei H, Shin J, Meng Y S, et al. Reusable oxidation catalysis using metal-monocatecholato species in a robust metal-organic framework [J]. Journal of the American Chemical Society. 2014, 136 (13): 4965-4973.

[257] Na K, Choi K M, Yaghi O M, et al. Metal nanocrystals embedded in single nanocrystals of MOFs give unusual selectivity as heterogeneous catalysts [J]. Nano Letters. 2014, 14 (10): 5979-5983.

[258] Cavka J H, Jakobsen S, Olsbye U, et al. A new zirconium inorganic building brick forming metal organic frameworks with exceptional stability [J]. Journal of

the American Chemical Society. 2008, 130 (42): 13850–13851.

[259] Hu Z, Peng Y, Kang Z, et al. A modulated hydrothermal (MHT) aproach for the facile synthesis of UiO–66–type MOFs [J]. Inorganic Chemistry. 2015, 54 (10): 4862–4868.

[260] Parres–Esclapez S, Such–Basañez I, Illán–Gómez M J, et al. Study by isotopic gases and in situ spectroscopies (DRIFTS, XPS and Raman) of the N_2O decomposition mechanism on Rh/CeO_2 and $Rh/\gamma–Al_2O_3$ catalysts [J]. Journal of Catalysis. 2010, 276 (2): 390–401.

[261] Reyes P, Concha I, Pecchi G, et al. Changes induced by metal oxide promoters in the performance of $Rh–Mo/ZrO_2$ catalysts during CO and CO_2 hydrogenation [J]. Journal of Molecular Catalysis A: Chemical. 1998, 129 (2–3): 269–278.

[262] Wang Y, Luo H, Liang D, et al. Different mechanisms for the formation of acetaldehyde and ethanol on the Rh–based catalysts [J]. Journal of Catalysis. 2000, 196 (1): 46–55.

[263] Eriksson S, Rojas S, Boutonnet M, et al. Effect of Ce–doping on Rh/ZrO_2 catalysts for partial oxidation of methane [J]. Applied Catalysis A: General. 2007, 326 (1): 8–16.

[264] Rungtaweevoranit B, Baek J, Araujo J R, et al. Copper nanocrystals encapsulated in Zr–based metal–organic frameworks for highly selective CO_2 hydrogenation to methanol [J]. Nano Letters. 2016, 16 (12): 7645–7649.

[265] Ning L, Liao S, Cui H, et al. Selective Conversion of renewable furfural with ethanol to produce furan–2–acrolein mediated by Pt@ MOF–5 [J]. ACS Sustainable Chemistry & Engineering. 2017, 6 (1): 135–142.

[266] Yin H, Ding Y, Luo H, et al. Influence of iron promoter on catalytic properties of $Rh–Mn–Li/SiO_2$ for CO hydrogenation [J]. Applied Catalysis A: General. 2003, 243 (1): 155–164.

[267] Jiang D, Ding Y, Pan Z, et al. Roles of chlorine in the CO hydrogenation to $C_2–$oxygenates over $Rh–Mn–Li/SiO_2$ catalysts [J]. Applied Catalysis A: General. 2007, 331: 70–77.

[268] Yu J, Mao D, Han L, et al. Synthesis of C_2 oxygenates from syngas over monodispersed SiO_2 supported Rh–based catalysts: Effect of calcination temperature of SiO_2 [J]. Fuel Processing Technology. 2013, 106: 344–349.

[269] Yang C, Garl C W. Infrared studies of carbon monoxide chemisorbed on rhodium [J]. The Journal of Physical Chemistry. 1957, 61 (11): 1504–1512.

[270] Pasztor M, Solymosi F. An infrared study of the influence of CO chemisorption on

the topology of supported rhodium [J]. The Journal of Physical Chemistry. 1985, 89 (22): 4789-4793.

[271] Gao J, Mo X, Chien A C-Y, et al. CO hydrogenation on lanthana and vanadia doubly promoted Rh/SiO_2 catalysts [J]. Journal of Catalysis. 2009, 262 (1): 119-126.

[272] Choi Y M, Liu P. Mechanism of ethanol synthesis from syngas on Rh (111) [J]. Journal of the American Chemical Society. 2009, 131 (36): 13054-13061.

[273] Ojeda M, Granados M L, Rojas S, et al. Manganese-promoted Rh/Al_2O_3 for C_2-oxygenates synthesis from syngas [J]. Applied Catalysis A: General. 2004, 261 (1): 47-55.

[274] Vermoortele F, Ameloot R, Vimont A, et al. An amino-modified Zr-terephthalate metal-organic framework as an acid-base catalyst for cross-aldol condensation [J]. Chemical Communications. 2011, 47 (5): 1521-1523.

[275] Hu Z, Kang Z, Qian Y, et al. Mixed matrix membranes containing UiO-66 (Hf) - $(OH)_2$ metal-organic framework nanoparticles for efficient H_2/CO_2 separation [J]. Industrial & Engineering Chemistry Research. 2016, 55 (29): 7933-7940.

[276] Rada Z H, Abid H R, Shang J, et al. Functionalized UiO-66 by Single and Binary $(OH)_2$ and NO_2 Groups for Uptake of CO_2 and CH_4 [J]. Industrial & Engineering Chemistry Research. 2016, 55 (29): 7924-7932.

[277] Bakradze G, Jeurgens L P H, Mittemeijer E J. Valence-band and chemical-state analyses of Zr and O in thermally grown thin zirconium-oxide films: An XPS study [J]. The Journal of Physical Chemistry C. 2011, 115 (40): 19841-19848.

[278] Biesinger M C, Payne B P, Grosvenor A P, et al. Resolving surface chemical states in XPS analysis of first row transition metals, oxides and hydroxides: Cr, Mn, Fe, Co and Ni [J]. Applied Surface Science. 2011, 257 (7): 2717-2730.

[279] Cavanagh R R, Yates J T. Site distribution studies of Rh supported on Al_2O_3-An infrared study of chemisorbed CO [J]. The Journal of Chemical Physics. 1981, 74 (7): 4150-4155.

[280] Haider M, Gogate M, Davis R. Fe-promotion of supported Rh catalysts for direct conversion of syngas to ethanol [J]. Journal of Catalysis. 2009, 261 (1): 9-16.

[281] Spivey J J, Egbebi A. Heterogeneous catalytic synthesis of ethanol from biomass-

derived syngas [J]. Chemical Society Reviews. 2007, 36 (9) .

[282] Subramani V, Gangwal S K. A review of recent literature to search for an efficient catalytic process for the conversion of syngas to ethanol [J]. Energy & fuels. 2008, 22 (2): 814-839.

[283] Gogate M R, Davis R J. X - ray absorption spectroscopy of an Fe - promoted Rh/TiO$_2$ catalyst for synthesis of ethanol from synthesis gas [J]. ChemCatChem. 2009, 1 (2): 295-303.

[284] Burch R, Hayes M J. The preparation and characterisation of Fe – promoted Al$_2$O$_3$–supported Rh catalysts for the selective production of ethanol from syngas [J]. Journal of Catalysis. 1997, 165 (2): 249-261.

[285] Burch R, Petch M I. Investigation of the synthesis of oxygenates from carbon monoxide/hydrogen mixtures on supported rhodium catalysts [J]. Applied Catalysis A: General. 1992, 88 (1): 39-60.

[286] Wang J, Zhang Q, Wang Y. Rh-catalyzed syngas conversion to ethanol: Studies on the promoting effect of FeO$_x$ [J] . Catalysis Today. 2011, 171 (1): 257-265.

[287] Burch R, Petch M I. Kinetic and transient kinetic investigations of the synthesis of oxygenates from carbon monoxide/hydrogen mixtures on supported rhodium catalysts [J]. Applied Catalysis A: General. 1992, 88 (1): 77-99.

[288] Yang L, Qiu J, Ji H, et al. Enhanced dielectric and ferroelectric properties induced by TiO$_2$ @ MWCNTs nanoparticles in flexible poly (vinylidene fluoride) composites [J]. Composites Part A: Applied Science and Manufacturing. 2014, 65: 125-134.

[289] Worley S D, Mattson G A, CaudIII R. Infrared study of the hydrogenation of CO on supported Rh catalysis [J]. Journal of Physical Chemistry. 1983, 87 (10): 1671-1673.

[290] Rice C A, Worley S D, Curtis C W, et al. The oxidation state of dispersed Rh on Al$_2$O$_3$ [J]. The Journal of Chemical Physics. 1981, 74 (11): 6487-6497.

[291] Fisher I A, Bell A T. A comparative study of CO and CO$_2$ Hydrogenation over Rh/SiO$_2$ [J]. Journal of catalysis. 1996, 162 (1): 54-65.

[292] Ugo R. The contribution of organometallic chemistry and homogeneous catalysis to the understanding of surface reactions [J]. Catalysis Reviews. 1975, 11 (1): 225-297.

[293] Yu J, Mao D, Han L, et al. The effect of Fe on the catalytic performance of Rh-Mn-Li/SiO$_2$ catalyst: A DRIFTS study [J]. Catalysis Communications. 2012,

27: 1-4.

[294] Pan X, Fan Z, Chen W, et al. Enhanced ethanol production inside carbon-nano-tube reactors containing catalytic particles [J]. Nat Mater. 2007, 6 (7): 507-511.

[295] Yu J, Mao D, Han L, et al. Conversion of syngas to C_{2+} oxygenates over Rh-based/SiO_2 catalyst: The promoting effect of Fe [J]. Journal of Industrial and Engineering Chemistry. 2013, 19 (3): 806-812.

[296] Fujimoto K, Kameyama M, Kunugi T. Hydrogenation of adsorbed carbon monoxide on supported platinum group metals [J]. Journal of Catalysis. 1980, 61 (1): 7-14.

[297] Rieck J S, Bell A T. Studies of the interactions of H_2 and CO with silica-and lan-thana-supported palladium [J]. Journal of Catalysis. 1985, 96 (1): 88-105.

[298] Zhao P, Qin F, Huang Z, et al. MOF-derived hollow porous Ni/CeO_2 octahedron with high efficiency for N_2O decomposition [J]. Chemical Engineering Journal. 2018, 349: 72-81.

[299] Katzer J R, Sleight A W, Gajardo P, et al. The role of the support in CO hydro-genation selectivity of supported rhodium [J]. Faraday Discussions of the Chemi-cal Society. 1981, 72: 121-133.

[300] Liakakou E T, Heracleous E, Triantafyllidis K S, et al. K-promoted NiMo cata-lysts supported on activated carbon for the hydrogenation reaction of CO to higher alcohols: Effect of support and active metal [J]. Applied Catalysis B: Environ-mental. 2015, 165: 296-305.

[301] Yu J, Mao D S, Han L P, et al. Catalytic conversion of syngas into C_{2+} oxygen-ates over Rh/SiO_2-based catalysts: The remarkable effect of hydroxyls on the SiO_2 [J]. Journal of Molecular Catalysis A: Chemical. 2013, 367: 38-45.

[302] Guglielminotti E, Pinna F, Rigoni M, et al. The effect of iron on the activity and the selectivity of Rh/ZrO_2 catalysts in the CO hydrogenation [J]. Journal of Mo-lecular Catalysis A: Chemical. 1995, 103: 105-116.

[303] Liu W, Wang S, Sun T, et al. The promoting effect of Fe doping on Rh/CeO_2 for the ethanol synthesis [J]. Catalysis Letters. 2015, 145 (9): 1741-1749.

[304] Yang D, Odoh S O, Wang T C, et al. Metal-organic framework nodes as nearly ideal supports for molecular catalysts: Nu-1000-and UiO-66-supported iridium complexes [J]. Journal of the American Chemical Society. 2015, 137 (23): 7391-7396.

[305] Yang D, Odoh S O, Borycz J, et al. Tuning Zr6 metal-organic framework

（MOF）nodes as catalyst supports：Site densities and electron−donor properties influence molecular iridium complexes as ethylene conversion catalysts ［J］. ACS Catalysis. 2016, 6（1）: 235−247.

［306］ Gutterod E S, Lazzarini A, Fjermestad T, et al. Hydrogenation of CO_2 to methanol by pt nanoparticles encapsulated in UiO−67: Deciphering the role of the metal−organic framework ［J］. Journal of the American Chemical Society. 2020, 142（2）: 999−1009.

［307］ Wang Y, Luo H Y, Liang D B, et al. Different mechanisms for the formation of acetaldehyde and ethanol on the Rh−based catalysts ［J］. Journal of Catalysis. 2000, 196（1）: 46−55.

［308］ Yang N, Yoo J S, Schumann J, et al. Rh−MnO interface sites formed by atomic layer deposition promote syngas conversion to higher oxygenates ［J］. ACS Catalysis. 2017, 7（9）: 5746−5757.

［309］ Xue X Y, Yu J, Han Y, et al. Zr−based metal−organic frameworks drived Rh−Mn catalysts for highly selective CO hydrogenation to C_2 oxygenates ［J］. Journal of Industrial and Engineering Chemistry. 2020, 86: 220−231.

［310］ He C, Yu Y, Yue L, et al. Low−temperature removal of toluene and propanal over highly active mesoporous cuceox catalysts synthesized *via* a simple self−precipitation protocol ［J］. Applied Catalysis B: Environmental. 2014, 147: 156−166.

［311］ Yao H C, Yao Y F Y. Ceria in automotive exhaust catalysts ［J］. Journal of Catalysis. 1984, 86: 254−265.

［312］ Yin H M, Ding Y J, Luo H Y, et al. Influence of iron promoter on catalytic properties of Rh−Mn−Li/SiO_2 for CO hydrogenation ［J］. Applied Catalysis A: General. 2003, 243（1）: 155−164.

［313］ Jiang D H, Ding Y J, Pan Z D, et al. Roles of chlorine in the CO hydrogenation to C_2−oxygenates over Rh−Mn−Li/SiO_2 catalysts ［J］. Applied Catalysis A: General. 2007, 331: 70−77.

［314］ Yu J, Mao D S, Ding D, et al. New insights into the effects of Mn and Li on the mechanistic pathway for CO hydrogenation on Rh−Mn−Li/SiO_2 catalysts ［J］. Journal of Molecular Catalysis A: Chemical. 2016, 423: 151−159.

［315］ Brinen J S, Melera A. Electron spectroscopy for chemical analysis（ESCA）studies on catalysts. Rhodium on charcoal ［J］. The Journal of Physical Chemistry. 1972, 76: 2525−2526.

［316］ Brinen J S, Schmitt J L, Doughman W R, et al. X−ray photoelectron spectroscopy studies of the rhodium on charcoal catalyst ［J］. Journal of Catalysis. 1975,

40：295-300.

[317] Abdelsayed V, Shekhawat D, Poston Jr J A, et al. Synthesis, characterization, and catalytic activity of Rh-based lanthanum zirconate pyrochlores for higher alcohol synthesis [J]. Catalysis Today, 2013, 207: 65-73.

[318] Li L, Wu Y, Hou X, et al. Investigation of two-phase intergrowth and coexistence in Mn-Ce-Ti-O catalysts for the selective catalytic reduction of NO with NH_3: Structure-activity relationship and reaction mechanism [J]. Industrial & Engineering Chemistry Research. 2019, 58 (2): 849-862.

[319] Lang R, Li T, Matsumura D, et al. Hydroformylation of olefins by a rhodium single-atom catalyst with activity comparable to $RhCl(PPh_3)_3$ [J]. Angewandte Chemie International Edition. 2016, 55 (52): 16054-16058.

[320] Yang A C, Garlan C W. Infrared studies of carbon monxide chemisorbed on rhodium [J]. The Journal of Physical Chemistry. 1957, 61 (11): 1504-1512.

[321] Wang Y, Song Z, Ma D, et al. Characterization of Rh-based catalysts with EPR, TPR, IR and XPS [J]. Journal of Molecular Catalysis A: Chemical. 1999, 149: 51-61.

[322] Cavanagh R R, Yates J T. Site distribution studies of Rh supported on Al_2O_3——An infrared study of chemisorbed CO [J]. Journal of Chemical Physics. 1981, 74 (7): 4150-4155.

[323] Rice C A, Worley S D, Curtis C W, et al. The oxidation state of dispersed rh on Al_2O_3 [J]. Journal of Chemical Physics. 1981, 74 (11): 6487-6497.

[324] Ojeda M, Granados M L, Rojas S, et al. Manganese-promoted Rh/Al_2O_3 for C_2-oxygenates synthesis from syngas [J]. Applied Catalysis A: General. 2004, 261 (1): 47-55.

[325] Frei M S, Mondelli C, Cesarini A, et al. Role of zirconia in indium oxide-catalyzed CO_2 hydrogenation to methanol [J]. ACS Catalysis. 2020, 10 (2): 1133-1145.

[326] Parres-Esclapez S, Such-Basañez I, Illán-Gómez M J, et al. Study by isotopic gases and in situ spectroscopies (DRIFTs, XPS and Raman) of the N_2O decomposition mechanism on Rh/CeO_2 and $Rh/\gamma-Al_2O_3$ catalysts [J]. Journal of Catalysis. 2010, 276 (2): 390-401.

[327] Liu Y, Murata K, Inaba M, et al. Synthesis of ethanol from syngas over Rh catalysts [J]. Catalysis Today. 2011, 164 (1): 308-314.

[328] Han T, Zhao L, Liu G, et al. Rh-Fe alloy derived from $YRh_{0.5}Fe_{0.5}O_3/ZrO_2$ for higher alcohols synthesis from syngas [J]. Catalysis Today. 2017, 298: 69-76.

［329］ Matsubu J C, Yang V N, Christopher P. Isolated metal active site concentration and stability control catalytic CO_2 reduction selectivity ［J］. Journal of the American Chemical Society. 2015, 137 (8): 3076-3084.

［330］ Shan J, Li M, Allard L F, et al. Mild oxidation of methane to methanol or acetic acid on supported isolated rhodium catalysts ［J］. Nature. 2017, 551 (7682): 605-608.

［331］ Wang C, Zhang J, Qin G, et al. Direct conversion of syngas to ethanol within zeolite crystals ［J］. Chem. 2020, 6 (3): 646-657.

［332］ Yates J T, Duncan T M, Worley S D, et al. Infrared spectra of chemisorbed CO on Rh ［J］. The Journal of Chemical Physics. 1979, 70 (3): 1219-1224.

［333］ Haider M A, Gogate M R, Davis R J. Fe-promotion of supported Rh catalysts for direct conversion of syngas to ethanol ［J］. Journal of Catalysis. 2009, 261 (1): 9-16.

［334］ Li C, Sakata Y, Arai T, Domen K, et al. Carbon monoxide and carbon dioxide adsorption on cerium oxide studied by fourier-transform infrared spectroscopy ［J］. Journal of the Chemical Society, Faraday Transactions. 1989, 85: 929-943.

［335］ Sheerin E, Reddy G K, Smirniotis P. Evaluation of $Rh/Ce_xTi_{1-x}O_2$ catalysts for synthesis of oxygenates from syngas using XPS and TPR techniques ［J］. Catalysis Today. 2016, 263: 75-83.

［336］ Li W, Wang K, Huang J, et al. $M_xO_y-ZrO_2$ (M = Zn, Co, Cu) solid solutions derived from schiff base-bridged UiO-66 composites as high-performance catalysts for CO_2 hydrogenation ［J］. ACS Applied Materials & Interfaces. 2019, 11 (36): 33263-33272.

［337］ Ning L, Liao S, Cui H, et al. Selective conversion of renewable furfural with ethanol to produce furan-2-acrolein mediated by Pt@ MOF-5 ［J］. ACS Sustainable Chemistry & Engineering. 2018, 6 (1): 135-142.

［338］ Rungtaweevoranit B, Baek J, Araujo J R, et al. Copper nanocrystals encapsulated in Zr-based metal-organic frameworks for highly selective CO_2 hydrogenation to methanol ［J］. Nano Letters. 2016, 16 (12): 7645-7649.

［339］ Liu Y, Zhang L, Göltl F, et al. Synthesis gas conversion over $Rh-Mn-W_xC/SiO_2$ catalysts prepared by atomic layer deposition ［J］. ACS Catalysis. 2018, 8 (11): 10707-10720.

［340］ Lee G V D, Schuller B, Post H, et al. On the selectivity of Rh catalysts in the formation of oxygenates ［J］. Journal of Catalysis. 1986, 98: 522-529.

［341］ Yu J, Yu J H, Shi Z P, et al. The effects of the nature of TiO_2 supports on the catalytic performance of Rh-Mn/TiO_2 catalysts in the synthesis of C_2 oxygenates from syngas ［J］. Catalysis Science & Technology. 2019, 9 (14): 3675-3685.

［342］ Mei D H, Rousseau R, Kathmann S M, et al. Ethanol synthesis from syngas over Rh-based/SiO_2 catalysts: A combined experimental and theoretical modeling study ［J］. Journal of Catalysis. 2010, 271 (2): 325-342.

［343］ Wang L, Yao Z Q, Ren G J, et al. A luminescent metal-organic framework for selective sensing of Fe^{3+} with excellent recyclability ［J］. Inorganic Chemistry Communications. 2016, 65: 9-12.

［344］ Palomino R M, Magee J W, Llorca J, et al. The effect of Fe-Rh alloying on CO hydrogenation to C_{2+} oxygenates ［J］. Journal of Catalysis. 2015, 329: 87-94.